中扬子地区东缘中、古生界构造特征与构造演化

佘晓宇　著

油气资源与勘探技术教育部重点实验室
非常规油气湖北省协同创新中心　资助

U0386639

科学出版社

北　京

内 容 简 介

本书以构造及盆地演化分析为主线,应用盆山耦合、平衡剖面等理论和方法,系统地提出对冲构造体系,进行了一级、二级、三级构造单元划分,确定了江汉平原东部构造格架和构造演化阶段,提出以基底面和基底内幕三套主滑脱拆离面,志留系、泥盆系等为辅滑脱面构成的各种样式的拆离-滑脱构造,建立了六种典型构造组合与复合形成过程模式,结合勘探现实和油气成藏理论,对该区油气勘探潜力进行了评价。

本书可供大专院校地矿相关专业教师和学生,地质勘探类科研人员参考。

图书在版编目(CIP)数据

中扬子地区东缘中、古生界构造特征与构造演化/佘晓宇著.—北京:科学出版社,2016.11

ISBN 978-7-03-050497-5

Ⅰ.①中…　Ⅱ.①佘…　Ⅲ.①江汉平原—古生代—地质构造—研究

Ⅳ.①P548.263

中国版本图书馆 CIP 数据核字(2016)第 267832 号

责任编辑:闫　陶　何　念／责任校对:董艳辉
责任印制:彭　超／封面设计:苏　波

科 学 出 版 社 出版

北京东黄城根北街 16 号
邮政编码:100717
http://www.sciencep.com

武汉中科兴业印务有限公司印刷
科学出版社发行　各地新华书店经销

*

开本:787×1092　1/16
2016 年 11 月第 一 版　印张:14 1/2
2016 年 11 月第一次印刷　字数:339 000

定价:88.00 元
(如有印装质量问题,我社负责调换)

前　言

　　关于中扬子地区中、古生界构造特征及扬子板块形成与演化一直是研究的核心问题。多年来,许多学者从盆山耦合构造出发,着重研究了秦岭-大别造山和江南隆起陆内造山形成机制、形成过程,以及盆内构造变形变位的对应关系及其构造演化阶段。但是,由于中扬子东段为新生界地层所覆盖,若运用周缘露头地质细化该区构造体系及构造单元存在着一定的难度和片面性,也是许多年来该区构造单元划分存在争论的焦点所在。另外,长期以来,江汉平原区受埋藏深度、技术条件等因素制约,勘探程度低,勘探未能取得突破,特别是下组合没有进行有效的勘探。目前,随着研究的深入,综合评价认为下古生界具备良好的成藏条件,是中扬子勘探的有利领域和地区。

　　本书围绕江汉平原东部海相中、古生界构造编图的核心问题展开研究,依据板块构造理论和盆山耦合地球动力学和运动学理论,通过大量地震构造地质解释,并结合前人大量露头构造地质资料及认识比对,对研究区对冲褶皱和南、北冲断褶皱构造体系成因机制、构造格架、构造组合与复合、构造类型、构造样式及形成演化阶段进行了详细解剖,取得重要结论与认识:开展研究区构造单元划分平面图和主要界面的构造平面图的编制,将工区分为 4 个二级构造单元、6 个三级构造单元、14 个四级构造单元;认为由基底至沉积盖层存在三种类型、规模不一的滑脱层系;指出该区具有"中部基底断滑-盖层对冲、南北推覆滑脱、左行走滑压扭、纵向多重叠置"的结构;分为挤压型构造、扭动型构造、伸展型构造、岩浆岩构造四类及复合构造类型和加里东期、海西期—印支期、燕山早期、燕山晚期—喜马拉雅早期、喜马拉雅晚期构造运动以及主要形成时期具有时间和空间展布的规律提出研究区"北部强于中部、中部强于南部"的总体评价意见。

　　全书分为层位标定与速度分析、构造样式及变形特征、构造形成与演化、构造单元划分及局部构造分布规律、石油地质条件、有利区块评价 6 个章节内容。第 1 章内容包括目的层位地震资料品质分析、层位标定,以及构造层系地震反射特征、速度分析和构造图编制影响因素,这部分是确保进行地震资料解释和构造图编制的重要基础和前提;第 2 章内容包括深部基底构造特征、滑脱层系、基本构造样式、构造格架与构造组合和局部构造展布规律,主要分析区域内的构造变形变位特征;第 3 章内容包括区域构造演化背景、区域构造演化、构造组合形成过程、构造演化对于油气成藏的控制四个方面的内容;第 4 章分两节分别介绍构造单元划分原则和划分单元,并总结分布规律;第 5 章从烃源岩、储集层、封盖层三个方面分析石油地质条件;第 6 章包括油气评价过程中的几个问题和有利油气区带评价两个方面内容。

　　本书在中国石化江汉油田分公司勘探开发研究院委托科研项目"江汉平原东部海相二维地震资料解释"的基础上,参考了江汉油田分公司《中扬子地区地质结构及构造样式研究》等报告以及有关文献著作编写而成。

　　本书的编写得到了江汉油田分公司各位评审专家的悉心指导,江汉油田分公司刘云生、张柏桥、郑有恒、张士万、李昌鸿、郭战峰、陈风玲、梁西文、付宜兴等专家的支持和帮助,在此致以衷心的谢忱;对以单位和个人及本书所引用参考文献的作者表示感谢;感谢许辉群、丁晓辉、梁斌、孙颖、陈苗、龚晓星、吕鹏、焦立波、董政、邱莹、唐婷婷、冯美娜、丁卯、陈洁、李冬冬、张宏在本书编写过程中所做出的重要贡献。

　　由于时间仓促、笔者水平所限,书中难免存在疏漏之处,敬请读者指正。

佘晓宇
2016 年 11 月

目　　录

第 1 章 层位标定与速度分析

中扬子地区东缘的二维地震资料质量是影响构造解释的关键因素。地震数据体质量的好坏主要从地震波的振幅、频率、相位、波形相似性和连续性加以评判,是否满足该区中、古生界地质解释和研究的需要。在地质层位的标定中,主要是通过井-震制作合成地震记录加以标定,在地震子波类型、提取中做了细致的工作,选取篼深 1 井、篼参 1 井、彭 3 井制作合成记录,取得了较好层位对比成果。

在构造层位解释中,对中、古生界 6 个主要反射界面进行精细解释,总结主要构造层的地震反射特征。该区地质条件复杂,在构造图编制过程中,由于地震传播速度误差较大,转换的深度需要进行速度分析。本章详细分析不同构造层或同一构造层横向变化带来的深度误差,制作时深量版,并详细分析影响速度变化的地质因素,保证构造图编制准确。

1.1 目的层位地震资料品质分析

利用已有的二维地震剖面,按照资料品质等级好(I 类)、中(II 类)、差(III 类)分类编制反映工区 T_{K_2}、T_{T_2}、T_D、T_S、T_{ϵ} 反射层所对应的地震反射同相轴质量在平面上分布的地震层位品质图,属于地震资料解释成果图件之一,也是构造解释、构造圈闭评价的重要依据,对江汉平原目标区二次地震数据采集和地震数据处理有一定的指导意义。

1.1.1 工作原理

由于地震资料采集过程中一系列现实客观条件,如环境因素、地表因素、地下地质因素、采集方法及仪器因素与人为因素,以及进行地震数据处理的误差和地质构造沉积等地质活动的影响,主要体现在解释前剖面上的同相轴所产生的各种地震特征。首先地震资料品质的好坏直接影响解释工作的进行,不利于解释人员对目标区块的正确解释,影响解释成果的可靠性;更重要的是地震品质图能够反映断裂特征、地层厚度、火成岩体、古潜山及其他沉积现象,并且是划分构造带的重要依据。

对地震资料进行多种属性分析是地震解释、研究地质特征的重要方法。目前所提取的地震属性大致可以分为物理属性和几何属性。物理属性是指能反映地震波的传播特征、岩性及油气等各种物理参数相关的属性;几何属性是指能反映地质体空间几何特征的属性,通过计算道与道之间的各种性质的变化,从而达到识别地层或反射界面的空间连续性和倾角倾向等几何特征。

振幅方面:振幅信息不仅是用来识别同一层反射波的重要标志,也是判断岩性、油气等的重要依据之一。时间剖面上反射波振幅是比较敏感的,反射波一般都以较强的振幅出现在干扰背景上。反射波振幅的强弱与界面的反射系数、界面形状等因素相关,其中反射系数主要是由界面两边的岩性、物性的差异决定。一般如果沿界面无构造或岩性的突变,则波的振幅沿测线也应当是渐变的。引起振幅横向变化的原因很多,如岩性横向变化、构造与断层、波的干涉等。

相位方面:来自同一物性界面的反射波,在相邻共反射点上的 T_0 时间相近、极性相同、相位一致。相邻地震道记录下来的振动图也是相似的,并且会一个一个套起来,形成一条平滑的、有一定延续长度的同相轴。

波形相似性方面:由于震源激发的地震子波基本相同,同一界面传播的路程相近,传播过程中所经受的地层吸收等因素的影响也相近,因此同一反射波在相邻地震道上的波形特征是相似的,主要包括主周期、相位数、振幅包络形状、各极值振幅比等。在时间剖面上表现为黑梯形形状、面积大小相似、相位数及时间间隔相等。反射波的波形有时也会产生一些与岩性、岩相有关的横向变化,如相位数的逐渐增减、振幅的强弱变化等。另外,由于断裂、干涉也会使反射波波形突变。地震波波形属性反映的是目标层内波阻抗的变化规律、沉积层序、地层层理特征、古剥蚀面、古构造特征、沉积过程及其连续性、沉积盆地的大小等。

连续性方面:连续性是作为衡量反射波可靠程度的重要标志(李世峰等,2008)。反射波在横向上的相位、波形和振幅保持一定的距离,并延续一定的长度,这种性质叫波的连续性。当界面水平时,表现为变面积小梯形首尾相接;当界面倾斜时,各梯形的一条腰边会排列在同一直线上。反射波的连续性代表上、下相邻两套地层的连续性。它是由这两套地层的岩性速度、密度、含流体性质等因素所决定的;信噪比大于1:1的地震记录的连续性是很容易识别的。

在了解地质背景资料的基础上,充分利用时间剖面的直观性和范围大的特点,统观整条测线,着重研究典型区域剖面,根据波组特征和剖面结构,以及结合规律性的地质构造特征将本区的地震地层品质分为三类(表1.1)。

表 1.1　地震地层品质分类标准

品质分类	振幅	相位	波形相似性	连续性
I 类品质	反射层具有强振幅,内幕为强能量	相位强,同相轴明显,波组、波系特征明显	相邻道地震道上波形相似度高,具有稳定的波形特征	反射界面连续性好,岩性稳定,能连续追踪
II 类品质	反射层无强振幅,内幕反射能量较弱	相位较弱,同相轴较明显,波组、波系特征较明显	相邻道地震道上波形相似度较好,具有较稳定的波形特征	反射面连续性较好,岩性较稳定,能部分连续追踪
III 类品质	反射层振幅弱,内幕反射能量弱	相位弱,同相轴杂乱,波组、波系特征显示差	相邻道地震道上波形相似度差,波形杂乱	反射界面连续性差,岩性变化大

1.1.2　编制地震地层品质图

(1)工区37条地震测线的地震几何属性分析记录,其中北西向13条、北东向14条、南北向 7 条和 3 条区域大剖面,即 JH-2002-356、04-JH-YH-1、2006-LH 剖面。这些资料采集时间跨度大,品质参差不齐,对每条测线按照 CDP 号从小到大的顺序分析记录资料的品质,分为反射品质好、中、差三类记录,并且标注在底图对应的位置上。

(2) 对工区 T_{K_2}、T_{T_2}、T_D、T_S、T_e 五个反射层层位测线标记的品质等级分别组合。在操作过程中,用三种颜色分别标记。组合时同种颜色表示连片成一个闭合图形,对于个别影响整体组合的区域再次查证对应的剖面位置进行判断。

(3) 利用地质软件 GeoMap 3.5 清绘地层品质图。不同级别的位置用不同的线型填充。I 类品质用实线边界填充,II 类品质用虚线边界表示,III 类品质不使用线条边界填充,是位于工区 I 类品质和 II 类品质之外的区域。另外,对于各类品质的区域明确标注 I 类、II 类、III 类。

1.1.3　成果分析

在全面分析工区地震剖面各个时代和地层,以及掌握地震地层品质图成图技术的基础上,共完成了五张品质图。在综合分析地震剖面和成果图的基础上,着重对 III 类资料区存在的问题进行评价。III 类资料在江汉平原东部的各二级构造带上均有分布,但以高陡断裂带、强烈冲断褶皱带、对冲挤压破碎带、火成岩发育地区较为集中,主要表现为反射同相轴杂乱、大断面归位不准确、反射波组特征不清等,难以进行准确的构造和地层解释。

1. 各地震地质层位品质图分析

晚白垩世之后,江汉盆地所处的中扬子地区以伸展断陷和断块作用为主,是该区发生叠加改造的主要时期,反映在品质图上以 II 类、III 类资料区为主(图 1.1),在变形相对稳定的天门、通海口部分地层反射较好。

从三叠系中统底面的反射品质图(图 1.2)可以看出工区南西区块的江参 4 井一带、洪 7 井和洪 8 井一带,北东地区的芦 1 井至集 1 井一带属反射品质差的 III 类。主要说明该时代地质运动强烈,对地层破坏程度大。

泥盆纪时期至三叠纪时期,江汉平原的构造沉积运动属于同一时代,在地震地层品质图上反映的 I 类、II 类、III 类分布特征极为相近(图 1.3)。

统观目标区域所有测线,对比其他地质层位,时间剖面上反射波形几何特征最明显的为志留系地层。I 类、II 类区块面积最大,占据测线所覆盖的整个工区的绝大部分,如图 1.4,III 类区域相对少。这反映了地层内幕反射振幅强、同相轴连续性好、岩性特征明显、波阻抗大,地质作用对下古生界地层相对破坏程度较小。

工区寒武系底界面(图 1.5)是一个较强的反射面,波阻抗较大,波形特征整体较明显。其中在工区东北角周邦、丰 1 井、沔参 1 井等处和北西区块通海口、洪 2 井处地层反射品质整体较好。彭 3 井北侧和帮 1 井南侧以及二者东北侧的反射品质较差。这同区域的整体地质构造特征相吻合。

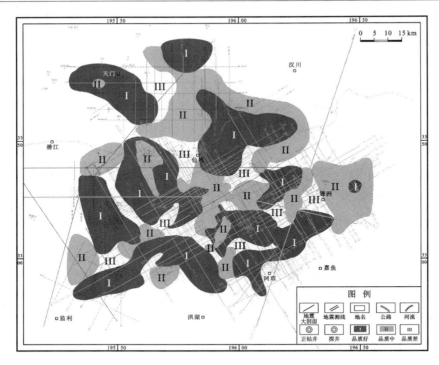

图 1.1　白垩系上统底面反射品质图

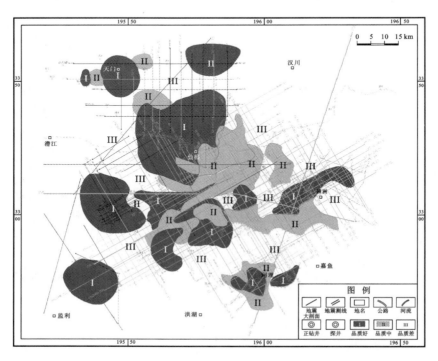

图 1.2　三叠系中统底面反射品质图

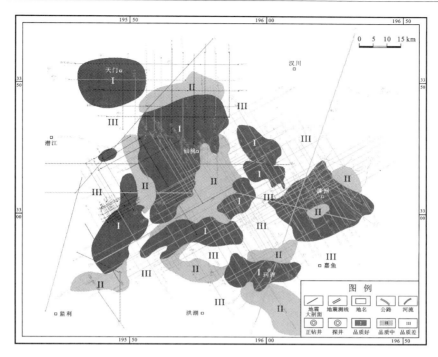

图 1.3　泥盆系底面反射品质图

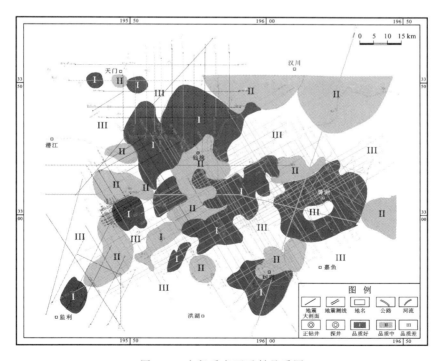

图 1.4　志留系底面反射品质图

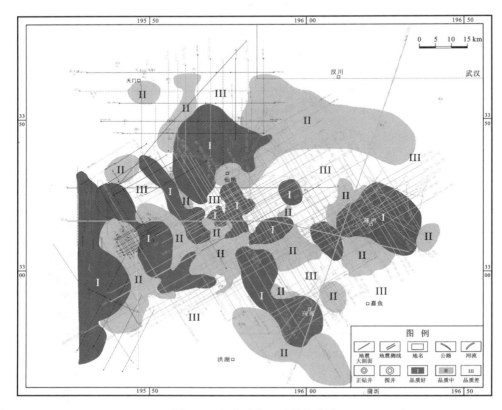

图 1.5 寒武系底面反射品质图

2. 典型地震测线剖面对应品质图分析

北东向 CHK-2008-213-75 剖面位于工区西南位置(图 1.6),由于岩浆岩活动导致地震剖面上显示震旦系、寒武系—奥陶系、志留系地层波形连续性中断、反射杂乱。在志留系底面反射品质图(图 1.4)和寒武系底面反射品质图(图 1.5)上对应位置标记为 III 类品质。

北北西向 JH-2002-356 地震剖面贯穿整个工区,位于南北对冲构造带上,受南部江南-雪峰和北部秦岭-大别山相对挤压作用,在剖面上形成强烈对冲挤压变形构造,地层扭曲破碎变形,波形杂乱,同相轴不连续(图 1.7)。对应于地震层位品质图上测线区域品质差,如图 1.1、图 1.2 所示。

综合分析江汉平原东部二维地震测线时间剖面反射特征和工区 T_{K_2}、T_{T_2}、T_D、T_S、T_ϵ 五个地层地震反射层的品质成果图,一方面地震数据整体质量较好,能够用于地震地质解释、分析各种地质现象;另一方面,在研究地质、地震、测井各方面资料基础上结合这些品质图,整体而言,古生界地层界面反射振幅强、波形稳定、连续性好,反映地层变形变位强度较小。其中火成岩、底辟构造作用导致局部地质层位反射杂乱,易于识别。江汉平原地

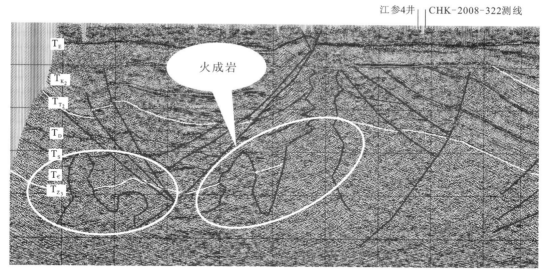

图 1.6　CHK-2008-213-75 测线区域地震解释剖面

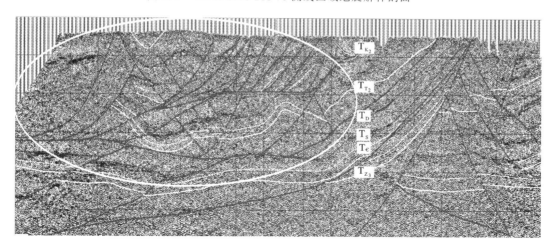

图 1.7　JH-2002-356 测线区域地震解释剖面

区多旋回复杂叠合盆地的形成时代主要是印支期至喜马拉雅期,大致从泥盆系开始地层变形强度大,中三叠世为海陆交互相沉积时代。

1.2　层位标定

地震资料构造解释,层位标定是关键。合成地震记录是联系地震资料和测井资料的一座桥梁,其精度直接影响到地震地质层位的准确标定。合成记录制作的一般流程是,速度和密度测井曲线→波阻抗曲线→反射系数曲线与地震子波褶积→合成地震记录。

　　子波按照相位特征通常可以分为零相位、最小相位和最大相位三种类型。零相位子波是双边子波,也是一种物理不可实现子波,但是在数字滤波、反褶积和反演中经常用到。众所周知,典型的、常用的零相位子波是雷克(Ricker)子波,它是制作合成记录的基本子波。在实际资料处理中,也常使用子波零相位化的手段,来取得零相位子波的记录。最小相位子波能量主要集中在前端,是一种单边子波,子波的起跳时间就是反射波到达的时间。最大相位子波和最小相位子波一样,是一种单边子波,但是其能量主要集中在尾部(图1.8)。

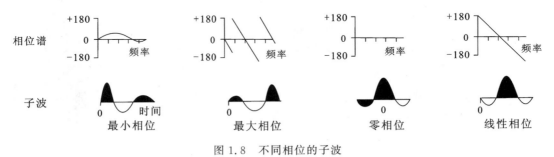

图1.8　不同相位的子波

　　在零相位、最小相位和最大相位子波中,零相位子波分辨率最高,最小相位子波分辨率次之,最大相位子波分辨率最差。本书研究采用零相位子波。

1.2.1　地震子波提取

　　地震子波的提取方法有两大类:第一类是确定性子波提取方法;第二类是统计性子波提取方法。确定性子波提取方法指的是利用测井资料首先计算出反射系数序列,然后结合井旁地震道由褶积理论求出地震子波,它的优点是不需要对反射系数序列的分布作任何假设,能得到较为准确的子波。而统计性子波提取方法的优点是不需要测井信息也可以得到子波的估计,但缺点是需对所用的地震资料和地下的反射系数序列的分布进行某种假设,所得子波精度不高。

　　实际子波提取的步骤首先是提取与地震资料主频相当的雷克子波(极性与地震剖面相一致),也可用地震资料中提取的统计子波初步制作合成记录,主要用来检查工区内的目的层段或标志层段,然后针对所研究的目的层段,对合成记录进行局部微调,主要从波组特征、波形特征等方面进行对比,对测井曲线进行微调,使合成记录与地震记录的相关性进一步提高,最后由井旁地震道与井资料联合提取子波,这样,可提取更适合该井情况的子波。

　　工区内钻遇所有目的层的井数不多,本书选取簰深1井、簰参1井、彭3井做合成地震记录与标定。其中簰深1井、簰参1井按照统计的方法在井旁地震道上提取子波,选择井附近5道,其子波长度分别为128 ms、120 ms。子波频率范围为10～30 Hz,相位谱中10～30 Hz中的相位接近0,表明所选子波较好(表1.2)。对于彭3井提取与地震资料主频相当的雷克子波,子波长度为512 ms,子波频率范围为10～30 Hz。

表 1.2　地震子波选取

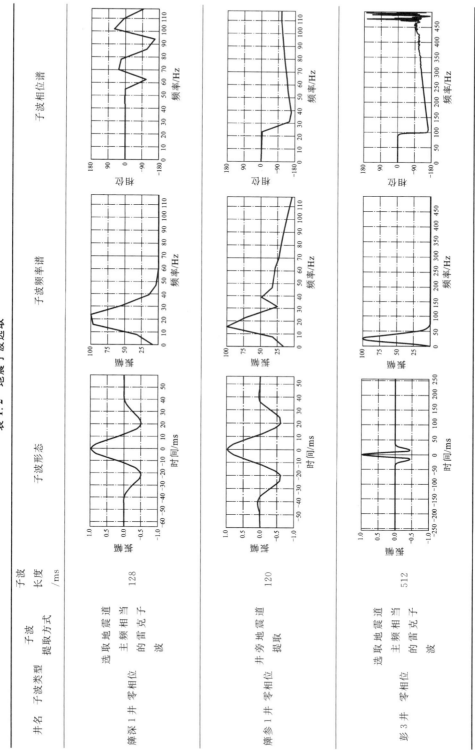

井名	子波类型	子波提取方式	子波长度/ms	子波形态	子波频率谱	子波相位谱
障深 1 井	零相位	选取地震道当主频相当的雷克子波	128			
障参 1 井	零相位	井旁地震道提取	120			
彭 3 井	零相位	选取地震道当主频相当的雷克子波	512			

1.2.2　合成地震记录制作与标定

由于声波测井速度与地震速度之间存在误差,转换后的时间域测井与地震会存在误差。为消除此误差,通过合成地震记录与井旁地震道对比,准确找出二者主要波组(目的层附近)的对应关系,以地震记录的时间厚度为标准,对测井资料进行有限的压缩或拉伸校正,从而改善合成记录与井旁道的相似性和匹配关系,求准时深转换关系,精确标定各岩性界面在地震剖面上的反射位置。制作合成地震记录时应注意:各软件均能对测井曲线进行压缩、拉伸,从而达到测井与地震匹配,但在使用时必须非常谨慎,拉伸、压缩必须在标志层的控制下进行,同时一定要参考其余井的标定结果,需要反复交替进行,逐步达到区内所有井与地震的最佳匹配(图 1.9)。

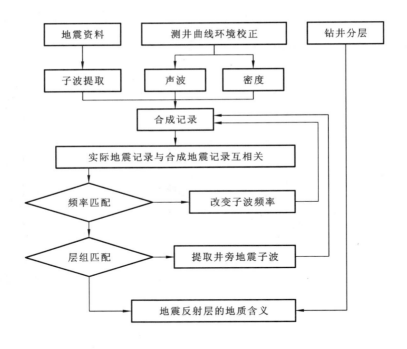

图 1.9　地震合成记录标定工作流程

合成地震记录的评价-衡量合成地震记录制作质量的标准是合成地震记录与井旁地震道的相似程度是否达到最好。工区内由于受到地震资料品质所限,从图 1.10～图 1.12可以看出,合成地震记录匹配良好,地震资料基本上能满足区域地震构造解释(图 1.13～图 1.15)。

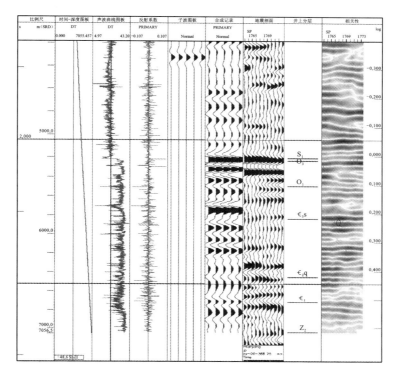

图 1.10　簸深 1 井合成记录

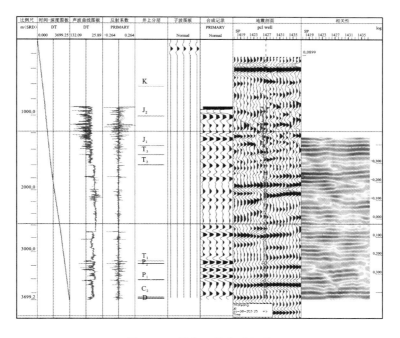

图 1.11　簸参 1 井合成记录

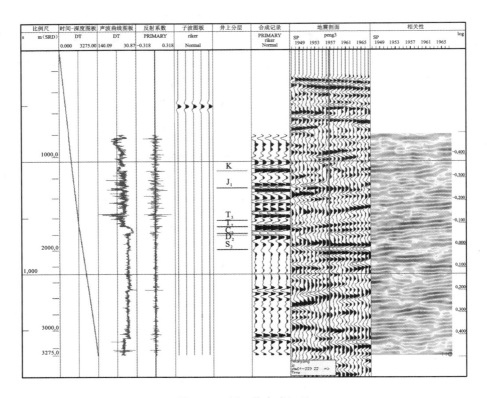

图 1.12 彭 3 井合成记录

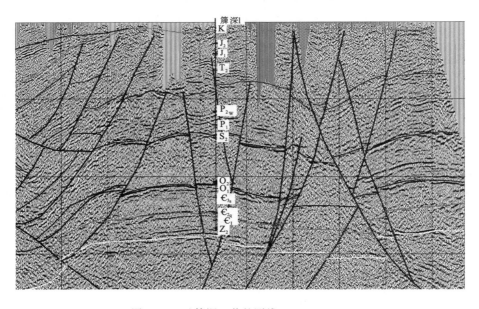

图 1.13 过簰深 1 井的测线 PZ-06-388.75

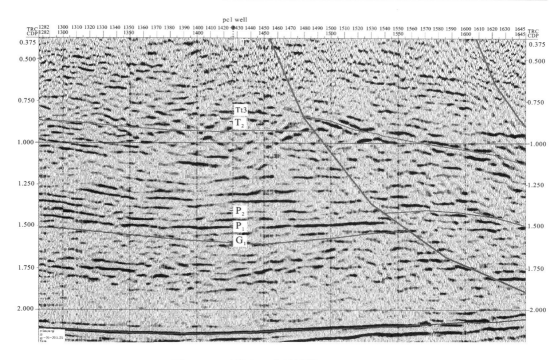

图 1.14　过蓬参 1 井的测线 PZ-06-203.25

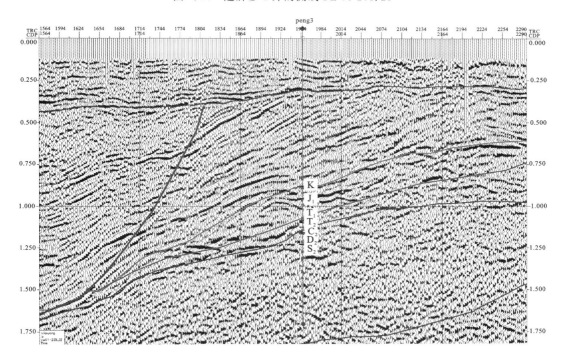

图 1.15　过彭 3 井的测线 YLW-01-223.22

1.3　构造层系地震反射特征

工区各主要的时代界面及其构造层具有特定的反射特征,在上节层位标定的前提下,依据地震外部形态、内部结构、振幅、频率、相位及其连续性,可以识别出各个时代构造层的地震反射特征,作为本书解释界面的基础。

1.3.1　主要界面反射特征

T_{Z_2}:一般由两个中低振幅-低频-连续性中低等波组组成。为震旦系灯影组大套灰色白云岩、浅灰色藻白云岩与震旦系陡山陀组薄-厚层状白云岩、灰岩、灰黑色碳质页岩及硅质页岩的界面反射。

T_{ϵ}:一般由 2~3 个中低振幅-中低频-连续性中等波组组成。为寒武系水井沱组深色白云岩与震旦系灯影组大套灰色白云岩、浅灰色藻白云岩的界面反射。

T_S:一般由两个强振幅-中频率-连续性好波组组成。为志留系龙马溪组大套砂质泥岩与奥陶系五峰组深水相碳质泥岩之间界面反射。

T_D:由两个强中振幅-中频-连续好中等波组组成,为志留系中纱帽组大套砂岩段与石炭系黄龙组白云岩段之间的反射。

T_{T_2}:由中低振幅-低频-连续性低波组组成,界面上频率较界面下高。为三叠系巴东组灰色泥岩、粉砂岩互层、泥质灰岩与三叠系嘉陵江组大套含膏白云岩之间的反射。

T_{K_2}:一般由两个强振幅-高频-连续性好波组组成。为上白垩统与下覆地层的界面反射。

1.3.2　主要构造层地震反射特征

1. 震旦系中、上统构造层

该构造层外部形态为席状,内部结构为平行-亚平行,构造层下部为弱反射-断续蚯蚓状反射,主要为灯影组下部灰色藻白云岩、白云岩。上部为较强反射-连续性中等-中低频反射,为震旦系灰色云岩夹灰色砂屑白云岩,浅灰色硅质白云岩。

2. 寒武系—奥陶系构造层

该构造层外部形态为席状,内部结构为平行-亚平行,底部为较强反射-中频-连续性中等,以深灰色白云岩、泥质白云岩、假鲕状白云岩为主。中部为弱反射-低频-连续性低,以大套深灰色砂屑灰岩和含膏白云岩、膏质白云岩为主。顶部为较强反射-中频-连续性中等,以灰色泥灰岩、泥质灰岩为主。

3. 志留系构造层

该构造层外部形态为席状,内部结构为平行-亚平行,构造层下段为弱反射断续蚯蚓状反射,以灰色-深灰色泥、页岩互层为主;中段为较强反射-连续性中低频反射,主要为灰色、深灰色砂质泥岩与薄层生屑灰岩及假鲕状灰岩;上段为弱反射-连续性中低频反射,主要为灰绿色粉砂岩和砂质泥岩。

4. 泥盆系—三叠系下统构造层

该构造层外部形态为席状,内部结构为平行-亚平行以及杂乱状,构造层位下段为较强反射-中低频-连续性中等反射,以灰色灰岩、生屑灰岩为主。中段为弱反射-断续蚯蚓状反射,主要为大套含泥灰岩、泥质灰岩。上段为杂乱状较强-低频-连续性低反射结构,以膏质白云岩、膏质灰岩为主。

5. 三叠系—白垩系下统构造层

该构造层外部形态为席状,内部结构为平行-亚平行状,构造层下段为较强反射-中低频-连续性中等反射,主要为灰黑色碳质泥岩与灰色、深灰色细砂岩、泥质粉砂岩互层。中段为弱反射-中高频-连续性低反射,主要为深灰色泥岩,深灰色、灰色细砂岩,黑色碳质泥岩、碳质粉砂岩,黑色煤层及煤线。上段为弱反射-低频-连续性好反射,主要为棕色泥岩与灰色泥质细砂岩,泥质粉砂岩不等厚互层。

6. 白垩系上统构造层

该构造层外部形态为充填型,内部结构为发散状,该构造层与下覆地层呈明显角度不整合接触,构造层的下段为较强反射-中频-连续性好,中段为强反射-高频-连续性好反射,上段为较强反射-中高频-连续性低反射。其分布范围和厚度明显受控于边界断层。

1.4　速度分析

1.4.1　层速度与岩性的关系

地震波的传播速度与传播介质的弹性性质有关。理论研究和大量实践表明,岩层中地震波的传播速度与岩石的地质年代、埋藏深度、岩性及其密度、孔隙度和孔隙中流体性质等因素有关。在连续沉积的地层中,横向上地质年代和埋藏深度条件基本相同,因此,地震波在地层中的传播速度主要受与岩性相关的因素影响。一般而言,不同的岩性具有不同的地震波传播速度和变化范围,并由岩石中的孔隙性和孔隙中的流体性质决定。大量的实践研究表明,页岩中地震波传播速度变化范围为 1 600～3 700 m/s;砂岩中地震波传播速度变化范围为 2 500～4 500 m/s;碳酸盐岩中地震波传播速度变化范围为 4 500～6 500 m/s;火成岩中地震波传播速度大,变化小;变质岩因其原岩、变质程度和蚀变程度不同,对地震波的传播速度变化较大。

通过对该工区内的多口井(簰深 1 井、洪 7 井、岳参 1 井、沔参 1 井、夏 3 井、海 10 井、丰 1 井、洪参 1 井等)岩性剖面进行分析:白垩系地层以泥岩、粉砂岩、中砂岩、粗砂岩及少量砾岩为主;侏罗系、三叠系中上统地层以泥岩、细砂岩、中砂岩、粗砂岩为主;三叠系下统、二叠系、石炭系及泥盆系地层以泥质灰岩、泥岩、硅质灰岩、石膏岩、白云质灰岩、灰质白云岩为主;志留系地层以泥质粉砂岩、粉砂岩、砂质泥岩、泥岩为主;寒武系、奥陶系、震旦系地层以泥质灰岩、含灰(质)白云岩、砂屑白云岩、白云岩、硅质白云岩、藻白云岩为主。

通过比较,各年代所沉积下来的地层岩性是有差别的,岩性对地震波的传播速度影响最大,通过簰深 1 井 VSP 数据深度-层速度交会图(图 1.16),将图中深度从 0～1 580 m 划分为一带,1 580～3 610 m 划分为二带,3 610～5 200 m 划分为三带,5 200～6 800 m 划分为四带。岩性剖面与深度-层速度交会图对比可知:一带对应侏罗系、三叠系中上统地层,二带对应三叠系下统、二叠系、石炭系及泥盆系地层,三带对应志留系地层,四带对应寒武系、奥陶系、震旦系地层。图中可以看到一带、三带地层速度明显低于二带、四带地层的层速度,再对比岩性剖面,相对低速的一带、三带地层对应的是以砂、泥岩为主。一带地层速度整体随深度递增,说明这套以砂泥岩互层为特点的颗粒性地层,它的物质密度随着埋藏深度的增加而被压实,地层的速度也就随深度而逐渐增加,一带地层速度范围见表 1.3;三带也是一套以砂泥岩为主的地层,这套地层沉积年代较老,因而压实固结程度较岩性相似的一带地层厉害,层速度较一带高,并且速度相对一带对深度有更微弱的依赖关系,三带地层速度范围见表 1.3;二带地层以结晶的泥质灰岩、泥岩、硅质灰岩、石膏岩、白云质灰岩、灰质白云岩为主,有泥岩交互出现的该套地层,层速度随深度渐增,二带地层速度范围见表 1.3;四带地层以泥质灰岩、含灰(质)白云岩、砂屑白云岩、白云岩、硅

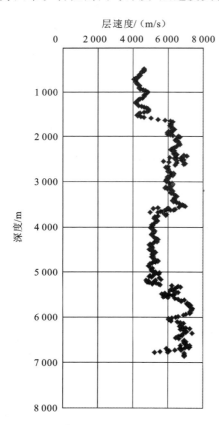

图 1.16　簰深 1 井深度-层速度交会图

质白云岩、藻白云岩为主,所以层速度基本与埋深无关,表现为一个垂直分布带,四带地层速度范围见表 1.3。

表 1.3　地层速度范围表

项目	一带	二带	三带	四带
深度/m	0~1 580	1 580~3 610	3 610~5 200	5 200~6 800
层速度范围/(m/s)	4 000~5 000	5 900~7 000	4 900~6 000	6 000~7 500

层速度的这种四带分布特点在该工区比较明显,这四带上的层速度大小交错分布。通过这样对地层波速度变化规律的分析,找到了本工区地层波速与岩性之间的内在联系,看到了砂泥岩孔隙地层与结晶灰岩、云岩地层的根本差别,并认识到本工区整套地层是可以用层速度区分古生界灰岩地层的。

在沉积地层中,速度的空间分布受岩石类型、沉积序列、横向展布及其地质结构等的控制,因而具有成层性、递增性、方向性和分区性。对整个工区,采用多井分层段进行层速度统计分析,按上述讨论,将各井分为白垩系及上述的四带地层进行统计。通过所选取井的声波时差测井数据,以间隔 50 m 求取速度值,这样每口井的分析层段均可得到一组深度-层速度数据。对单层段深度-层速度进行回归分析,得到拟合曲线,将曲线按深度深浅方向延拓,预测出更深或更浅同层段层速度。

该工区根据已有测井数据的井,选取做统计分析的井:丰 1 井、彭 3 井、簿参 1 井、夏 3 井、夏 4 井、簿深 1 井,通过所选取井的声波时差测井数据,以间隔 50 m 求取速度值,这样每口井的分析层段均可得到一组深度-层速度数据,对数据进行回归分析,拟合曲线得到深度-层速度交会图。由于白垩系底界面处于张性环境,形成了一些正断裂凹陷,白垩系地层主要分布于这些凹陷之中,由于各凹陷在白垩系地层沉积时期所处地理位置不一样,所接受沉积的沉积相就会有差异,因此不同凹陷内的地层速度也就会产生差异。在地震剖面及构造解释过程中证实,从凹陷深度和面积来看,接受白垩系沉积的部分凹陷比较大,外界沉积物进入凹陷产生相分异,凹陷内部与边缘沉积物

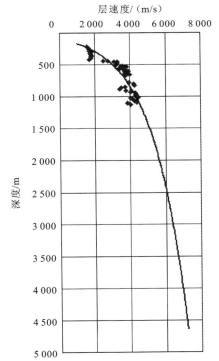

$$v = 1\ 887.7\ln h - 8\ 727.4$$

图 1.17　白垩系深度-层速度交会图

岩性等会有明显差别,可见同一凹陷的沉积物,在平面展布上存在差异,导致白垩系地层速度在横向上产生变化。白垩系地层岩性主要为泥岩、砂岩,压实作用对地层速度将产生较明显的影响,即速度随深度变化较明显,白垩系深度-层速度交会图如图 1.17 所示。一带地层岩性以泥岩、细砂岩、中砂岩、粗砂岩为主,其层速度对深度有较强的依赖关系,一一带深度-层速度交会图如图 1.18 所示,深度-层速度点分布比较集中,速度增加梯度随深度的增大而减小,即压实作用对该层层速度的影响随深度的加深在减弱。二带地层以泥质灰岩、泥岩、硅质灰岩、石膏岩、白云质灰岩、灰质白云岩为主,灰岩层速度对压实作用有较微弱的依赖关系,二带深度-层速度交会图如图 1.19 所示。三带是志留系地层,以泥质粉砂岩、粉砂岩、砂质泥岩、泥岩为主,这套地层沉积年代较老,因而压实固结程度较岩性相似的一带地层厉害,层速度较高,并且速度相对一带对深度的依赖关系较弱,三带深度-层速度交会图如图 1.20 所示。四带是寒武系、震旦系地层,以泥质灰岩、含灰白云岩、砂屑白云岩、白云岩、硅质白云岩、藻白云岩为主,钻至寒武系、震旦系地层,并且有数据的井只有簰深 1 井了,由于数据少,寒武系、震旦系地层速度有差别以致影响拟合效果的原因,拟合得到的曲线效果不太理想,层速度分布本应表现一个垂直分布带,几乎不受深度影响,四带深度-层速度交会图如图 1.21 所示。

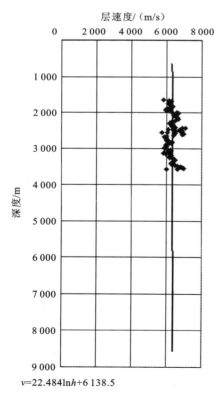

$v=22.484\ln h+6\,138.5$

图 1.18　三叠系深度-层速度交会图

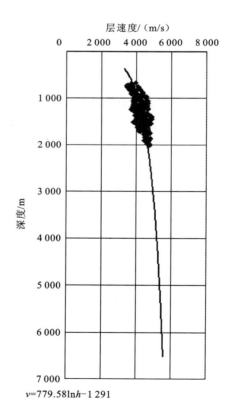

$v=779.58\ln h-1\,291$

图 1.19　白垩系深度-层速度交会图

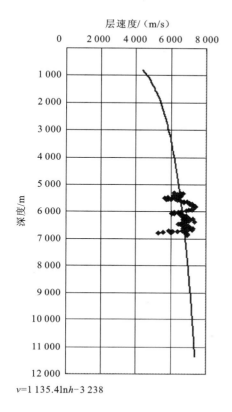

图 1.20　泥盆系深度-层速度交会图

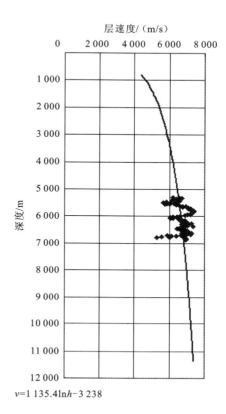

图 1.21　寒武系、震旦系深度-层速度交会图

　　该方法通过多井数据分层段拟合,消除了深度、地层压力等对层速度的影响,从所拟合出的深度-层速度交会图可以看到所需年代地层速度的变化梯度及大小范围,白垩系以下的地层呈现速度明显差异的四个带,主要原因在于岩性的差异,这样我们可以通过深度-层速度关系图区分出地层的岩性特征,并可以清楚地看到四带地层的相对厚度。

1.4.2　平均速度及深度-时间量板

　　针对该地区地层沉积特点,分为白垩系及 1.4.1 节所命名的四带地层进行分析,所采用的方法是利用 1.4.1 节得到的多口井深度-层速度数据拟合曲线,进一步通过层速度得到平均速度。具体方法如下:

　　(1) 将所得拟合曲线按其函数公式依深度延拓,再按深度每间隔 50 m 取速度值,得到新一组深度-平均速度数据[由拟合曲线函数 $V(H)$,自变量 H 间隔取值代入得到]。

（2）利用新得到的深度-层速度数据，通过 $\bar{v}=\dfrac{z}{t_{0,n/2}}$ 求取平均速度，得到一组深度-平均速度数据，$\Delta t_{k,k-1}$ 为声波在第 k 层传播单程时间，$v_{k,k-1}$ 为第 k 层的层速度，$t_{0,n}$ 为第 n 层底部的垂直往返时间，$z=\sum\limits_{k=1}^{n} v_{k,k-1}\cdot\Delta t_{k,k-1}$ 为第 n 层底部的总厚度。

（3）通过深度-平均速度数据，用深度除以对应的平均速度，再乘以 2，便得到双程旅行时间。将所得数据按表格列好，就得到了深度-速度量板（图 1.17～图 1.22）。

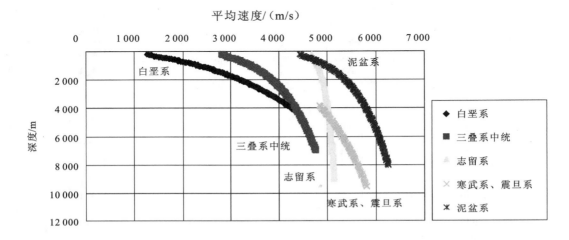

图 1.22　深度-平均速度关系图

将深度转换成时间，再把不同地层的时间按深度-时间量板查出来，以每层所用时间累加起来，便可将深度转换成时间深度。白垩系及 1.4.1 节中所命名的四带，将其平均速度随深度变化规律及大小变化作对比（图 1.22）。

以往编制的构造图所采用的时深转换是以单井或多井控制，由于工区叠加改造型复合盆地，导致横向速度变化较大，时深转换后误差很大，此次根据 16 口井的地层速度随深度变化和不同类型盆地进行分段速度分析并制作速度量板，共制作了五个时深转换量板，在进行时深转换时，采用累加方式进行转换，效果较好。

地层速度问题涉及地震偏移深度、构造圈闭，尤其是低幅度背斜圈闭及岩性圈闭的识别，并关系到钻井设计深度、地层层位及岩性预测、地震地质层位的标定等。

该工区沉积岩巨厚，空间变化较强，三叠系及古生界均遭受印支期—燕山期挤压力的冲断改造，现今盆地内不同部位表现出不同的冲断叠覆特征，导致地层速度变化很大。由于统计分析数据的限制，对速度在该工区的平面分布变化有待进一步认识。研究该工区速度场特征对深化其沉积演化、构造演化及圈闭评价等认识具有十分重要的意义。

1.5　构造图编制影响因素

　　工区构造图件的编制主要依据二维水平叠加地震剖面和偏移剖面闭合解释后进行时深转换完成的,由于中、古生界海相构造多样,导致地震反射复杂多变,解释工作难度较大,编制过程主要考虑如下重要环节和因素。

　　在地震构造解释过程中,考虑地震构造特征与周缘露头地质结合,工区北部秦岭-大别造山带的区域构造的研究,前人已经获得大量的成果和认识,一般认为古生代末期至中生代早期表现为中扬子板块和华北板块开合与碰撞关系,由 B 型俯冲、A 型俯冲、碰撞造山过程,即海西晚期勉略洋的演化过程,在确定板块边界的前提下,根据板缘造山板内渐进变形的规律及其特点,对工区内部的地震构造样式加以识别和确认,进而初步确定工区北段为大洪山推覆体系的一部分,并以推覆体系的不同构造组合及其构造模式,结合地震反射特征加以精细解释,同理,南部的构造解释是根据江南-雪峰隆起构造特征与区内地震构造解释加以对比,由此解释研究区的构造体系,以构造观指导地震构造解释的合理性。

　　在解释方案确定的前提下,采用工作站与纸质地震剖面结合,进行连片闭合解释,充分结合水平叠加剖面与偏移剖面,在推覆构造体系中,界面多次重复的特点是解释的主要难点,需要不断地调整解释方案以满足地震反射规律和原则,同时,通过合成地震记录地层与剖面对比达到吻合,保证解释的所有层位的正确性。根据钻井与地震剖面的结合,识别出中、古生界各个构造层的地震反射特征,了解横向变化的特点。因此,主要反射界面的特征也是解释中主要的依据之一。

　　工区内以往的构造成图中,是以钻测井数据计算时深量板进行深度转换,导致深度转换存在很大的误差,主要原因是工区中、古生界构造复杂、叠置盆地和白垩系断陷不均匀沉降导致横向速度变化太大,一套量板难以准确地转换为工区界面深度,从而在钻井实际揭示界面深度与地震解释对比时大时小,无标准可言。

　　本次时深转换是在井合成记录和钻井分层与地震剖面对比的基础上,在确定主要界面的反射特征及其变化规律的前提下,分主要构造层段制作五套时深转换量板(表 1.4～表 1.8),在制图过程中,按照每一读数点各个界面深度分段读数累加,从而得到界面深度,这样制作的构造图较为合理,充分考虑了叠置盆地和构造复杂地质因素的影响,与钻井分层数据(表 1.9～表 1.12)对比性较好。

　　在地震二维解释过程中,充分考虑了滑脱推覆体系的复杂性,力争构造断裂符合区域构造形成机制的合理性,并遵循地震反射原理,使解释丰富和完整,充分考虑各个局部构造相互成因关系和组合关系,尽可能揭示由一级构造到最终的四级构造在成因上的必然联系。在构造平面图制图过程中,由于工区南北由多级次滑脱推覆体系构成,多套界面大范围重复较为严重,平面图编制以最上层界面为准。

表 1.4　白垩系深度-时间转换量板

深度 /m	平均速度 /(m/s)	双程时间 /ms	深度 /m	平均速度 /(m/s)	双程时间 /ms	深度 /m	平均速度 /(m/s)	双程时间 /ms
200	1 274.23	313.91	1 650	2 982.34	1 106.51	3 100	3 883.02	1 596.70
250	1 340.86	372.90	1 700	3 021.33	1 125.33	3 150	3 907.87	1 612.13
300	1 422.06	421.92	1 750	3 059.55	1 143.96	3 200	3 932.41	1 627.50
350	1 505.93	464.83	1 800	3 097.04	1 162.40	3 250	3 956.67	1 642.80
400	1 588.72	503.55	1 850	3 133.81	1 180.67	3 300	3 980.64	1 658.03
450	1 669.14	539.20	1 900	3 169.91	1 198.77	3 350	4 004.33	1 673.19
500	1 746.76	572.49	1 950	3 205.35	1 216.72	3 400	4 027.75	1 688.29
550	1 821.50	603.90	2 000	3 240.16	1 234.51	3 450	4 050.90	1 703.33
600	1 893.44	633.77	2 050	3 274.36	1 252.15	3 500	4 073.79	1 718.30
650	1 962.72	662.34	2 100	3 307.98	1 269.66	3 550	4 096.42	1 733.22
700	2 029.50	689.82	2 150	3 341.04	1 287.03	3 600	4 118.81	1 748.08
750	2 093.94	716.35	2 200	3 373.55	1 304.27	3 650	4 140.95	1 762.88
800	2 156.18	742.05	2 250	3 405.53	1 321.38	3 700	4 162.86	1 777.62
850	2 216.37	767.02	2 300	3 437.01	1 338.37	3 750	4 184.54	1 792.31
900	2 274.65	791.33	2 350	3 468.00	1 355.25	3 800	4 205.98	1 806.95
950	2 331.14	815.05	2 400	3 498.51	1 372.01	3 850	4 227.21	1 821.53
1 000	2 385.95	838.24	2 450	3 528.56	1 388.67	3 900	4 248.22	1 836.06
1 050	2 439.18	860.94	2 500	3 558.16	1 405.22	3 950	4 269.01	1 850.55
1 100	2 490.93	883.20	2 550	3 587.33	1 421.67	4 000	4 289.60	1 864.98
1 150	2 541.28	905.06	2 600	3 616.08	1 438.02	4 050	4 309.98	1 879.36
1 200	2 590.30	926.53	2 650	3 644.43	1 454.27	4 100	4 330.16	1 893.69
1 250	2 638.08	947.66	2 700	3 672.38	1 470.44	4 150	4 350.14	1 907.98
1 300	2 684.68	968.46	2 750	3 699.94	1 486.51	4 200	4 369.94	1 922.23
1 350	2 730.16	988.95	2 800	3 727.14	1 502.49	4 250	4 389.54	1 936.42
1 400	2 774.57	1 009.17	2 850	3 753.97	1 518.39	4 300	4 408.96	1 950.58
1 450	2 817.97	1 029.11	2 900	3 780.45	1 534.21	4 350	4 428.19	1 964.68
1 500	2 860.40	1 048.81	2 950	3 806.58	1 549.95	4 400	4 447.25	1 978.75
1 550	2 901.91	1 068.26	3 000	3 832.38	1 565.61	4 450	4 466.14	1 992.77
1 600	2 942.55	1 087.49	3 050	3 857.86	1 581.19	4 500	4 484.85	2 006.76

表 1.5　三叠系中统深度-时间转换量板

深度 /m	平均速度 /(m/s)	双程时间 /ms	深度 /m	平均速度 /(m/s)	双程时间 /ms	深度 /m	平均速度 /(m/s)	双程时间 /ms
200	2 814.66	142.11	1 850	3 814.56	969.96	3 500	4 253.71	1 645.62
250	2 848.71	175.52	1 900	3 832.16	991.61	3 550	4 263.88	1 665.15
300	2 893.41	207.37	1 950	3 849.35	1 013.16	3 600	4 273.92	1 684.64
350	2 941.03	238.01	2 000	3 866.17	1 034.62	3 650	4 283.83	1 704.08
400	2 988.62	267.68	2 050	3 882.65	1 055.98	3 700	4 293.63	1 723.49
450	3 034.96	296.54	2 100	3 898.79	1 077.26	3 750	4 303.30	1 742.85
500	3 079.59	324.72	2 150	3 914.60	1 098.45	3 800	4 312.86	1 762.17
550	3 122.34	352.30	2 200	3 930.11	1 119.56	3 850	4 322.31	1 781.45
600	3 163.22	379.36	2 250	3 945.32	1 140.59	3 900	4 331.65	1 800.70
650	3 202.30	405.96	2 300	3 960.25	1 161.54	3 950	4 340.88	1 819.91
700	3 239.66	432.14	2 350	3 974.90	1 182.42	4 000	4 350.01	1 839.08
750	3 275.43	457.96	2 400	3 989.28	1 203.23	4 050	4 359.03	1 858.21
800	3 309.71	483.43	2 450	4 003.41	1 223.96	4 100	4 367.95	1 877.31
850	3 342.60	508.59	2 500	4 017.29	1 244.62	4 150	4 376.78	1 896.37
900	3 374.21	533.46	2 550	4 030.93	1 265.22	4 200	4 385.51	1 915.40
950	3 404.62	558.07	2 600	4 044.35	1 285.75	4 250	4 394.14	1 934.40
1 000	3 433.91	582.43	2 650	4 057.54	1 306.21	4 300	4 402.69	1 953.35
1 050	3 462.16	606.56	2 700	4 070.51	1 326.61	4 350	4 411.14	1 972.28
1 100	3 489.44	630.47	2 750	4 083.28	1 346.96	4 400	4 419.50	1 991.17
1 150	3 515.82	654.19	2 800	4 095.85	1 367.24	4 450	4 427.78	2 010.04
1 200	3 541.34	677.71	2 850	4 108.22	1 387.46	4 500	4 435.98	2 028.87
1 250	3 566.06	701.05	2 900	4 120.40	1 407.63	4 550	4 444.09	2 047.66
1 300	3 590.04	724.23	2 950	4 132.40	1 427.74	4 600	4 452.12	2 066.43
1 350	3 613.30	747.24	3 000	4 144.22	1 447.80	4 650	4 460.07	2 085.17
1 400	3 635.90	770.10	3 050	4 155.87	1 467.80	4 700	4 467.95	2 103.88
1 450	3 657.87	792.81	3 100	4 167.35	1 487.76	4 750	4 475.74	2 122.55
1 500	3 679.25	815.38	3 150	4 178.67	1 507.66	4 800	4 483.47	2 141.20
1 550	3 700.06	837.82	3 200	4 189.83	1 527.51	4 850	4 491.12	2 159.82
1 600	3 720.34	860.14	3 250	4 200.84	1 547.31	4 900	4 498.70	2 178.41
1 650	3 740.11	882.33	3 300	4 211.70	1 567.07	4 950	4 506.20	2 196.97
1 700	3 759.40	904.40	3 350	4 222.41	1 586.77	5 000	4 513.64	2 215.51
1 750	3 778.23	926.36	3 400	4 232.98	1 606.43	5 050	4 521.01	2 234.02
1 800	3 796.614	948.21	3 450	4 243.41	1 626.05	5 100	4 528.31	2 252.50

深度/m	平均速度/(m/s)	双程时间/ms	深度/m	平均速度/(m/s)	双程时间/ms	深度/m	平均速度/(m/s)	双程时间/ms
5 150	4 535.55	2 270.95	5 500	4 584.47	2 399.41	5 850	4 630.59	2 526.68
5 200	4 542.72	2 289.38	5 550	4 591.22	2 417.66	5 900	4 636.97	2 544.77
5 250	4 549.83	2 307.78	5 600	4 597.92	2 435.89	5 950	4 643.30	2 562.83
5 300	4 556.88	2 326.15	5 650	4 604.56	2 454.09	6 000	4 649.58	2 580.88
5 350	4 563.87	2 344.50	5 700	4 611.15	2 472.27	6 050	4 655.81	2 598.90
5 400	4 570.79	2 362.83	5 750	4 617.68	2 490.43	6 100	4 661.99	2 616.91
5 450	4 577.66	2 381.13	5 800	4 624.16	2 508.57	6 150	4 668.13	2 634.89

表 1.6　泥盆系深度-时间转换量板

深度/m	平均速度/(m/s)	双程时间/ms	深度/m	平均速度/(m/s)	双程时间/ms	深度/m	平均速度/(m/s)	双程时间/ms
200	4 427.27	90.35	660	4 767.75	276.86	1 120	5 032.46	445.11
220	4 433.24	99.25	680	4 781.44	284.43	1 140	5 042.03	452.20
240	4 443.11	108.03	700	4 794.90	291.98	1 160	5 051.47	459.27
260	4 455.55	116.71	720	4 808.13	299.49	1 180	5 060.79	466.33
280	4 469.71	125.29	740	4 821.13	306.98	1 200	5 070.00	473.37
300	4 484.99	133.78	760	4 833.91	314.45	1 220	5 079.06	480.40
320	4 501.00	142.19	780	4 846.48	321.88	1 240	5 088.02	487.42
340	4 517.44	150.53	800	4 858.84	329.30	1 260	5 096.87	494.42
360	4 534.12	158.80	820	4 871.00	336.69	1 280	5 105.61	501.41
380	4 550.89	167.00	840	4 882.96	344.05	1 300	5 114.26	508.38
400	4 567.66	175.14	860	4 894.73	351.40	1 320	5 122.76	515.35
420	4 584.34	183.23	880	4 906.31	358.72	1 340	5 131.18	522.30
440	4 600.87	191.27	900	4 917.71	366.02	1 360	5 139.51	529.23
460	4 617.23	199.25	920	4 928.94	373.31	1 380	5 147.73	536.16
480	4 633.38	207.19	940	4 939.99	380.57	1 400	5 155.86	543.07
500	4 649.30	215.09	960	4 950.88	387.81	1 420	5 163.90	549.97
520	4 664.99	222.94	980	4 961.60	395.03	1 440	5 171.84	556.86
540	4 680.42	230.75	1 000	4 972.16	402.24	1 460	5 179.70	563.74
560	4 695.61	238.52	1 020	4 982.58	409.43	1 480	5 187.47	570.61
580	4 710.54	246.26	1 040	4 992.84	416.60	1 500	5 195.15	577.46
600	4 725.22	253.96	1 060	5 002.95	423.75	1 520	5 202.75	584.31
620	4 739.64	261.62	1 080	5 012.93	430.89	1 540	5 210.26	591.14
640	4 753.82	269.26	1 100	5 022.76	438.01	1 560	5 217.70	597.96

深度/m	平均速度/(m/s)	双程时间/ms	深度/m	平均速度/(m/s)	双程时间/ms	深度/m	平均速度/(m/s)	双程时间/ms
1 580	5 225.06	604.78	2 300	5 448.54	844.26	3 020	5 617.41	1 075.23
1 600	5 232.34	611.58	2 320	5 453.83	850.78	3 040	5 621.56	1 081.55
1 620	5 239.55	618.37	2 340	5 459.07	857.29	3 060	5 625.69	1 087.87
1 640	5 246.68	625.16	2 360	5 464.28	863.79	3 080	5 629.80	1 094.18
1 660	5 253.74	631.93	2 380	5 469.46	870.29	3 100	5 633.88	1 100.49
1 680	5 260.73	638.69	2 400	5 474.59	876.78	3 120	5 637.93	1 106.79
1 700	5 267.65	645.45	2 420	5 479.68	883.26	3 140	5 641.96	1 113.09
1 720	5 274.50	652.19	2 440	5 484.74	889.74	3 160	5 645.97	1 119.38
1 740	5 281.29	658.93	2 460	5 489.76	896.21	3 180	5 649.96	1 125.67
1 760	5 288.01	665.66	2 480	5 494.75	902.68	3 200	5 653.92	1 131.96
1 780	5 294.66	672.38	2 500	5 499.70	909.14	3 220	5 657.86	1 138.24
1 800	5 301.25	679.08	2 520	5 504.62	915.60	3 240	5 661.78	1 144.52
1 820	5 307.79	685.79	2 540	5 509.50	922.04	3 260	5 665.68	1 150.79
1 840	5 314.26	692.48	2 560	5 514.34	928.49	3 280	5 669.56	1 157.06
1 860	5 320.67	699.16	2 580	5 519.16	934.93	3 300	5 673.41	1 163.32
1 880	5 327.02	705.84	2 600	5 523.94	941.36	3 320	5 677.24	1 169.58
1 900	5 333.31	712.50	2 620	5 528.68	947.78	3 340	5 681.06	1 175.84
1 920	5 339.55	719.16	2 640	5 533.40	954.21	3 360	5 684.85	1 182.09
1 940	5 345.73	725.81	2 660	5 538.08	960.62	3 380	5 688.62	1 188.34
1 960	5 351.86	732.46	2 680	5 542.74	967.03	3 400	5 692.37	1 194.58
1 980	5 357.93	739.09	2 700	5 547.36	973.44	3 420	5 696.10	1 200.82
2 000	5 363.96	745.72	2 720	5 551.95	979.84	3 440	5 699.81	1 207.06
2 020	5 369.93	752.34	2 740	5 556.51	986.23	3 460	5 703.50	1 213.29
2 040	5 375.85	758.95	2 760	5 561.04	992.62	3 480	5 707.17	1 219.52
2 060	5 381.71	765.56	2 780	5 565.54	999.00	3 500	5 710.82	1 225.74
2 080	5 387.54	772.15	2 800	5 570.02	1005.38	3 520	5 714.46	1 231.96
2 100	5 393.31	778.74	2 820	5 574.46	1011.76	3 540	5 718.07	1 238.18
2 120	5 399.03	785.33	2 840	5 578.88	1018.13	3 560	5 721.67	1 244.39
2 140	5 404.71	791.90	2 860	5 583.26	1024.49	3 580	5 725.24	1 250.60
2 160	5 410.34	798.47	2 880	5 587.63	1030.85	3 600	5 728.80	1 256.81
2 180	5 415.93	805.03	2 900	5 591.96	1 037.20	3 620	5 732.34	1 263.01
2 200	5 421.47	811.59	2 920	5 596.27	1 043.55	3 640	5 735.87	1 269.21
2 220	5 426.97	818.14	2 940	5 600.55	1 049.90	3 660	5 739.37	1 275.40
2 240	5 432.42	824.68	2 960	5 604.80	1 056.24	3 680	5 742.86	1 281.59
2 260	5 437.84	831.21	2 980	5 609.03	1 062.57	3 700	5 746.33	1 287.78
2 280	5 443.21	837.74	3 000	5 613.23	1 068.90	3 720	5 749.78	1 293.96

续表

深度/m	平均速度/(m/s)	双程时间/ms	深度/m	平均速度/(m/s)	双程时间/ms	深度/m	平均速度/(m/s)	双程时间/ms
3 740	5 753.22	1 300.14	4 460	5 866.84	1 520.41	5 180	5 964.54	1 736.93
3 760	5 756.64	1 306.32	4 480	5 869.75	1 526.47	5 200	5 967.06	1 742.90
3 780	5 760.04	1 312.49	4 500	5 872.64	1 532.53	5 220	5 969.58	1 748.87
3 800	5 763.43	1 318.66	4 520	5 875.52	1 538.59	5 240	5 972.09	1 754.83
3 820	5 766.80	1 324.83	4 540	5 878.40	1 544.64	5 260	5 974.59	1 760.79
3 840	5 770.15	1 330.99	4 560	5 881.25	1 550.69	5 280	5 977.09	1 766.75
3 860	5 773.49	1 337.15	4 580	5 884.10	1 556.74	5 300	5 979.57	1 772.70
3 880	5 776.81	1 343.30	4 600	5 886.94	1 562.78	5 320	5 982.04	1 778.66
3 900	5 780.11	1 349.45	4 620	5 889.76	1 568.82	5 340	5 984.51	1 784.61
3 920	5 783.41	1 355.60	4 640	5 892.57	1 574.86	5 360	5 986.97	1 790.56
3 940	5 786.68	1 361.75	4 660	5 895.38	1 580.90	5 380	5 989.42	1 796.50
3 960	5 789.94	1 367.89	4 680	5 898.17	1 586.93	5 400	5 991.86	1 802.45
3 980	5 793.19	1 374.03	4 700	5 900.95	1 592.97	5 420	5 994.29	1 808.39
4 000	5 796.41	1 380.16	4 720	5 903.71	1 598.99	5 440	5 996.71	1 814.33
4 020	5 799.63	1 386.30	4 740	5 906.47	1 605.02	5 460	5 999.12	1 820.27
4 040	5 802.83	1 392.43	4 760	5 909.22	1 611.04	5 480	6 001.53	1 826.20
4 060	5 806.01	1 398.55	4 780	5 911.95	1 617.06	5 500	6 003.93	1 832.13
4 080	5 809.18	1 404.67	4 800	5 914.68	1 623.08	5 520	6 006.32	1 838.07
4 100	5 812.34	1 410.79	4 820	5 917.39	1 629.10	5 540	6 008.70	1 843.99
4 120	5 815.48	1 416.91	4 840	5 920.10	1 635.11	5 560	6 011.07	1 849.92
4 140	5 818.61	1 423.02	4 860	5 922.79	1 641.12	5 580	6 013.44	1 855.84
4 160	5 821.72	1 429.13	4 880	5 925.48	1 647.13	5 600	6 015.80	1 861.77
4 180	5 824.82	1 435.24	4 900	5 928.15	1 653.13	5 620	6 018.15	1 867.69
4 200	5 827.91	1 441.34	4 920	5 930.81	1 659.13	5 640	6 020.49	1 873.60
4 220	5 830.98	1 447.44	4 940	5 933.46	1 665.13	5 660	6 022.82	1 879.52
4 240	5 834.04	1 453.54	4 960	5 936.11	1 671.13	5 680	6 025.15	1 885.43
4 260	5 837.09	1 459.63	4 980	5 938.74	1 677.12	5 700	6 027.47	1 891.34
4 280	5 840.12	1 465.72	5 000	5 941.36	1 683.12	5 720	6 029.78	1 897.25
4 300	5 843.14	1 471.81	5 020	5 943.98	1 689.11	5 740	6 032.08	1 903.16
4 320	5 846.15	1 477.90	5 040	5 946.58	1 695.09	5 760	6 034.38	1 909.06
4 340	5 849.14	1 483.98	5 060	5 949.17	1 701.08	5 780	6 036.67	1 914.97
4 360	5 852.12	1 490.06	5 080	5 951.76	1 707.06	5 800	6 038.95	1 920.87
4 380	5 855.09	1 496.13	5 100	5 954.33	1 713.04	5 820	6 041.22	1 926.76
4 400	5 858.05	1 502.21	5 120	5 956.90	1 719.02	5 840	6 043.49	1 932.66
4 420	5 860.99	1 508.28	5 140	5 959.45	1 724.99	5 860	6 045.74	1 938.55
4 440	5 863.92	1 514.35	5 160	5 962.00	1 730.96	5 880	6 048.00	1 944.45

续表

深度 /m	平均速度 /(m/s)	双程时间 /ms	深度 /m	平均速度 /(m/s)	双程时间 /ms	深度 /m	平均速度 /(m/s)	双程时间 /ms
5 900	6 050.24	1 950.34	6 600	6 124.57	2 155.25	7 300	6 191.76	2 357.97
5 920	6 052.48	1 956.22	6 620	6 126.58	2 161.08	7 320	6 193.59	2 363.73
5 940	6 054.71	1 962.11	6 640	6 128.59	2 166.89	7 340	6 195.42	2 369.49
5 960	6 056.93	1 967.99	6 660	6 130.59	2 172.71	7 360	6 197.23	2 375.25
5 980	6 059.15	1 973.88	6 680	6 132.58	2 178.53	7 380	6 199.05	2 381.01
6 000	6 061.35	1 979.76	6 700	6 134.57	2 184.34	7 400	6 200.86	2 386.77
6 020	6 063.56	1 985.63	6 720	6 136.56	2 190.15	7 420	6 202.66	2 392.52
6 040	6 065.75	1 991.51	6 740	6 138.53	2 195.96	7 440	6 204.46	2 398.27
6 060	6 067.94	1 997.38	6 760	6 140.51	2 201.77	7 460	6 206.26	2 404.03
6 080	6 070.12	2 003.26	6 780	6 142.47	2 207.58	7 480	6 208.05	2 409.78
6 100	6 072.29	2 009.13	6 800	6 144.43	2 213.39	7 500	6 209.83	2 415.52
6 120	6 074.46	2 014.99	6 820	6 146.39	2 219.19	7 520	6 211.62	2 421.27
6 140	6 076.62	2 020.86	6 840	6 148.34	2 224.99	7 540	6 213.39	2 427.02
6 160	6 078.78	2 026.72	6 860	6 150.29	2 230.79	7 560	6 215.17	2 432.76
6 180	6 080.93	2 032.59	6 880	6 152.23	2 236.59	7 580	6 216.93	2 438.50
6 200	6 083.07	2 038.45	6 900	6 154.16	2 242.39	7 600	6 218.70	2 444.24
6 220	6 085.20	2 044.30	6 920	6 156.09	2 248.18	7 620	6 220.46	2 449.98
6 240	6 087.33	2 050.16	6 940	6 158.01	2 253.97	7 640	6 222.21	2 455.72
6 260	6 089.45	2 056.02	6 960	6 159.93	2 259.77	7 660	6 223.96	2 461.45
6 280	6 091.57	2 061.87	6 980	6 161.84	2 265.56	7 680	6 225.71	2 467.19
6 300	6 093.68	2 067.72	7 000	6 163.75	2 271.34	7 700	6 227.45	2 472.92
6 320	6 095.78	2 073.57	7 020	6 165.65	2 277.13	7 720	6 229.19	2 478.65
6 340	6 097.87	2 079.41	7 040	6 167.55	2 282.92	7 740	6 230.92	2 484.38
6 360	6 099.96	2 085.26	7 060	6 169.44	2 288.70	7 760	6 232.65	2 490.11
6 380	6 102.05	2 091.10	7 080	6 171.33	2 294.48	7 780	6 234.38	2 495.84
6 400	6 104.13	2 096.94	7 100	6 173.21	2 300.26	7 800	6 236.10	2 501.57
6 420	6 106.20	2 102.78	7 120	6 175.09	2 306.04	7 820	6 237.81	2 507.29
6 440	6 108.26	2 108.62	7 140	6 176.96	2 311.82	7 840	6 239.53	2 513.01
6 460	6 110.32	2 114.46	7 160	6 178.83	2 317.59	7 860	6 241.23	2 518.73
6 480	6 112.38	2 120.29	7 180	6 180.69	2 323.36	7 880	6 242.94	2 524.45
6 500	6 114.42	2 126.12	7 200	6 182.55	2 329.14	7 900	6 244.64	2 530.17
6 520	6 116.46	2 131.95	7 220	6 184.40	2 334.91	7 920	6 246.33	2 535.89
6 540	6 118.50	2 137.78	7 240	6 186.25	2 340.68	7 940	6 248.02	2 541.60
6 560	6 120.53	2 143.61	7 260	6 188.09	2 346.44	7 960	6 249.71	2 547.32
6 580	6 122.55	2 149.43	7 280	6 189.93	2 352.21	7 980	6 251.39	2 553.03

表 1.7 志留系深度-时间转换量板

深度 /m	平均速度 /(m/s)	双程时间 /ms	深度 /m	平均速度 /(m/s)	双程时间 /ms	深度 /m	平均速度 /(m/s)	双程时间 /ms
200	4 673.86	85.58	1 850	4 896.00	755.72	3 500	4 990.46	1 402.68
250	4 681.18	106.81	1 900	4 899.82	775.54	3 550	4 992.62	1 422.10
300	4 691.02	127.90	1 950	4 903.56	795.34	3 600	4 994.76	1 441.51
350	4 701.62	148.88	2 000	4 907.21	815.13	3 650	4 996.86	1 460.92
400	4 712.28	169.77	2 050	4 910.79	834.90	3 700	4 998.94	1 480.31
450	4 722.70	190.57	2 100	4 914.28	854.65	3 750	5 001.00	1 499.70
500	4 732.75	211.29	2 150	4 917.71	874.39	3 800	5 003.03	1 519.08
550	4 742.38	231.95	2 200	4 921.06	894.12	3 850	5 005.03	1 538.45
600	4 751.59	252.55	2 250	4 924.35	913.83	3 900	5 007.01	1 557.82
650	4 760.38	273.09	2 300	4 927.58	933.52	3 950	5 008.97	1 577.17
700	4 768.78	293.58	2 350	4 930.74	953.20	4 000	5 010.90	1 596.52
750	4 776.81	314.02	2 400	4 933.84	972.87	4 050	5 012.81	1 615.86
800	4 784.49	334.41	2 450	4 936.88	992.53	4 100	5 014.70	1 635.19
850	4 791.85	354.77	2 500	4 939.87	1 012.17	4 150	5 016.57	1 654.52
900	4 798.91	375.09	2 550	4 942.81	1 031.80	4 200	5 018.42	1 673.84
950	4 805.69	395.36	2 600	4 945.69	1 051.42	4 250	5 020.24	1 693.15
1 000	4 812.22	415.61	2 650	4 948.53	1 071.03	4 300	5 022.05	1 712.45
1 050	4 818.50	435.82	2 700	4 951.31	1 090.62	4 350	5 023.83	1 731.75
1 100	4 824.55	456.00	2 750	4 954.05	1 110.20	4 400	5 025.60	1 751.03
1 150	4 830.40	476.15	2 800	4 956.75	1 129.77	4 450	5 027.35	1 770.32
1 200	4 836.05	496.27	2 850	4 959.40	1 149.33	4 500	5 029.08	1 789.59
1 250	4 841.51	516.37	2 900	4 962.01	1 168.88	4 550	5 030.79	1 808.86
1 300	4 846.80	536.44	2 950	4 964.58	1 188.42	4 600	5 032.49	1 828.12
1 350	4 851.93	556.48	3 000	4 967.11	1 207.95	4 650	5 034.16	1 847.38
1 400	4 856.90	576.50	3 050	4 969.60	1 227.46	4 700	5 035.82	1 866.63
1 450	4 861.73	596.50	3 100	4 972.05	1 246.97	4 750	5 037.47	1 885.87
1 500	4 866.43	616.47	3 150	4 974.47	1 266.47	4 800	5 039.09	1 905.10
1 550	4 870.99	636.42	3 200	4 976.85	1 285.95	4 850	5 040.70	1 924.33
1 600	4 875.43	656.35	3 250	4 979.20	1 305.43	4 900	5 042.30	1 943.56
1 650	4 879.75	676.26	3 300	4 981.51	1 324.90	4 950	5 043.88	1 962.77
1 700	4 883.97	696.16	3 350	4 983.79	1 344.36	5 000	5 045.45	1 981.99
1 750	4 888.08	716.03	3 400	4 986.05	1 363.81	5 050	5 047.00	2 001.19
1 800	4 892.09	735.88	3 450	4 988.27	1 383.25	5 100	5 048.53	2 020.39

续表

深度 /m	平均速度 /(m/s)	双程时间 /ms	深度 /m	平均速度 /(m/s)	双程时间 /ms	深度 /m	平均速度 /(m/s)	双程时间 /ms
5 150	5 050.05	2 039.58	6 800	5 093.708	2 669.97	8 450	5 128.16	3 295.53
5 200	5 051.56	2 058.77	6 850	5 094.86	2 688.99	8 500	5 129.10	3 314.42
5 250	5 053.06	2 077.95	6 900	5 096.01	2 708.00	8 550	5 130.03	3 333.31
5 300	5 054.54	2 097.13	6 950	5 097.15	2 727.02	8 600	5 130.96	3 352.20
5 350	5 056.00	2 116.30	7 000	5 098.28	2 746.02	8 650	5 131.88	3 371.08
5 400	5 057.46	2 135.46	7 050	5 099.41	2 765.03	8 700	5 132.80	3 389.96
5 450	5 058.90	2 154.62	7 100	5 100.52	2 784.03	8 750	5 133.72	3 408.84
5 500	5 060.33	2 173.77	7 150	5 101.64	2 803.02	8 800	5 134.63	3 427.71
5 550	5 061.75	2 192.92	7 200	5 102.74	2 822.01	8 850	5 135.53	3 446.58
5 600	5 063.15	2 212.06	7 250	5 103.83	2 841.00	8 900	5 136.43	3 465.44
5 650	5 064.54	2 231.20	7 300	5 104.92	2 859.98	8 950	5 137.32	3 484.31
5 700	5 065.92	2 250.33	7 350	5 106.00	2 878.96	9 000	5 138.21	3 503.17
5 750	5 067.29	2 269.46	7 400	5 107.08	2 897.94	9 050	5 139.10	3 522.02
5 800	5 068.65	2 288.58	7 450	5 108.15	2 916.91	9 100	5 139.97	3 540.88
5 850	5 070.00	2 307.69	7 500	5 109.21	2 935.88	9 150	5 140.85	3 559.72
5 900	5 071.34	2 326.80	7 550	5 110.26	2 954.84	9 200	5 141.72	3 578.57
5 950	5 072.66	2 345.91	7 600	5 111.31	2 973.80	9 250	5 142.58	3 597.41
6 000	5 073.98	2 365.01	7 650	5 112.35	2 992.75	9 300	5 143.44	3 616.25
6 050	5 075.28	2 384.11	7 700	5 113.38	3 011.71	9 350	5 144.30	3 635.09
6 100	5 076.57	2 403.20	7 750	5 114.41	3 030.65	9 400	5 145.15	3 653.93
6 150	5 077.86	2 422.28	7 800	5 115.43	3 049.60	9 450	5 146.00	3 672.76
6 200	5 079.13	2 441.36	7 850	5 116.45	3 068.54	9 500	5 146.84	3 691.58
6 250	5 080.40	2 460.44	7 900	5 117.45	3 087.47	9 550	5 147.68	3 710.41
6 300	5 081.65	2 479.51	7 950	5 118.46	3 106.41	9 600	5 148.52	3 729.23
6 350	5 082.90	2 498.58	8 000	5 119.45	3 125.33	9 650	5 149.35	3 748.05
6 400	5 084.13	2 517.64	8 050	5 120.44	3 144.26	9 700	5 150.17	3 766.86
6 450	5 085.36	2 536.69	8 100	5 121.43	3 163.18	9 750	5 151.00	3 785.68
6 500	5 086.58	2 555.75	8 150	5 122.41	3 182.10	9 800	5 151.81	3 804.49
6 550	5 087.78	2 574.79	8 200	5 123.38	3 201.01	9 850	5 152.63	3 823.29
6 600	5 088.98	2 593.84	8 250	5 124.35	3 219.92	9 900	5 153.44	3 842.10
6 650	5 090.18	2 612.88	8 300	5 125.31	3 238.83	9 950	5 154.24	3 860.90
6 700	5 091.36	2 631.91	8 350	5 126.26	3 257.73	10 000	5 155.05	3 879.69
6 750	5 092.53	2 650.94	8 400	5 127.21	3 276.63	10 050	5 155.84	3 898.49

深度/m	平均速度/(m/s)	双程时间/ms	深度/m	平均速度/(m/s)	双程时间/ms	深度/m	平均速度/(m/s)	双程时间/ms
10 100	5 156.64	3 917.28	10 750	5 166.63	4 161.32	11 400	5 176.05	4 404.90
10 150	5 157.43	3 936.07	10 800	5 167.38	4 180.07	11 450	5 176.76	4 423.62
10 200	5 158.22	3 954.86	10 850	5 168.12	4 198.82	11 500	5 177.46	4 442.34
10 250	5 159.00	3 973.64	10 900	5 168.86	4 217.57	11 550	5 178.15	4 461.05
10 300	5 159.78	3 992.42	10 950	5 169.59	4 236.31	11 600	5 178.85	4 479.76
10 350	5 160.56	4 011.20	11 000	5 170.32	4 255.06	11 650	5 179.54	4 498.47
10 400	5 161.33	4 029.97	11 050	5 171.05	4 273.80	11 700	5 180.23	4 517.18
10 450	5 162.10	4 048.74	11 100	5 171.77	4 292.53	11 750	5 180.91	4 535.88
10 500	5 162.86	4 067.51	11 150	5 172.49	4 311.27	11 800	5 181.60	4 554.58
10 550	5 163.62	4 086.28	11 200	5 173.21	4 330.00	11 850	5 182.28	4 573.28
10 600	5 164.38	4 105.04	11 250	5 173.93	4 348.73	11 900	5 182.95	4 591.98
10 650	5 165.13	4 123.80	11 300	5 174.64	4 367.45	11 950	5 183.63	4 610.67
10 700	5 165.89	4 142.56	11 350	5 175.35	4 386.18	12 000	5 184.30	4 629.36

表 1.8　寒武系、震旦系深度–时间转换量板

深度/m	平均速度/(m/s)	双程时间/ms	深度/m	平均速度/(m/s)	双程时间/ms	深度/m	平均速度/(m/s)	双程时间/ms
200	2 777.21	144.03	540	3 159.25	341.85	880	3 497.75	503.18
220	2 786.71	157.89	560	3 181.91	351.99	900	3 514.94	512.10
240	2 802.17	171.30	580	3 204.20	362.02	920	3 531.88	520.97
260	2 821.43	184.30	600	3 226.12	371.96	940	3 548.58	529.79
280	2 843.14	196.97	620	3 247.68	381.81	960	3 565.03	538.57
300	2 866.43	209.32	640	3 268.87	391.57	980	3 581.24	547.30
320	2 890.68	221.40	660	3 289.71	401.25	1 000	3 597.23	555.98
340	2 915.49	233.24	680	3 310.20	410.85	1 020	3 613.00	564.63
360	2 940.58	244.85	700	3 330.35	420.38	1 040	3 628.55	573.23
380	2 965.76	256.26	720	3 350.17	429.83	1 060	3 643.89	581.80
400	2 990.87	267.48	740	3 369.67	439.21	1 080	3 659.03	590.32
420	3 015.81	278.53	760	3 388.85	448.53	1 100	3 673.96	598.81
440	3 040.52	289.42	780	3 407.72	457.78	1 120	3 688.70	607.26
460	3 064.95	300.17	800	3 426.29	466.98	1 140	3 703.26	615.67
480	3 089.05	310.78	820	3 444.58	476.11	1 160	3 717.62	624.05
500	3 112.81	321.25	840	3 462.58	485.19	1 180	3 731.81	632.40
520	3 136.21	331.61	860	3 480.30	494.21	1 200	3 745.82	640.71

续表

深度 /m	平均速度 /(m/s)	双程时间 /ms	深度 /m	平均速度 /(m/s)	双程时间 /ms	深度 /m	平均速度 /(m/s)	双程时间 /ms
1 220	3 759.66	649.00	1 920	4 160.56	922.95	2 620	4 456.03	1 175.94
1 240	3 773.33	657.25	1 940	4 170.16	930.42	2 640	4 463.44	1 182.95
1 260	3 786.83	665.46	1 960	4 179.68	937.87	2 660	4 470.80	1 189.94
1 280	3 800.18	673.65	1 980	4 189.12	945.30	2 680	4 478.12	1 196.93
1 300	3 813.37	681.81	2 000	4 198.48	952.73	2 700	4 485.39	1 203.91
1 320	3 826.41	689.94	2 020	4 207.77	960.13	2 720	4 492.61	1 210.88
1 340	3 839.30	698.04	2 040	4 216.98	967.52	2 740	4 499.79	1 217.84
1 360	3 852.04	706.12	2 060	4 226.12	974.89	2 760	4 506.92	1 224.78
1 380	3 864.64	714.17	2 080	4 235.18	982.25	2 780	4 514.01	1 231.72
1 400	3 877.11	722.19	2 100	4 244.18	989.59	2 800	4 521.06	1 238.65
1 420	3 889.43	730.18	2 120	4 253.10	996.92	2 820	4 528.06	1 245.57
1 440	3 901.62	738.15	2 140	4 261.95	1 004.24	2 840	4 535.02	1 252.48
1 460	3 913.69	746.10	2 160	4 270.73	1 011.54	2 860	4 541.93	1 259.38
1 480	3 925.62	754.02	2 180	4 279.45	1 018.82	2 880	4 548.81	1 266.27
1 500	3 937.43	761.92	2 200	4 288.10	1 026.10	2 900	4 555.64	1 273.15
1 520	3 949.12	769.79	2 220	4 296.68	1 033.36	2 920	4 562.44	1 280.02
1 540	3 960.68	777.64	2 240	4 305.20	1 040.60	2 940	4 569.19	1 286.88
1 560	3 972.13	785.47	2 260	4 313.66	1 047.83	2 960	4 575.91	1 293.73
1 580	3 983.47	793.28	2 280	4 322.05	1 055.05	2 980	4 582.58	1 300.58
1 600	3 994.69	801.06	2 300	4 330.39	1 062.26	3 000	4 589.22	1 307.41
1 620	4 005.80	808.83	2 320	4 338.66	1 069.46	3 020	4 595.82	1 314.24
1 640	4 016.80	816.57	2 340	4 346.87	1 076.64	3 040	4 602.38	1 321.06
1 660	4 027.70	824.29	2 360	4 355.02	1 083.81	3 060	4 608.90	1 327.87
1 680	4 038.49	831.99	2 380	4 363.12	1 090.96	3 080	4 615.39	1 334.67
1 700	4 049.18	839.68	2 400	4 371.16	1 098.11	3 100	4 621.83	1 341.46
1 720	4 059.77	847.34	2 420	4 379.14	1 105.24	3 120	4 628.25	1 348.24
1 740	4 070.27	854.98	2 440	4 387.07	1 112.36	3 140	4 634.63	1 355.02
1 760	4 080.66	862.61	2 460	4 394.94	1 119.47	3 160	4 640.97	1 361.79
1 780	4 090.96	870.21	2 480	4 402.76	1 126.57	3 180	4 647.28	1 368.54
1 800	4 101.17	877.80	2 500	4 410.52	1 133.65	3 200	4 653.55	1 375.30
1 820	4 111.29	885.37	2 520	4 418.23	1 140.73	3 220	4 659.79	1 382.04
1 840	4 121.31	892.92	2 540	4 425.89	1 147.79	3 240	4 665.99	1 388.77
1 860	4 131.25	900.45	2 560	4 433.50	1 154.84	3 260	4 672.16	1 395.50
1 880	4 141.10	907.97	2 580	4 441.06	1 161.89	3 280	4 678.30	1 402.22
1 900	4 150.87	915.47	2 600	4 448.57	1 168.92	3 300	4 684.41	1 408.93

续表

深度/m	平均速度/(m/s)	双程时间/ms	深度/m	平均速度/(m/s)	双程时间/ms	深度/m	平均速度/(m/s)	双程时间/ms
3 320	4 690.48	1 415.63	4 020	4 885.05	1 645.84	4 720	5 051.45	1 868.77
3 340	4 696.52	1 422.33	4 040	4 890.15	1 652.30	4 740	5 055.87	1 875.05
3 360	4 702.53	1 429.02	4 060	4 895.23	1 658.76	4 760	5 060.27	1 881.32
3 380	4 708.51	1 435.70	4 080	4 900.29	1 665.21	4 780	5 064.66	1 887.59
3 400	4 714.46	1 442.37	4 100	4 905.33	1 671.65	4 800	5 069.03	1 893.85
3 420	4 720.38	1 449.04	4 120	4 910.34	1 678.09	4 820	5 073.38	1 900.11
3 440	4 726.26	1 455.70	4 140	4 915.34	1 684.52	4 840	5 077.72	1 906.37
3 460	4 732.12	1 462.35	4 160	4 920.31	1 690.95	4 860	5 082.04	1 912.62
3 480	4 737.95	1 468.99	4 180	4 925.26	1 697.37	4 880	5 086.34	1 918.86
3 500	4 743.74	1 475.63	4 200	4 930.18	1 703.79	4 900	5 090.63	1 925.11
3 520	4 749.51	1 482.26	4 220	4 935.09	1 710.20	4 920	5 094.90	1 931.34
3 540	4 755.25	1 488.88	4 240	4 939.98	1 716.61	4 940	5 099.16	1 937.58
3 560	4 760.96	1 495.50	4 260	4 944.85	1 723.01	4 960	5 103.40	1 943.80
3 580	4 766.65	1 502.11	4 280	4 949.69	1 729.40	4 980	5 107.63	1 950.03
3 600	4 772.30	1 508.71	4 300	4 954.52	1 735.79	5 000	5 111.84	1 956.25
3 620	4 777.93	1 515.30	4 320	4 959.32	1 742.17	5 020	5 116.03	1 962.46
3 640	4 783.53	1 521.89	4 340	4 964.11	1 748.55	5 040	5 120.21	1 968.67
3 660	4 789.10	1 528.47	4 360	4 968.87	1 754.93	5 060	5 124.37	1 974.88
3 680	4 794.65	1 535.05	4 380	4 973.62	1 761.29	5 080	5 128.52	1 981.08
3 700	4 800.16	1 541.61	4 400	4 978.35	1 767.66	5 100	5 132.66	1 987.28
3 720	4 805.66	1 548.18	4 420	4 983.05	1 774.01	5 120	5 136.78	1 993.47
3 740	4 811.12	1 554.73	4 440	4 987.74	1 780.37	5 140	5 140.88	1 999.66
3 760	4 816.57	1 561.28	4 460	4 992.41	1 786.71	5 160	5 144.97	2 005.84
3 780	4 821.98	1 567.82	4 480	4 997.06	1 793.05	5 180	5 149.05	2 012.02
3 800	4 827.37	1 574.36	4 500	5 001.69	1 799.39	5 200	5 153.11	2 018.20
3 820	4 832.73	1 580.89	4 520	5 006.31	1 805.72	5 220	5 157.16	2 024.37
3 840	4 838.07	1 587.41	4 540	5 010.90	1 812.05	5 240	5 161.20	2 030.54
3 860	4 843.39	1 593.93	4 560	5 015.48	1 818.37	5 260	5 165.22	2 036.70
3 880	4 848.68	1 600.44	4 580	5 020.04	1 824.69	5 280	5 169.22	2 042.86
3 900	4 853.95	1 606.94	4 600	5 024.58	1 831.00	5 300	5 173.21	2 049.02
3 920	4 859.19	1 613.44	4 620	5 029.10	1 837.31	5 320	5 177.19	2 055.17
3 940	4 864.41	1 619.93	4 640	5 033.61	1 843.61	5 340	5 181.16	2 061.32
3 960	4 869.60	1 626.42	4 660	5 038.09	1 849.91	5 360	5 185.11	2 067.46
3 980	4 874.78	1 632.90	4 680	5 042.56	1 856.20	5 380	5 189.05	2 073.60
4 000	4 879.92	1 639.37	4 700	5 047.02	1 862.49	5 400	5 192.97	2 079.74

续表

深度 /m	平均速度 /(m/s)	双程时间 /ms	深度 /m	平均速度 /(m/s)	双程时间 /ms	深度 /m	平均速度 /(m/s)	双程时间 /ms
5 420	5 196.88	2 085.87	6 120	5 326.07	2 298.13	6 820	5 442.31	2 506.29
5 440	5 200.78	2 091.99	6 140	5 329.56	2 304.13	6 840	5 445.46	2 512.18
5 460	5 204.66	2 098.12	6 160	5 333.04	2 310.13	6 860	5 448.61	2 518.07
5 480	5 208.54	2 104.24	6 180	5 336.50	2 316.12	6 880	5 451.75	2 523.96
5 500	5 212.40	2 110.35	6 200	5 339.96	2 322.12	6 900	5 454.88	2 529.85
5 520	5 216.24	2 116.47	6 220	5 343.41	2 328.10	6 920	5 458.00	2 535.73
5 540	5 220.08	2 122.58	6 240	5 346.84	2 334.09	6 940	5 461.12	2 541.61
5 560	5 223.90	2 128.68	6 260	5 350.27	2 340.07	6 960	5 464.22	2 547.48
5 580	5 227.71	2 134.78	6 280	5 353.68	2 346.05	6 980	5 467.32	2 553.36
5 600	5 231.50	2 140.88	6 300	5 357.09	2 352.02	7 000	5 470.41	2 559.23
5 620	5 235.28	2 146.97	6 320	5 360.48	2 358.00	7 020	5 473.49	2 565.09
5 640	5 239.06	2 153.06	6 340	5 363.87	2 363.97	7 040	5 476.56	2 570.96
5 660	5 242.81	2 159.15	6 360	5 367.25	2 369.93	7 060	5 479.62	2 576.82
5 680	5 246.56	2 165.23	6 380	5 370.61	2 375.89	7 080	5 482.68	2 582.68
5 700	5 250.30	2 171.31	6 400	5 373.97	2 381.85	7 100	5 485.73	2 588.54
5 720	5 254.02	2 177.38	6 420	5 377.32	2 387.81	7 120	5 488.77	2 594.39
5 740	5 257.73	2 183.45	6 440	5 380.65	2 393.76	7 140	5 491.80	2 600.24
5 760	5 261.43	2 189.52	6 460	5 383.98	2 399.71	7 160	5 494.83	2 606.09
5 780	5 265.12	2 195.58	6 480	5 387.30	2 405.66	7 180	5 497.84	2 611.93
5 800	5 268.79	2 201.64	6 500	5 390.61	2 411.60	7 200	5 500.85	2 617.78
5 820	5 272.46	2 207.70	6 520	5 393.91	2 417.54	7 220	5 503.85	2 623.62
5 840	5 276.11	2 213.75	6 540	5 397.20	2 423.48	7 240	5 506.85	2 629.45
5 860	5 279.75	2 219.80	6 560	5 400.48	2 429.41	7 260	5 509.83	2 635.29
5 880	5 283.38	2 225.85	6 580	5 403.75	2 435.35	7 280	5 512.81	2 641.12
5 900	5 287.00	2 231.89	6 600	5 407.01	2 441.27	7 300	5 515.78	2 646.95
5 920	5 290.60	2 237.93	6 620	5 410.27	2 447.20	7 320	5 518.74	2 652.78
5 940	5 294.20	2 243.97	6 640	5 413.51	2 453.12	7 340	5 521.70	2 658.60
5 960	5 297.78	2 250.00	6 660	5 416.75	2 459.04	7 360	5 524.65	2 664.42
5 980	5 301.36	2 256.03	6 680	5 419.97	2 464.96	7 380	5 527.59	2 670.24
6 000	5 304.92	2 262.05	6 700	5 423.19	2 470.87	7 400	5 530.52	2 676.06
6 020	5 308.47	2 268.07	6 720	5 426.40	2 476.78	7 420	5 533.45	2 681.87
6 040	5 312.01	2 274.09	6 740	5 429.60	2 482.69	7 440	5 536.37	2 687.68
6 060	5 315.54	2 280.11	6 760	5 432.79	2 488.59	7 460	5 539.28	2 693.49
6 080	5 319.06	2 286.12	6 780	5 435.97	2 494.50	7 480	5 542.18	2 699.30
6 100	5 322.57	2 292.13	6 800	5 439.14	2 500.40	7 500	5 545.08	2 705.10

深度 /m	平均速度 /(m/s)	双程时间 /ms	深度 /m	平均速度 /(m/s)	双程时间 /ms	深度 /m	平均速度 /(m/s)	双程时间 /ms
7 520	5 547.97	2 710.90	8 200	5 642.16	2 906.69	8 880	5 729.31	3 099.85
7 540	5 550.85	2 716.70	8 220	5 644.82	2 912.40	8 900	5 731.78	3 105.49
7 560	5 553.72	2 722.50	8 240	5 647.48	2 918.12	8 920	5 734.24	3 111.14
7 580	5 556.59	2 728.29	8 260	5 650.12	2 923.83	8 940	5 736.70	3 116.78
7 600	5 559.45	2 734.08	8 280	5 652.76	2 929.54	8 960	5 739.15	3 122.42
7 620	5 562.31	2 739.87	8 300	5 655.40	2 935.25	8 980	5 741.59	3 128.05
7 640	5 565.15	2 745.66	8 320	5 658.02	2 940.96	9 000	5 744.03	3 133.69
7 660	5 567.99	2 751.44	8 340	5 660.65	2 946.66	9 020	5 746.47	3 139.32
7 680	5 570.83	2 757.22	8 360	5 663.26	2 952.36	9 040	5 748.90	3 144.95
7 700	5 573.65	2 763.00	8 380	5 665.87	2 958.06	9 060	5 751.33	3 150.58
7 720	5 576.47	2 768.78	8 400	5 668.48	2 963.76	9 080	5 753.75	3 156.20
7 740	5 579.28	2 774.55	8 420	5 671.08	2 969.45	9 100	5 756.16	3 161.83
7 760	5 582.09	2 780.32	8 440	5 673.67	2 975.15	9 120	5 758.58	3 167.45
7 780	5 584.89	2 786.09	8 460	5 676.26	2 980.84	9 140	5 760.98	3 173.07
7 800	5 587.68	2 791.86	8 480	5 678.84	2 986.53	9 160	5 763.38	3 178.69
7 820	5 590.47	2 797.62	8 500	5 681.42	2 992.21	9 180	5 765.78	3 184.31
7 840	5 593.25	2 803.38	8 520	5 683.99	2 997.90	9 200	5 768.17	3 189.92
7 860	5 596.02	2 809.14	8 540	5 686.55	3 003.58	9 220	5 770.56	3 195.53
7 880	5 598.78	2 814.90	8 560	5 689.11	3 009.26	9 240	5 772.94	3 201.14
7 900	5 601.54	2 820.65	8 580	5 691.67	3 014.94	9 260	5 775.31	3 206.75
7 920	5 604.30	2 826.40	8 600	5 694.21	3 020.61	9 280	5 777.68	3 212.36
7 940	5 607.04	2 832.15	8 620	5 696.76	3 026.28	9 300	5 780.05	3 217.97
7 960	5 609.78	2 837.90	8 640	5 699.29	3 031.96	9 320	5 782.41	3 223.57
7 980	5 612.51	2 843.65	8 660	5 701.82	3 037.63	9 340	5 784.77	3 229.17
8 000	5 615.24	2 849.39	8 680	5 704.35	3 043.29	9 360	5 787.12	3 234.77
8 020	5 617.96	2 855.13	8 700	5 706.87	3 048.96	9 380	5 789.47	3 240.37
8 040	5 620.68	2 860.87	8 720	5 709.38	3 054.62	9 400	5 791.81	3 245.96
8 060	5 623.38	2 866.60	8 740	5 711.89	3 060.28	9 420	5 794.15	3 251.56
8 080	5 626.09	2 872.34	8 760	5 714.40	3 065.94	9 440	5 796.49	3 257.15
8 100	5 628.78	2 878.07	8 780	5 716.90	3 071.60	9 460	5 798.81	3 262.74
8 120	5 631.47	2 883.79	8 800	5 719.39	3 077.25	9 480	5 801.14	3 268.32
8 140	5 634.15	2 889.52	8 820	5 721.88	3 082.90	9 500	5 803.46	3 273.91
8 160	5 636.83	2 895.25	8 840	5 724.36	3 088.56	9 520	5 805.77	3 279.49
8 180	5 639.50	2 900.97	8 860	5 726.84	3 094.20	9 540	5 808.08	3 285.08

表 1.9　分层数据表(1)　　　　　　　　　　　　　　　　　　　　（单位：m）

地层				井号									
				港浅 1	汉参 1	海 1	海 10	海 12	海 14	海 18	海 2	海 4	海 5
				井深	井深	井深	井深	井深	井深	井深	井深	井深	井深
侏罗系	上统												
	中统												
	下统												
三叠系	上统	沙镇溪组 T_3s											
	中统	巴东组 T_2b	T_2b_4										
			T_2b_3										
			T_2b_2										
			T_2b_1										
	下统	嘉陵江组 T_1j	T_1j_5										
			T_1j_4										
			T_1j_3										
			T_1j_2										
			T_1j_1										
		大冶组 T_1d	T_1d_4										
			T_1d_3										
			T_1d_2										1275
			T_1d_1										
二叠系	上统	大隆组 P_2d											
		吴家坪组 P_2w											1 285
	下统	梁山组 P_1l						1 590					
		茅口组 P_1m	P_1m_4					1 087 / 1 176					1 351 / 1412
			P_1m_3					1 248.5					1 501
			P_1m_2		2 010.0.			1 317.5					1 548.8 ▽
			P_1m_1		2 120			1 390					
		栖霞组 P_1q	P_1q_3										
			P_1q_2										
			P_1q_1		2 254			1 578					

地层			井号									
			港浅1	汉参1	海1	海10	海12	海14	海18	海2	海4	海5
			井深	井深	井深	井深	井深	井深	井深	井深	井深	井深
石炭系	上统	船山组 C_2c		2 344			1 773					
		黄龙组 C_2h		2 374 ////// 2 375			1773					
	下统			2 385			1 789					
泥盆系	上统											
	中统	云台关组 D_2y		2 590								
志留系	中统	纱帽组 S_2sh	2 753			1 793						
	下统	罗惹坪组 S_1lu	3 040	1 861	2 394		2 769.7					
		龙马溪组 S_1lo	3 040	1 861	2 394	3 040	1 793 ▽	2 769.7 ▽	1 565 ▽	1 833.5		
奥陶系	上统	五峰组 O_3w	3 040	1 861	2 394	3 040				1 872.5		
		临湘组 O_3l	3 040	1 861	2 394	3 040				1 890.5		
	中统	宝塔组 O_2b	3 040	1 861	2 394	3 040				1 936.5		
		庙坡组 O_2m								1 951		
		牯牛潭组 O_2g								1 971		
	下统	大湾组 O_1d								1 991		
		红花园组 O_1h								2 028		
		分乡组 O_1f								2 076		
		南津关组 O_1n		1 948 ▽						2 222		
寒武系	上统	三游洞组 ϵ_3s								2 856		
	中统	覃家庙组 ϵ_2q							2 641	3 507.8 ////// ▽		
	下统	石龙洞组 ϵ_1sl										
		天河板组 ϵ_1t										
		石牌组 ϵ_1sp										
		水井沱组 ϵ_1s							2 971			
震旦系	上统	灯影组 Z_2de	101.2 ▽									
		陡山沱组 Z_2do										
	下统	南沱组 Z_1n										
		莲沱组 Z_1l							3 030 ▽			

表 1.10　分层数据表（2）　　　　　　　　　　　（单位:m）

地层				井号									
				板71	帮1	丰1	海9	洪2	洪7	洪8	洪参1	集1	海9
				井深	井深	井深	井深	井深	井深	井深	井深	井深	井深
侏罗系	上统				1 032				1 947	1 477			
	中统				1 719.5					2 208			
	下统				2 019					2 321 2 423			
三叠系	上统	沙镇溪组 T$_3$s			2 356	1 792				2 543			
	中统	巴东组 T$_2$b	T$_2$b$_4$		2 356								
			T$_2$b$_3$							3 174.6 ▽			
			T$_2$b$_2$		2 476.8 ▽								
			T$_2$b$_1$			2 025							
	下统	嘉陵江组 T$_1$j	T$_1$j$_5$			2 658							
			T$_1$j$_4$			2 798							
			T$_1$j$_3$			2 921							
			T$_1$j$_2$										
			T$_1$j$_1$										
		大冶组 T$_1$d	T$_1$d$_4$			2 953							
			T$_1$d$_3$			3 298							
			T$_1$d$_2$			3 347 3 487							
			T$_1$d$_1$			3 555							
二叠系	上统	大隆组 P$_2$d				3 570							
		吴家坪组 P$_2$w				3 586							
	下统	梁山组 P$_1$l											
		茅口组 P$_1$m	P$_1$m$_4$										
			P$_1$m$_3$										
			P$_1$m$_2$			3 671							
			P$_1$m$_1$			3 742							
		栖霞组 P$_1$q	P$_1$q$_3$										
			P$_1$q$_2$										
			P$_1$q$_1$			3 934							

续表

地层			井号									
			板71	帮1	丰1	海9	洪2	洪7	洪8	洪参1	集1	海9
			井深	井深	井深	井深	井深	井深	井深	井深	井深	井深
石炭系	上统	船山组 C_2c			3 993							
		黄龙组 C_2h			4 091			1 966 ▽			1 875	
	下统				4 120							
泥盆系	上统											
	中统	云台关组 D_2y										
志留系	中统	纱帽组 S_2sh	2 497.5							1 160	2 468.1 ▽	
	下统	罗惹平组 S_1lu										
		龙马溪组 S_1lo	2 497.5 ▽							1 160 ▽		
奥陶系	上统	五峰组 O_3w										
		临湘组 O_3l	2 497.5									
	中统	宝塔组 O_2b										
		庙坡组 O_2m										
		牯牛潭组 O_2g										
	下统	大湾组 O_1^4d										
		红花园组 O_1h										
		分乡组 O_1f				1 871						
		南津关组 O_1n				1 871						
寒武系	上统	三游洞组 Є_3s			1 886.7 ▽	2 136						
	中统	覃家庙组 Є_2q				2 649					384	
	下统	石龙洞组 Є_1sl										
		天河板组 Є_1t										
		石牌组 Є_1sp										
		水井沱组 Є_1s				2 932					675.7 ▽	
震旦系	上统	灯影组 Z_2de				3 783.9						
		陡山沱组 Z_2do										
	下统	南沱组 Z_1n										
		莲沱组 Z_1l			3 783.9 ▽							

表 1.11　分层数据表（3）　　　　　　　　　　　　　（单位：m）

地层				芦1 井深	辉参1 井深	彭3 井深	台1 井深	台2 井深	沔9 井深	沔参1 井深	沔深4 井深	天11 井深	天12 井深
侏罗系	上统				635.5	1127.5				2 499	1 267	205	265
	中统				1 012						3 036 ▽		
	下统				1 355.5	1 298							
三叠系	上统	沙镇溪组 T_3s			1 472	1 617.5							
	中统	巴东组 T_2b	T_2b_4										
			T_2b_3										
			T_2b_2		1 539	1 650							
			T_2b_1		1 599	1 682							
	下统	嘉陵江组 T_1j	T_1j_5		2 007	1 722						332.4 ▽	543
													876
			T_1j_4		2 166								935
			T_1j_3		2 299								1 000 ▽
			T_1j_2		2 400								
			T_1j_1		2 515								
		大冶组 T_1d	T_1d_4	395	2 539						1372		
			T_1d_3	412.5	2 788						▽		
			T_1d_2	707.5	3 073								
			T_1d_1	1016	3 135								
二叠系	上统	大隆组 P_2d		1 076.	3 144								
		吴家坪组 P_2w		1 087	3 172								
	下统	梁山组 P_1l		1 106									
		茅口组 P_1m	P_1m_4										
			P_1m_3	1 185									
			P_1m_2	1 435 ▽	3 232								
			P_1m_1		3 318								
		栖霞组 P_1q	P_1q_3										
			P_1q_2										
			P_1q_1		3 417								

续表

地层			井号									
			芦1	簿参1	彭3	台1	台2	沔9	沔参1	沔深4	天11	天12
			井深	井深	井深	井深	井深	井深	井深	井深	井深	井深
石炭系	上统	船山组 C_2c		3 522								
		黄龙组 C_2h		3 667	1 785							
	下统			3 684.5								
泥盆系	上统											
	中统	云台关组 D_2y			1 809							
志留系	中统	纱帽组 S_2sh		1 990								
	下统	罗惹平组 S_1lu	3 700 ▽	2 750.5					3 700 ▽			
	下统	龙马溪组 S_1lo	3 283.8 ▽									
奥陶系	上统	五峰组 O_3w		641	639.5							
		临湘组 O_3l		649.5	646.5							
	中统	宝塔组 O_2b		665	675.5							
		庙坡组 O_2m		669								
		牯牛潭组 O_2g		677.5	695							
	下统	大湾组 O_1d		693	720							
		红花园组 O_1h		704	731.5							
		分乡组 O_1f			743							
		南津关组 O_1n			808							
寒武系	上统	三游洞组 $\in_3s$			865.5							
	中统	覃家庙组 $\in_2q$			1 046							
	下统	石龙洞组 $\in_1sl$										
		天河板组 $\in_1t$										
		石牌组 $\in_1sp$										
		水井沱组 $\in_1s$			1 614.5							
震旦系	上统	灯影组 Z_2de			2 440							
		陡山沱组 Z_2do										
	下统	南沱组 Z_1n										
		莲沱组 Z_1l										

表 1.12　分层数据表(4)　　　　　　　　　　(单位:m)

地层				井号									
				天7	天9	天参1	岳2	岳3	岳参1	岳参2	夏4	夏1	夏3
				井深	井深	井深	井深	井深	井深	井深	井深	井深	井深
侏罗系	上统			344.5	977	270	2 256.	2 932	2 816		1 165	1 091	1 409
	中统										1 512	1 502.8	1 634 / 1 875
	下统			424.4	1 223		2 725	2 974	2 927		1 867		2 238
三叠系	上统	沙镇溪组 T₃s			1 223				3 171		2 300		2 321
	中统	巴东组 T₂b	T₂b₄						3 171				2 321
			T₂b₃										
			T₂b₂			361							
			T₂b₁			412							
	下统	嘉陵江组 T₁j	T₁j₅		1 269	590 / 764			3 190.4				
			T₁j₄			840							
			T₁j₃			975							
			T₁j₂			1 052							
			T₁j₁			1 210				2 416			2 462
		大冶组 T₁d	T₁d₄			1 227				2 437			2 482
			T₁d₃			1 424				2 550			2 691
			T₁d₂						3 282	2 722			2 763
			T₁d₁						3 343	2 761			2 800 / 2 802
二叠系	上统	大隆组 P₂d							3 369	2 768			
		吴家坪组 P₂w							3 357				2 832
	下统	梁山组 P₁l											
		茅口组 P₁m	P₁m₄						3 405	2 873			2 918
			P₁m₃						3 468	2 940			2 981
			P₁m₂						3 537.5	3 033			3 020 / 3 073
			P₁m₁						3 605	3 093			3 135
		栖霞组 P₁q	P₁q₃										
			P₁q₂										
			P₁q₁						3 732				3 300

续表

地层			井号									
			天7	天9	天参1	岳2	岳3	岳参1	岳参2	夏4	夏1	夏3
			井深	井深	井深	井深	井深	井深	井深	井深	井深	井深
石炭系	上统	船山组 C_2c								3 308		3 316
		黄龙组 C_2h							3 869	3 422		
	下统								3 889	3 434		
泥盆系	上统							2 816		1 165	1 091	1 409
	中统	云台关组 D_2y								1 512	15 02.8 ▽	1 634 / 1 875
志留系	中统	纱帽组 S_2sh						2 816			1 091	1 409
	下统	罗惹坪组 S_1lu								3 790 ▽	1 502.8 ▽	1 634 / 1 875
	下统	龙马溪组 S_1lo						2 927				2 238
奥陶系	上统	五峰组 O_3w						3 171				2 321
	上统	临湘组 O_3l						3 171				2 321
	中统	宝塔组 O_2b										
	中统	庙坡组 O_2m										
	中统	牯牛潭组 O_2g										
	下统	大湾组 O_1d							3 190.4 ▽			
	下统	红花园组 O_1h										
	下统	分乡组 O_1f										
	下统	南津关组 O_1n										
寒武系	上统	三游洞组 $\text{\euro}_3s$										2 462.5
	中统	覃家庙组 $\text{\euro}_2q$										2 482
	下统	石龙洞组 $\text{\euro}_1sl$										2 691
	下统	天河板组 $\text{\euro}_1t$							3 282			2 763
	下统	石牌组 $\text{\euro}_1sp$							3 343.5			2 800 / 2 802
	下统	水井沱组 $\text{\euro}_1s$							3 369.5			
震旦系	上统	灯影组 Z_2de							3 357.4			2 832
	上统	陡山沱组 Z_2do										
	下统	南沱组 Z_1n							3 405.5			2 918
	下统	莲沱组 Z_1l							3 468			2 981.5

第2章　构造样式及变形特征

根据勘探和研究现状,江汉盆地东部的构造格局主要是中、新生代多期构造运动形成的。一般认为,中三叠世末期,秦岭-大别褶皱造山带是由于华南与华北两大板块汇聚碰撞作用的结果,区域应力场由中、古生界海相拉张转变为挤压环境,由被动陆缘转变为前陆盆地,进而在白垩世再次转变为拉张断陷盆地的构造旋回,研究区及其周缘在印支晚期、燕山期、喜马拉雅期继承性的地球动力学作用下,形成了对冲的构造格局。

根据此次地震深部解释和以往重磁资料成果,研究区基底由太古代—古元古代中、深无序变质岩系构成结晶基底和中-新元古代浅变质岩系构成褶皱基底构成的三层结构基底或双层结构基底,其间强烈的区域挤压应力作用,产生了基底内部滑脱-拆离,导致沉积盖层褶皱变形,形成多样的构造变形样式。

根据地震地质解释成果,结合区域构造中各个构造组合的差异、应力作用强度和构造边界形态,褶皱-冲断变形特征在倾向、倾角和走向上都呈现出明显的分带性和分区性。从造山带到前陆陆内方向,逆冲推覆构造一般可分为根带、中带、锋带及其相关的后缘(根带后缘)和外或前缘(锋带前),其构造变形样式可划分为叠瓦冲断带和滑脱拆离带两个主体部分(Lowell,1985),将造山带一侧称为内带,前陆方向一侧为外带。按照以往构造划分原则,工区北部主体属于中带、锋带及外缘部分。同时,由于江南-雪峰造山带南部的挤压作用构成两个冲断褶皱体系对冲构造格局,而南部以滑脱推覆构造构造体系为特色。

此次采用以地球动力学背景为基础的构造样式分类方案对研究区进行构造样式分类。区内的构造样式与形成盆地的地球动力学背景具有一致性,因此可以将其划分为伸展构造样式、压缩构造样式和走滑构造样式三大系统,然后按其卷入深度进一步划分为基底变形和盖层变形(刘和甫,1993),系统的、全面的盆地构造分析包括几何学、运动学、动力学和时间四大要素。几何学分析是通过地表观察和地震剖面解释来获得构造二维和三维结构、构造,根据应变场和应力场分析将各种变形组合结合起来,同时,利用运动学分析原理是将构造样式置于板块运动背景中,对构造位移变化进行分析。动力学分析主要考虑构造形成机制,与全球动力学系统所产生的伸展构造体系、压缩构造体系和走滑构造体系有关(刘和甫,1993),构造的形成具有一定时限,因此,构造样式不仅具有地区性意义,而且具有时代意义(图2.1)。

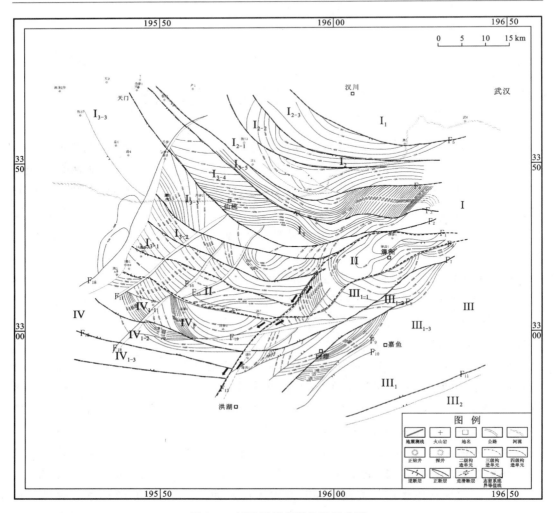

图 2.1　江汉平原东部构造划分图

F_1.仙桃南西—簰洲北逆断层 I；F_2.仙桃南西—簰洲北逆断层 II；F_3.仙桃北东—簰洲北逆断层 I；F_4.仙桃北东—簰洲北逆断层 II；F_5.汉川南西断层；F_6.珂理北西—簰洲南东逆断层 I；F_7.珂理北西—簰洲南东逆断层 II；F_8.珂理南东逆断层 I；F_9.珂理南东逆断层 II；F_{10}.珂理南东逆断层 III；F_{11}.嘉鱼南东逆断层；F_{12}.洪湖北西逆断；F_{13}.洪湖北东走滑逆断层；F_{14}.通海口南东正断层；F_{15}.通海口北正断层 III；F_{16}.通海口北正断层 II；F_{17}.通海口北正断层 I；F_{18}.通海口北正断层；F_{19}.洪湖北正断层。I.大洪山逆冲推覆区；I_1.大洪山逆冲推覆区推覆带；I_2.大洪山逆冲推覆区楔状掩冲带第一掩冲体；I_{2-1}.大洪山逆冲推覆区楔状掩冲带第一掩冲体；I_{2-2}.大洪山逆冲推覆区楔状掩冲带第二掩冲体；I_{2-3}.大洪山逆冲推覆区楔状掩冲带第三掩冲体；I_3.大洪山逆冲推覆区滑脱推覆带；I_{3-1}.大洪山逆冲推覆区滑脱推覆带第一推覆体；I_{3-2}.大洪山逆冲推覆区滑脱推覆带第二推覆体；I_{3-3}.大洪山逆冲推覆区滑脱推覆带第三推覆体；I_{3-4}.大洪山逆冲推覆区滑脱推覆带第四推覆体；I_{3-5}.大洪山逆冲推覆区滑脱推覆带第五推覆体；II.对/背对冲区；III.江南雪峰逆冲推覆 I 区；III_1.江南雪峰逆冲推覆 1 区楔状掩冲带；III_{1-1}.江南雪峰逆冲推覆 1 区掩冲带第一掩冲体；III_{1-2}.江南雪峰逆冲推覆 1 区掩冲带第二掩冲体；III_{1-3}.江南雪峰逆冲推覆 1 区掩冲带第三掩冲体；III_2.江南雪峰逆冲推覆 1 区逆冲推覆带；IV.江南雪峰逆冲推覆 2 区；IV_1.江南雪峰逆冲推覆 2 区滑脱推覆带；IV_{1-1}.江南雪峰逆冲推覆 2 区滑脱推覆带第一推覆体；IV_{1-2}.江南雪峰逆冲推覆 2 区滑脱推覆带第二推覆体；IV_{1-3}.江南雪峰逆冲推覆 2 区滑脱推覆带第三推覆体

2.1　深部基底构造特征

2.1.1　深部结构特征

1. 重力场特征

布格重力异常反映莫霍面起伏等各种横向密度变化的影响,地壳的厚度及密度是主要控制因素,壳内不同规模的异常体则形成宏观异常背景上的局部异常。

从图 2.2 可以看到,中扬子被大致沿房县—五峰—桑植一线的太行-武陵重力梯级带分为东西两区,东区江汉平原地区以正异常为主,幅值为 $-60\times10^{-5}\sim20\times10^{-5}$ m/s^2,西区湘鄂西地区以负异常为主,幅值为 $-60\times10^{-5}\sim-160\times10^{-5}$ m/s^2,两者之间为太行-武陵重力梯级带,反映区内莫霍面深度变化总的趋势为由东向西逐渐变深。东区南北两侧山区存在重力低,南侧从西至东依次有:雪峰山重力低,幅值达 -60×10^{-5} m/s^2,九岭-武功山重力低,幅值达 -50×10^{-5} m/s^2,北侧为北西向的秦岭-大别山重力低,幅值达 -75×10^{-5} m/s^2,这些重力低的产生原因除浅部低密度的花岗岩体外,也有深部壳幔结构变化的因素,表现为江汉平原所在的中部浅,南北两侧深。而在研究区的麻阳盆地、衡阳盆地、吉安盆地、南昌-波阳盆地均表现为局部重力高,最大幅值达 15×10^{-5} m/s^2。

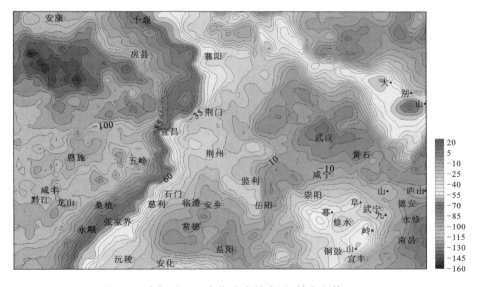

图 2.2　中扬子地区布格重力异常图(付宜兴等,2008)

图 2.3～图 2.6 为中扬子地区重力异常向上延拓 3 km、5 km、10 km 和 20 km 后的异

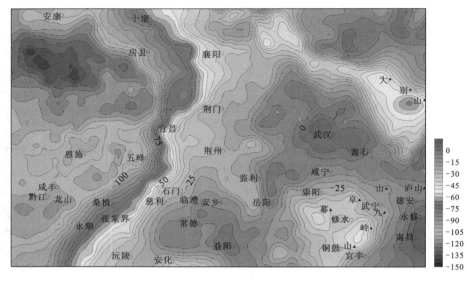

图 2.3　中扬子地区布格重力异常上延 3 km 平面图(付宜兴等,2008)

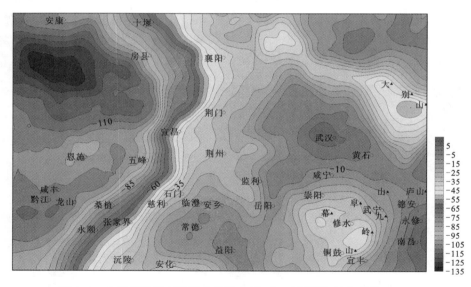

图 2.4　中扬子地区布格重力异常上延 5 km 平面图(付宜兴等,2008)

常等值线图。向上延拓是为了压制浅层局部异常,而突出深部异常。在上延 20 km 的异常图上可以看到,研究区内由西至东依次分布着三个高低相间的重力异常带:麻阳重力高—雪峰山重力低;常德-衡阳重力高—九岭-武功山重力低;南昌-波阳重力高。这些上延后重力异常的变化反映了深部密度界面的起伏。

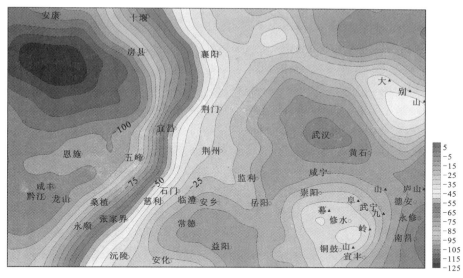

图 2.5 中扬子地区布格重力异常上延 10 km 平面图(付宜兴等,2008)

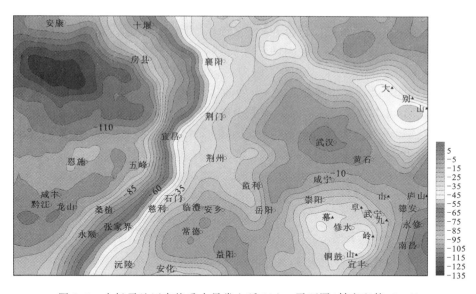

图 2.6 中扬子地区布格重力异常上延 20 km 平面图(付宜兴等,2008)

2. 磁场特征

图 2.7 为中扬子地区航磁异常图,可以看到研究区明显的分区特征,在中扬子中部的大部分地区,为平缓低值异常区,磁场平稳低缓,尤其在湘黔地区,磁异常幅值、起伏均很小。而在北部大别山地区为磁场变化杂乱区,总体呈北西—北西西向展布,磁异常幅值大,变化剧烈。南部为磁异常不稳定区,可能受中生代侵入火成岩和金属矿体的影响。

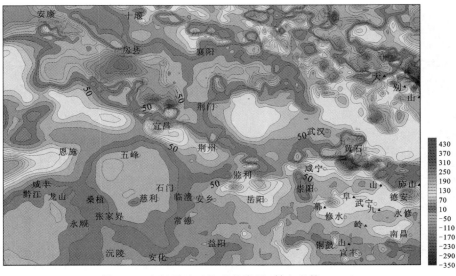

图 2.7　中扬子地区航磁异常图(付宜兴等,2008)

　　原始磁异常 $\triangle T$ 包含了场源的完整信息,但小而浅的局部磁性体产生的局部磁场掩盖了区域异常,为了研究区域构造,将航磁异常做了向上延拓处理,图 2.8～图 2.11 为研究区航磁异常向上延拓 3 km、5 km、10 km 和 20 km 后的异常等值线图,在上延 3 km 和 5 km 的磁异常图上,已显示出区域背景,但局部场仍占优,在东部地区形成有方向性的异常带。在上延 10 km 后可以看到,随着磁场强度的减小,局部异常已基本消失,区域磁异常表现为东部强磁性基底和西部弱磁性地层,东西的分界大致在崇阳—赣州一线。这种特征在上延 20 km 的磁异常图上仍然保留。

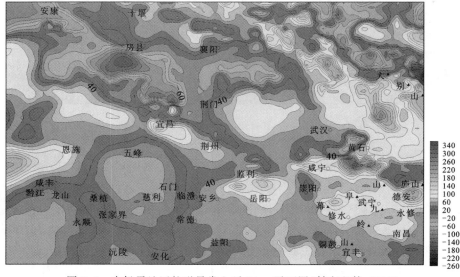

图 2.8　中扬子地区航磁异常上延 3 km 平面图(付宜兴等,2008)

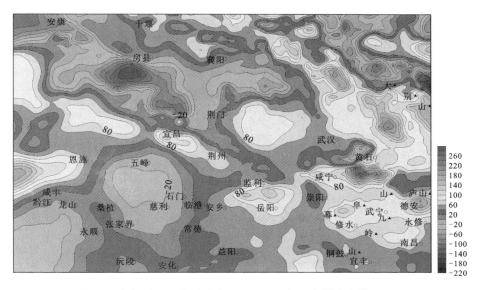

图 2.9　中扬子地区航磁异常上延 5 km 平面图(付宜兴等,2008)

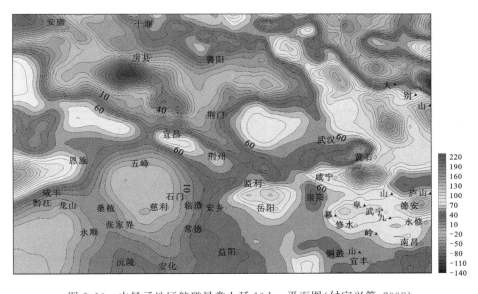

图 2.10　中扬子地区航磁异常上延 10 km 平面图(付宜兴等,2008)

　　总之,从航磁异常图上可以看出,航磁异常与布格重力异常有相似的分区特征,在黄石—修水一线,东侧磁异常变化剧烈,梯度强度较大,而西侧,直到张家界重力梯级带,航磁异常微弱,平缓。反映东部地质构造复杂,岩浆活动发育,而西部主要分布弱磁或无磁性地层。

　　区域重磁场特征为我们研究深部地质构造提供了基础依据。

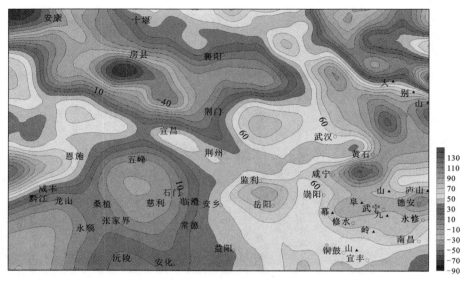

图 2.11 中扬子地区航磁异常上延 20 km 平面图(付宜兴等,2008)

人工地震测深、重力反演和航磁资料表明,研究区及周缘区域地壳具有成层性和不均一的多层结构特点。区内莫霍面深度变化总的趋势为由东向西逐渐变深(图 2.12),兴山—咸丰一线西侧为西部幔坪区,莫霍面深度在 40~42 km;东侧为东部幔坪区,莫霍面深度在 30.3~34.5 km;两者之间为宽 50~60 km 的太行-武陵深层构造变异带,莫霍面深度从西向东由 39 km 陡变为 34 km。

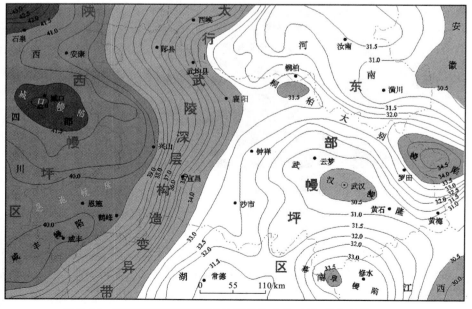

图 2.12 研究区莫霍面等深线及深部构造分区图(付宜兴等,2008)

太行-武陵深层构造带在研究区深部构造展示的主体构造线呈北北东—南南西向,而目前地表所见的印支期以来的构造形迹呈北东—近东西向延伸,两者的构造线方向存在较大差异,反映该区地壳纵向上具多层结构,是地史上多期构造运动叠加的结果。

2.1.2　基底结构及分布特征

曹家敏等(1994)对东秦岭地区进行二维地震速度研究(图 2.13),认为地壳由北向南逐渐加厚,西峡以南约为 35 km,栗川和西峡之间为 33~34 km,栗川到篙县之间为 32 km。总体为 33~34 km。

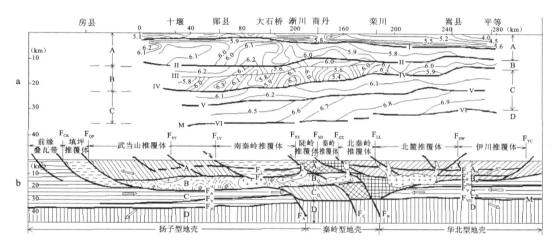

图 2.13　东秦岭造山带速度结构及构造格局(曹家敏等,1994)

a.二维速度结构;b.构造格局及 A 型俯冲模式(据蔡学林、吴德超等)。I~Ⅵ表示地层。滑脱面编号:F_1.盖层内或浅部滑脱面;F_0.基底滑脱面;F_{III}.中地壳内滑脱面(图中未标出);F_{IV}.中-下地壳滑脱面;F_V.下地壳内滑脱面;F_{VI}.壳幔滑脱面。大型逆掩断裂:F_{CK}.城口断裂;F_{QP}.青峰断裂;F_{SY}.十堰断裂;F_{LY}.两郧断裂;F_{SX}.山阳—淅川断裂;F_{SD}.商丹—断裂;F_{ZX}.朱阳关夏馆断裂;F_{LL}.洛南—栾川断裂;F_{SW}.嵩县—舞阳断裂;F_{YC}.推测的伊川断裂。构造层:A.上地壳逆冲壳体;B.中地壳深变质局部熔融壳体;C.下地壳 A 型俯冲壳体;D.上地幔析离体;Q.秦岭;S.南秦岭;W.莫霍面。1.各构造层中物体总体运移方向;2.隐爆花岗岩;3.气球膨胀花岗岩;4.带状花岗岩或基岩;5.深变质体

同时认为,由东秦岭至中扬子地区,地壳可划分为三层速度异常层段,上层为 9~12 km。波速为 4~5.5 km/s。上地壳下部,波速为 5.9~6.2 km/s,横向上南段速度高于北段,垂向上梯度不大。总体来看,上地壳是由沉积盖层和结晶基底所构成。中层地壳以北可分为两个亚层,以南分为三个亚层;在中地壳的上部,速度横向上不均匀性明显,为 5.4~6.3 km/s。在奕川到西峡之间,中地壳的中部出现明显速度倒转即低速层,对应秦岭造山带所处位置。中地壳的上层是构造活动层,而下层则是较稳定的基底。大型构造

的推覆断层,可能收敛于中地壳的上部。根据中地壳的速度值可能为花岗闪长岩质,部分速度较低可能为糜棱岩;下地壳的速度变化不大,一般为 6.5～6.9 km/s。

从速度参数推测下地壳可能由麻粒岩或辉长岩质构成,深部可能存在三个拆离面将莫霍面错断,浅部和深部的地层之间没有继承性,可能是推覆拆离使得地壳中的速度分布具有分层的特点。

地壳深部显示的反射界面极可能是滑脱面或拆离面,深部的断裂呈铲状消失在一些反射界面上,对此,由中石化石油勘探开发研究院在南阳盆地近垂直地震反射方法获得时间剖面所证实。地壳中部受到挤压产生热熔,在速度上表现为低速。残余岩体表现为局部的高速特征(速度为 6.2～6.3 km/s)。两个缝合线所限定独立地质单元秦岭地体,它的地表为元古代至古生代的变质岩及沉积岩系,地壳中部存在较厚低速。柔性地体在相对刚性古老陆块挤压下,易于褶皱变形并形成一系列平缓铲状。

在东秦岭及以南地区,相对较柔性的物质已楔入淅川断裂带以南中上地壳中。在秦岭地体的中部,商丹断裂带与朱阳关断裂带之间,地壳深部出现一条断裂,其逆冲方向向南。但断裂的南北两侧速度无明显变化,因此推测此断裂是地体内部形成的破裂带。

从速度剖面可见,浅部或深部的断裂带都是向南逆冲推覆,浅部近高角度断裂到深部逐渐变为侧向滑动铲状断裂,表明地体向华南陆块一侧接触增生。

秦岭地体北界缝合带是古秦岭海壳俯冲带,有大量中基性火山喷发及后期酸性岩浆侵入,而南界的缝合带为华南陆块与秦岭地体碰撞带,地体向南逆冲且地体中上部分已楔入南部陆块。

中扬子区基底在中、晚元古代通过多期沉降、褶皱、变质、固结等作用而最终形成。可进一步划分为早期(太古代—古元古代,包括大别群、桐柏群、崆岭群、杨坡群)中深变质结晶基底形成阶段和晚期(中-新元古代,包括武当群-耀岭河群、打鼓石群-花山群、随县群、红安群、冷家溪群-板溪群、神农架群-马槽园群)浅变质褶皱基底形成阶段两个大的基底发育演化阶段,从而形成纵向上双层甚至是三层基底结构。即下部由太古代—古元古代中深无序变质岩系构成结晶基底,上部由中-新元古代浅变质岩系构成褶皱基底,当中元古界之上被新元古界(板溪群、落可岽群)角度不整合所覆盖时构成三层结构基底,中-新元古界之间为整合或平行不整合接触时则成为双层结构基底。

根据变质岩系的岩石组合、地层序列、变质程度、变形特点、构造环境及地球物理响应等特征,中扬子地区大致可划分为各具不同演化特征的三种基底类型,平面上形成了盆地基底三分的面貌(图 2.14)。即中部为北西西向的中扬子陆核隆起区,北部为鄂北裂陷槽褶带,南部为江南裂陷槽褶带。其上均被大致统一的盖层覆盖,因此前人称之为"一盖多底"的地壳结构。

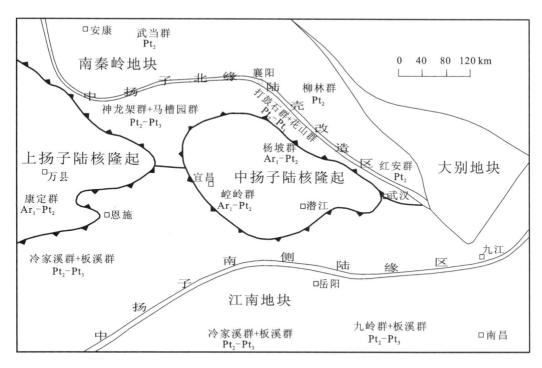

图 2.14　中扬子区前震旦系变质基底结构分区图(付宜兴等,2007)

1. 中扬子陆核隆起区

中扬子陆核隆起区大致位于现今江汉平原区,基底的形成经历了大别和扬子两个大的构造演化旋回,具有结晶基底和褶皱基底双层结构。

结晶基底主要由一套低压区域动力热液变质作用形成的中-深变质岩系组成,在黄陵地区称为崆岭群,在鄂北钟祥一带称为杨坡群。崆岭群属中太古代—中元古代,是中扬子地区年代最古老的岩石,1:25 万荆门区域地质调查报告对崆岭群进行了解体,认为其下部野马洞岩组最大变质年龄达 $3\,166\pm25\sim2\,913$ Ma,属中太古代。崆岭群总体为一套中、高级角闪岩相-麻粒岩相为主的混合岩和混合片麻岩,包括混合岩化斜长角闪岩、黑云质或角闪质斜长片麻岩、含碳富铝质片麻岩与片岩、钙硅酸盐岩、大理岩、石英岩等,其原岩为钙碱性玄武质-英安质-流纹质系列的火山岩和含碳黏土岩、碳酸盐岩,属地槽型火山喷发-沉积建造。残存于结晶基底中的构造形迹以韧性变形为主,并因后期构造和岩浆岩的改造而支离破碎,主要表现为顺层剪切面理和无根褶皱。

崆岭群结晶基底是一套磁化率高达 706×10^{-5} SI 的强磁性体,其分布以江汉平原为中心,西自巴东、东达武汉、北以当阳—钟祥—京山一线、南以长江为界,东西长约 300 km,南北宽约 130 km,面积约 3 900 km^2。这一微型强磁体称为江汉微型陆块,在陆壳固化、形成的过程中起着核心的作用。晚太古代—早元古代(大别旋回)地槽阶段形成的巨厚钙碱性系列基性-中酸性火山沉积建造和超基性侵入组合,经早元古代末期的大别运动(中条运动或吕梁运动),地槽回返,形成褶皱带,并发生麻粒岩-角闪岩相区域变质和混合岩化、花岗岩化的深成作用,形成早期陆壳,奠定和影响后期陆壳演化方向。江汉陆块具有隆、拗相间的格局,其顶面埋深在荆门—京山一带为3~5 km,仙桃—潜江一带为9~13 km。由于其性质、特征等与川中地区变质结晶基底大体一致,故俗称"川中式"基底(徐文凯等,1985;周雁,1998)。

该区的褶皱基底主要由分布于古陆核隆起区周缘的神农架群-马槽园群、打鼓石群-花山群、冷家溪群-板溪群等中晚元古代浅变质或无变质岩系组成,是大别运动后,陆核不断扩大增生的产物。神农架群主要分布于鄂西北神农架地区,由一套轻微区域变质的白云岩、砂岩、砾岩、板岩、千枚岩及玄武质火山岩组成,属陆内裂谷盆地沉积产物,其中白云岩厚度可达4 000 m,发育丰富的藻类化石(叠层石);总体变形弱,褶皱开阔直立;不整合于神农架群之上的马槽园群是一套活动性强的构造盆地环境下发育的磨拉石建造,二者共同构成了结晶基底之上的褶皱基底。

打鼓石群-花山群则主要分布于鄂北大洪山地区,由一套轻微区域变质的板岩、变质砾岩、砂岩及白云岩组成,打鼓石群岩性特征、生物组合与神农架群及华北蓟县系可以对比,花山群则与马槽园群相当,代表了中元古代地槽褶皱回返后,发育于晚元古代山间盆地或山前拗陷中的磨拉石建造或火山喷发建造。

2. 鄂北裂陷槽褶带

大致以武汉—京山—襄樊一线为界的鄂北地区属于鄂北裂陷槽褶带,是大别旋回与扬子旋回两期构造演化的产物,同样具有双层基底结构。

早期大别旋回阶段,鄂北区处于活动性极强的地槽状态,形成以大别群、桐柏群为代表的巨厚变质基性-中酸性-中性-酸性火山岩沉积建造,夹有大量的陆源碎屑及碳酸盐岩夹层,火山岩属钙碱性系列的拉斑玄武岩-安山岩-流纹岩组合。随着地槽的发育,基性火山岩相对减少,中酸性火山岩增多,硅质火山岩在晚期出现,说明地槽由洋壳向陆壳逐渐转变。早元古代末期发生的大别运动(约20亿年),使地槽回返、褶皱,形成具有造山性质的古褶皱带,褶皱较舒缓,主体方向为北东和北西,并使大别群普遍遭区域混合岩化,形成多种类型的混合岩,构成了该区最古老的结晶基底。前人曾测得大别群、桐柏群年龄在2 820~2 031±56 Ma(湖北省地质矿产局,1990),属晚太古代—早元古代。

晚期扬子旋回阶段,鄂北区由于断裂作用形成裂陷海槽,形成以随县群为代表的一套酸性火山碎屑岩占优势的基性-酸性火山岩与陆源碎屑岩组成多旋回沉积组合。扬子旋回晚期,扬子古陆北缘拗陷内的耀岭河群为一套蓝闪绿片岩相-低绿片岩相区域变质岩系,属中高压变质相系,原岩为一套火山喷发-沉积岩组合建造。扬子旋回末期的花山运动,是神农(武陵)运动的继续和发展,使地槽和扬子边缘拗陷回返,基底最终固结,转化为稳定区,并形成北西向为主的复式背斜、向斜。

实测资料表明,大别群中、深变质岩系磁化率为$200×10^{-5}$~$300×10^{-5}$ SI,为强磁性体,而不整合其上的随县群则具有较低的磁化率,即小于$100×10^{-5}$ SI,为弱磁性体,据此来区分大别群与随县群两套不同磁化强度的变质基底。以上两套不同岩石组成,不同变质程度,彼此以角度不整合接触的前震旦纪变质结晶岩系,构成了沉积盖层的双层结构基底,相当于前人所称的"大别山式双层基底"。

3. 江南裂陷槽褶带

大致以监利—石首—阳新一线以南的地区属于江南裂陷槽褶带。其主体在区域上仍为中扬子地块的一部分,但已受到南部华南系的强烈影响,其基底同样也是大别旋回与扬子旋回两期构造演化的产物,根据沉积-构造特征,该区前震旦纪基底也具有双层或三层结构。

结晶基底主要分布在江南隆起中段湖南益阳(出露面积 17 km²)、浏阳(出露面积 150 km²)、江西星子(出露面积 44 km²)一带,分别称为涧溪冲岩群、连云山岩群(湖南)和星子岩群(江西),总体上为一套片状-片麻状无序的片麻岩组成的角闪岩相变质岩系,主要由科马提岩、拉斑玄武岩、安山玄武岩、碱性玄武岩等基性-中性-碱性-钙碱性火山岩组成,属于活动大陆边缘拉张弧后盆地及岛弧环境的产物。构造变形以片麻岩穿隆、短轴顺层掩卧褶皱、片内无根褶皱、韧性剪切糜棱岩化、黏滞石香肠等一套片状、片麻状无序韧流形变为特征,属中-高温、中-高压环境下变质、变形的产物,与上覆中压、低温,其低级变质的褶皱基底有着极大的差别。江南隆起带结晶基底的发现,是近十多年来 1:25 万区域地质调查研究的重要成果,但其发育规模、展布范围及与黄陵古陆核的构造关系等尚需进行更加深入的研究(表 2.1)。

表 2.1　中扬子区基底特征简表(付宜兴等,2008)

基底结构			江南基底区	黄陵基底区	大别基底区
新元古代	南华系		莲沱组、南沱组或相当层位,与下伏板溪群呈角度不整合接触	莲沱组、南沱组大陆边缘裂谷及冰川堆积	耀岭河群火山喷发与沉积岩组合;推测与下伏地层呈角度不整合接触
	青白口系		落可岽群、板溪群;与下伏地层呈角度不整合、局部平行不整合或整合接触	马槽园群、花山群类磨拉石-复理石建造;与下伏地层呈角度不整合接触	
褶皱基底	中元古代	变形特征	三期变形,早期近南北向褶皱、中期近东西向褶皱、晚期北东向或北西向褶皱,以中期叠加早期褶皱为主。伴有九岭花岗岩等侵位;浅-极低级变质;中低温、中低压的变质、变形环境	总体以宽缓波状褶皱为特征。总体变质、变形弱,构造较简单	除剪切带外,总体显示为平缓的背、向斜构造
		建造特征	冷家溪群、双桥山群、梵净山群、九龙群及四堡群	总体以灰色-灰绿色变质砂板岩为主体浊积沉积体系及部分岛弧火山岩;与下伏地层呈角度不整合接触	神农架群、打鼓石群	以碳酸盐岩组合为主,下部为厚层杂砾岩、含砾砂岩、细-粉砂岩;上部为硅质砾岩、含砾砂岩、紫红色粗-中细粒砂岩、巨厚叠层石白云岩;与下伏地层呈角度不整合接触	随县群、红安群、武当群	基性-酸性火山岩与陆源碎屑岩组成多旋回沉积组合;与下伏地层呈角度不整合接触

续表

基底结构			江南基底区		黄陵基底区	大别基底区
结晶基底	古元古代—太古代	变形特征	变形强烈,多期叠加,难以恢复原始构造面貌及主构造线方位;与下伏地层推测呈角度不整合接触		片内无根褶皱、勾状褶皱、复杂的肠状构造等,属塑流褶皱,与下伏地层呈构造接触关系	主要表现为韧性剪切变形带,带中以发育大量剪切无根褶皱、黏滞型石香肠和构造透镜体为特征
		建造特征	星子杂岩、连云山岩群、洞溪冲岩群、基性火山岩	云母片岩、夕线石榴片岩、石榴二云片岩、十字石石榴子石黑云片岩、黑云斜长变粒岩夹石榴二云片岩、石英岩等组合;(U-Pb法)单点年龄为2 000~2 200 Ma;科马提岩及拉斑玄武岩、安山玄武岩,年龄分别为3 028 Ma、2 246 Ma	崆岭群　孔兹岩系:由富铝片岩—片麻岩和榴线英岩类、长英质粒岩类斜长角闪岩类、大理岩和钙镁硅酸盐岩类组成。大理岩Pb-Pb等时线上交点年龄为(2 434±165)Ma。混合岩化的斜长角闪岩、黑云斜长变粒岩、黑云角闪斜长片麻岩、石英片岩、角闪片岩和黑云片岩,原岩为变质科马提质岩石,年龄为2 913~(3 166±25)Ma	大别群、桐柏群　变质基性-中酸性-中性-酸性火山岩沉积建造,夹有大量的陆源碎屑及碳酸盐岩,火山岩属钙碱性系列的拉斑玄武岩-安山岩-流纹岩组合;年龄为(2 031±56 2 820)Ma

　　金文山等(1994)在江西星子杂岩群中获得锆石(U-Pb法)单点年龄为2 200~2 000 Ma。《江西省岩石地层》给出锆石U-Pb年龄信息值2 500~2 100 Ma及1 700 Ma。笔者在同一层位两处取样,30颗锆石LA ICP-MS U-Pb同位素年龄无一例外均落在800~690 Ma区间内,其中695~684 Ma 5个,776~703 Ma 21个,844~821 Ma 4个,平均759 Ma。

　　因此,湖南益阳变基性火山岩、浏阳洞溪冲岩群、连云山岩群及江西星子杂岩中3 028~1 855Ma年龄信息证实了江南隆起带存在晚太古代—古元古代结晶基底;年龄信息不仅记录了成岩年代,同时也是雪峰期(四堡-晋宁运动)、加里东运动、印支-燕山运动为主体的构造-热事件的地质记录。

　　褶皱基底由中元古界冷家溪群(九岭群)及上元古界板溪群浅变质岩系组成,不整合于结晶基底之上,根据地层接触关系及变形特征,褶皱基底内部可划分为上下两个构造层。

　　下构造层由中元古界冷家溪群(湘)、双桥山群(赣、皖)、梵净山群、九龙群(黔)及四堡群(桂)等构成,总体上为一套浅变质的复理石建造,底部夹较多白云岩,局部含有钙碱性火山碎屑物质,属较为稳定的被动大陆边缘弧后盆地与弧间海环境产物。经武陵运动,中元古界构造层变形、变质,形成近东西向紧闭线状褶皱,大型复式背斜、向斜相间排列,平行延伸。伴随褶皱的发生、发展,产生叠瓦状逆冲断层和韧性剪切带,反映较深层次上的塑性流动和韧性变形特征。

上结构层由上元古界板溪群(湘)、落可岽群(赣)等组成,不整合或微角度不整合于中元古界之上,主要为一套紫红色和灰绿色相间的厚层为主的浅变质石英砂岩、砂砾岩、石英粗砂岩、中细粒长石-石英砂岩夹少量砂质板岩、板岩及火山岩等,属较稳定的湖沼-浅海碎屑岩沉积,板溪群内的火山岩具有典型的大陆裂谷与泛大陆玄武岩特征。晋宁运动后,形成较为开阔的褶皱带,除局部地区外,一般均表现为开阔的复式背斜、向斜,对称性较好。

从航磁资料来看,江南隆起区磁异常变化剧烈,梯度强度变化大,与江汉平原区稳定强磁异常区形成了鲜明的对比,也说明该区地质构造复杂,岩浆活动强烈。

综上所述,中扬子区前震旦纪盆地基底的形成是围绕太古代—早元古代的"中扬子古陆核",经过大别运动的闭合褶皱变质,从中元古代开始,陆核(块)周缘地区发育裂陷槽、岛弧形活动带及边缘海,使陆核不断扩大增生。经武陵运动的再次褶皱变质后,晚元古代区域构造环境逐渐趋于稳定,发育了一套类磨拉石-复理石建造,已表现出了似盖层特征,但仍没达到稳定状态。晋宁运动后,中扬子沉积区再次褶皱造山,全区固结成为相对稳定的地台,统一变质基底形成,随后进入了盆地建造阶段。

2.1.3 基底结构特征对构造、沉积的制约作用

1. 基底对古中生代盆地的制约和影响

基底构造制约和影响着古中生代沉积盆地的生成与发展,主要表现在成盆期提供空间,控制台与盆的展布格局,进而控制烃源岩及储集岩的发育,特别是在盆地大规模拉张裂解阶段,这种控制作用更为明显。现有地质资料表明,中扬子古陆核隆起区及周缘基底构造控制着后期沉积盆地的形成和演化。南华纪,是研究区首次大规模裂解时期,由于刚性结晶基底具有较强的稳定性,而褶皱基底则以塑性为主,稳定性差,因此裂解作用主要发生在中扬子陆核隆起(即结晶基底)周缘的褶皱基底发育区(图2.15),并形成了中扬子南北缘两大裂谷盆地,而且裂谷可能已自南向北延至鄂西地区,长阳佑溪等地莲沱组之上发育古城组"小冰"和大塘坡组含锰层即是证据。

震旦纪时期,基底对于台、盆的控制作用更为明显,除中扬子南北缘仍表现为盆地之外,奉节—恩施—来凤一带也发育一南北向展布的负向沉积区(图2.16),前人曾称之为"鄂西海槽"或"鄂西盆地",其介于中上扬子两大陆核隆起区之间,具有明显的受基底控制的特征。该盆地的发育延续至早寒武世,在其基础上发育了中上扬子区早寒武世最重要的一个生烃拗陷——湘鄂西拗陷,中晚寒武世,随着盆地裂陷作用减弱、碳酸盐台地大规模增生,鄂西盆地逐渐消失。

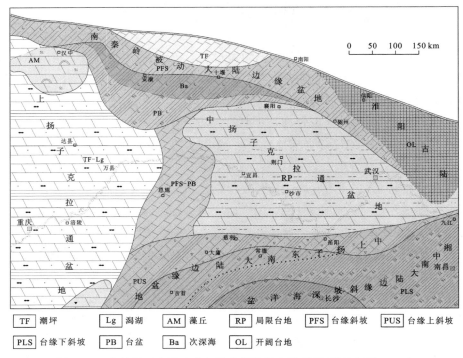

TF 潮坪 Lg 潟湖 AM 藻丘 RP 局限台地 PFS 台缘斜坡 PUS 台缘上斜坡

PLS 台缘下斜坡 PB 台盆 Ba 次深海 OL 开阔台地

图 2.15 中扬子区晚震旦世灯影晚期岩相古地理图（付宜兴等，2008）

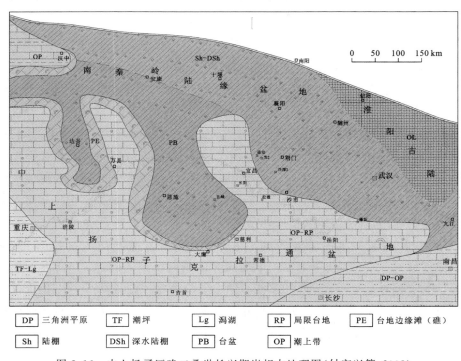

DP 三角洲平原 TF 潮坪 Lg 潟湖 RP 局限台地 PE 台地边缘滩（礁）

Sh 陆棚 DSh 深水陆棚 PB 台盆 OP 潮上带

图 2.16 中上扬子区晚二叠世长兴期岩相古地理图（付宜兴等，2008）

　　二叠纪,随着古特提斯洋的打开,中上扬子区再次发生大规模陆内裂陷作用,此时的裂陷作用主要受扬子北缘南秦岭洋的控制,裂谷自北向南延入工区,在鄂西奉节—恩施—鹤峰一带形成一近南北向展布的台内裂谷盆地,该期盆地与震旦纪时的"鄂西盆地"位置上基本重合,也是发育于中上扬子区两大刚性基底之间的塑性褶皱基底发育区,受基底的控制明显。在川东北梁平-开江地区,也发育了一南北向展布的台内裂谷盆地,总体上形成了二叠纪时中上扬子区台、盆相间的构造格局。在台盆相区发育优质烃源岩的同时,台地边缘相区则集中发育了呈带状展布的生物礁,从而成为非常有利的油气聚集带,二叠系台地边缘礁是目前川东-鄂西地区上组合最重要的勘探目的层系,著名的普光气田、龙岗气田均发育于台地边缘礁相带内。

2. 基底对沉积盖层构造变形的制约和影响

　　基底的性质、大小决定了后期改造过程中沉积盖层构造变形的方式和强度。如果把黄陵刚性结晶基底为代表的中扬子古陆核隆起区比做一个果核,而把周缘大面积分布的塑性褶皱基底比为果肉,那么中扬子地块"核小肉厚"的特点便显露无遗,加上其本身面积较小且处于燕山期活动性极强的太平洋构造域,因此后期的改造过程中构造变形极为强烈,不利于原生油气藏的保存,这也是为什么和世界上其他大型克拉通相比,扬子地块整体破碎、油气保存条件差的根本原因。

　　在区域性构造应力场的作用下,基底与后期沉积盆地可以出现非同步变形与同步变形两种情形。在大面积刚性结晶基底发育区,如中扬子陆核隆起区,后期改造过程中沉积盖层与基底为非同步变形,即挤压应力主要通过基底岩系与沉积盖层之间的滑脱面释放,从而产生层间滑动,盖层褶皱过程中,应力未传递给基底,基底基本未记录后期变形信息,形成所谓"薄皮构造"。而在扬子古陆核周边的大面积塑性基底发育区,沉积盖层与基底为同步变形,在盖层产生褶皱的同时,伴有基底岩系的卷入,形成所谓的"厚皮构造"。

　　可见,盆地基底性质对于沉积盖层发育时期的沉积、构造演化以及生储盖层展布的制约和影响是显著的,而且是意义深远的。对于油气的聚集和保存而言,大面积展布的刚性基底之上的沉积盖层通常变形较弱,有利于原生油气藏的保存,而小型刚性基底之上的沉积盖层通常变形变位强,油气易散失。

2.2　滑 脱 层 系

　　2.1 节已述本区浅层地壳的三层结构中,晋宁运动之前的太古界、元古界经过区域变质作用之后,作为本区沉积盖层的基底,往往具有刚性的特点,且由于变质作用的差异也会导致变质作用的差异,其刚性强度存在差别,由于区域构造应力的作用,结晶基底也会产生拆离滑脱层系。不仅如此,上覆古生界(包括震旦系)地层,主要由海相、海陆交互相碳酸盐岩和盐岩,以及砂、泥、页岩层系组成,反映出不同规模和级别的海侵和海退沉积序列,岩性上总体表现为刚性夹塑性特性,软弱层主要由膏岩、泥、页岩构成。而中新生代地层主要由砂、砾、泥岩及火成岩等多组合类型陆相碎屑岩建造,呈层块状、厚度大的特点。

据深部基底构造及簰深 1 井总结出具有滑脱层特征的岩层,以基底变质岩、震旦系陡山沱组碳质泥岩、下寒武统碳质泥岩、志留系砂泥岩、二叠系煤系地层、三叠系嘉陵江组膏盐层以及侏罗系煤层为代表的"软弱层",变形通常以顺层滑脱、揉皱为主,表现出塑性变形的特征,在台阶式结构中常形成断坪;而以震旦系灯影组、中上寒武统、二叠系栖霞组和茅口组、三叠系大冶组等为代表的"刚性层",则主要表现为脆性变形特征,以发育断层及断层相关褶皱为主,在台阶式结构中常形成断坡。

受上述多套滑脱层(面)、特别是志留系滑脱层和基底变质岩系滑脱层的控制,研究区自元古界至侏罗系可划分为三个大的构造层,由于受控于不同的滑脱面及变形时处于不同的埋藏深度,导致其上覆压力不同,加之自身岩石物理性质的差异,因而各构造层具有不同的变形机制和变形特征。

依据此次地震解释成果和上述分析,滑脱层系可分为深层次滑脱构造层(变质岩基底)、中层次滑脱构造层(震旦系陡山沱组、下寒武统)和浅层次滑脱构造层(沉积盖层)(表 2.2)。

表 2.2　工区滑脱层系列表

地层	岩性	构造层	构造变形特征
基底变质岩	深变质结晶	深层次滑脱构造层	深部大规模滑脱、拆离,牵引褶皱、大型宽缓褶皱发育
震旦系陡山沱组	碳质泥岩	中层次滑脱构造层	弯滑作用下形成的线性不对称褶皱。层间剪切作用,层间的牵引褶皱,多为线性紧闭褶皱
下寒武统	碳质泥岩		
志留系	砂泥岩	浅层次滑脱构造层	弯滑作用下形成的线性不对称紧闭褶皱或滑脱褶皱
二叠系	煤系地层		
三叠系嘉陵江组	膏盐层		
侏罗系	煤层及碳质泥岩层		

2.2.1　深层次滑脱构造层(Pt)

中晚元古界浅变质岩系为主滑脱层。中晚元古界浅变质岩系由于经历了多期次构造运动的改造,变形强烈拆离褶皱叠加。具有整体固化、单层相对软弱的特点,通常在塑性变形上叠加以脆性变形。该层即是该工区滑脱拆离系的底盘,在前陆冲断带后缘也常以逆冲岩席形式推覆于更年轻的地层之上。由燕山晚期—喜马拉雅期张性作用下,在之前的逆冲断层上形成的负反转构造,可见到断层的断坡是延伸至深部构造层的滑脱拆离面之上。

2006-LH 地震测线(北东向),北东端可见深部变质岩逆冲至出露地表。基底岩系顶滑脱面在该工区发育,并控制了沉积盖层的变形。04-JH-YH 地震测线(东西向)南东端见到深部变质岩与上覆沉积岩间滑脱面,推覆体在沿滑脱面滑动过程中,在塑性变形上叠加脆性变形,即见到挤压褶皱与逆冲断层。在解释的二维地震剖面中,沿深部浅变质岩层滑动的剖面较多(图 2.5),内部另发育有陡山沱组碳质泥岩、下寒武统碳质泥岩等次级滑脱层。簰洲构造即是一个受基底滑脱面控制的滑脱褶皱,地震剖面上可沉积盖层整体褶皱。

总体来看,自造山带向盆地内部,随着逆冲推覆距离的加大,滑脱面具有自基底岩系起伏不定,但向志留系、下三叠统及侏罗系上覆浅层滑脱逐层抬升的特点,构造变形特征也由造山带附近的基底卷入单冲构造过渡到盖层滑脱变形为主。

2.2.2　中层次滑脱构造层(Z-O)

下寒武统碳质泥岩、震旦系陡山沱组碳质泥岩为主滑脱层,上覆志留系是夹持于上下碳酸盐岩刚性层之间的一套由砂泥岩组成的较弱岩系,在江汉平原区厚度可达 1 500 m,也是中国南方区域性的滑脱拆离层,并以此划分开我国南方震旦系—下古生界和上古生界—三叠系两大逆冲推覆系统(朱志澄,1989)。志留系滑脱层除对于上下构造的变形、变异具有明显的控制作用外,其本身作为一个单独的构造层,总体变形以宽缓褶皱为主,其上叠加了多种形式的复杂小构造,如揉皱、挤压透镜体等,这些小构造对于研究区域应力场及滑动方向具有很好的指示作用。

中层次滑脱面可形成内部滑脱面及志留系底部滑脱面。且上覆浅层次志留系内部滑脱面常见,通常表现为延伸很远的断坪,测线 87-218.5 剖面(图 2.17)见到发育志留系底部滑脱面,造成志留系地层明显增厚,在推覆体前缘形成的叠瓦状构造统一向下收敛于该滑脱面之上。在该滑脱面下方变质岩中存在两个滑脱面,垂向上形成多层次滑脱。测线 213.75 地震剖面(图 2.18)可见发育志留系底面滑脱面,志留系地层厚度明显增加。测线 JH-2006-356 地震剖面(北西向)两端受江南-雪峰和秦岭-大别造山影响,均形成多层次滑脱,并且具有志留系内部滑脱面。在该剖面北东端发育志留系内部的滑脱断层,造成了志留系的明显加厚,其南西端,沿志留系内部滑脱面发育大规模逆冲推覆,使得滑脱面上部志留系地层移走而变薄,叠覆于其上的是深部变质岩。

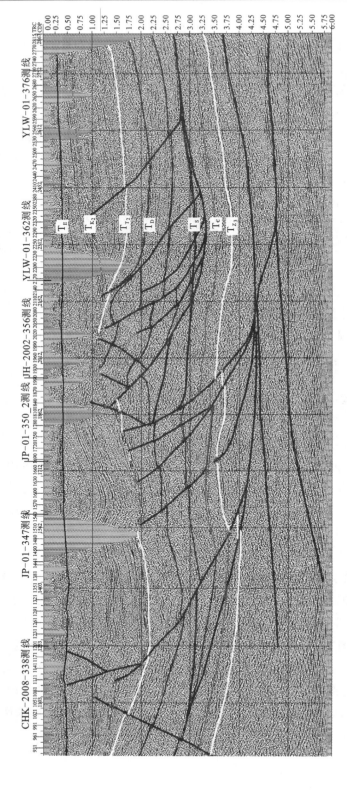

图 2.17 深、中层次滑脱面展布特征（87-218.5 测线）

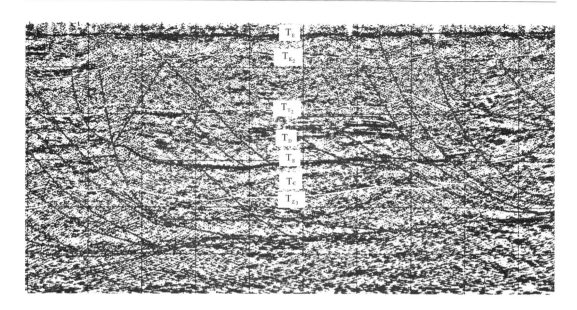

图 2.18 213.75 测线剖面

总体来讲,志留系滑脱面一般发育在前陆冲断带的主体部位,是在挤压应力向前传递的过程中,逐渐产生向上滑脱的结果。

许志琴(1998)对南秦岭的基底滑脱分析,南秦岭的盖层中从上部岩片(D-T)到下部岩片(Z-S)及主滑脱面,构造样式呈规律性地变化上部岩片由简单的近东西向直立等厚褶皱到直立的同劈理褶皱,下部岩片则过渡为(同斜)平卧褶皱,盖层岩片中的这种上陡下缓的铲式构造特征正是盖层与基底之间滑脱作用的结果(图 2.19)。震旦纪拗陷形成于前

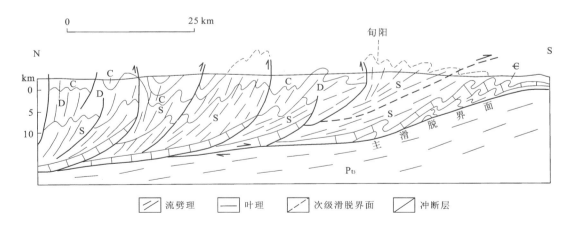

图 2.19 南秦岭的构造变形综合剖面(蔡学林等,1995)

震旦纪陆壳之上,裂陷槽盖层(Z-T)厚度约 13 km,裂陷槽基底与盖层之间的滑脱面,滑脱构造伴随有高压变质作用。在火山滑脱层中,出现了蓝闪石类多硅白云母组合(许志琴等,1988),其滑动时间为裂陷槽闭合晚期的印支运动,宏观与微观特征及应变测量均表明滑动方向为北北东—南南西向,在南秦岭浅部地表中 3 km 左右还存在一不连续界面,可能代表了裂陷槽盖层岩片内部的次级滑脱。

2.2.3　浅层次滑脱构造层(S-D-J)

以志留系、二叠系煤系地层及三叠系嘉陵江组膏岩层、侏罗系煤层和碳质泥岩层为滑脱层,总体岩石的性能干性较强。主滑脱面为志留系底、顶面,构造层内部另发育于若干次级滑脱层(面),如下二叠统栖霞组底部煤系地层(马鞍段)、上二叠统龙潭组煤系地层、下三叠统嘉陵江组膏盐层及侏罗系煤层等。由于该工区三叠系、侏罗系地层南北造山逆冲推覆作用,大面积受剥蚀严重,在该工区二维地震资料解释中该构造层中的滑脱面未见。

综合上述可知,深、中、浅层次滑脱构造在垂向上控制了江汉平原东部的该层变形样式,以它们为界,形成上、中、下三盘不协调的岩层变形样式,从整个工区的解释剖面中,可见深层次的滑脱面发育较多,对整个工区的构造变形起主导影响作用。在平面上,变形卷入深度为南北造山带前缘大于两山中间区。此外,变形样式在垂向上的变化除主要受滑脱层控制而显示分层性外,还与变形单元的埋深有关,其实质是变形单元所承受的上覆载荷(垂向应力)不同以及由此造成的岩石力学性质的变化。深层次滑脱构造,由于基底深变质岩表面的不规则,沿深层次滑脱面滑脱,上覆地层变形受滑脱面形态影响较大,主要发育断滑褶皱、断弯褶皱及牵引背斜。中层次滑脱面控制了工区南北造山带前缘大片区域盖层上部的变形样式,如江南-雪峰造山带北部,沿该滑脱面发生顺层滑移,层层叠覆,中层次滑脱构造主要形成被动顶板双重构造,并以浅层次滑脱层为顶板,中层次滑脱构造层为底板。浅层次滑脱构造,该滑脱层上的浅表层全部卷入断褶变形且相对强烈,其下岩层平缓、变形微弱。其上以所见的断展褶皱和断滑褶皱为主。

从工区构造划分平面图(图 2.20)及二维地震资料的解释,总结得到三大区域性滑脱构造层主要分布规律,主滑脱面由造山带向盆内滑脱面埋深逐渐变浅,由单一滑脱面变为多套滑脱面作用,形成丰富多样的构造样式。其分布规律见表 2.3。

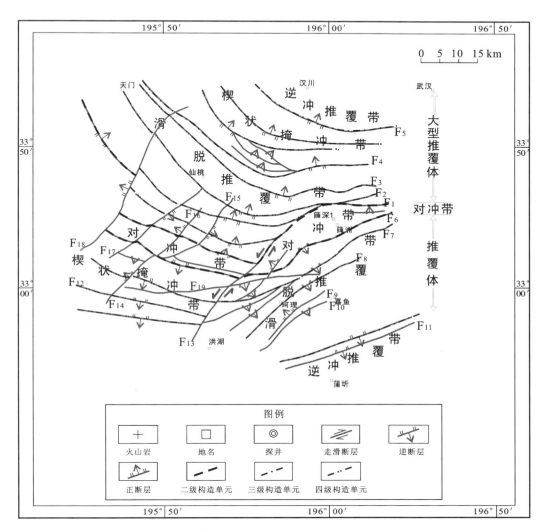

图 2.20 滑脱推覆构造平面分布

F₁. 仙桃南西—簲洲北逆断层 I；F₂. 仙桃南西—簲洲北逆断层 II；F₃. 仙桃北东—簲洲北逆断层 I；F₄. 仙桃北东—簲洲北逆断层 I；F₅. 汉川南西断层；F₆. 珂理北西—簲洲南东逆断层 I；F₇. 珂理北西—簲洲南东逆断层 II；F₈. 珂理南东逆断层 I；F₉. 珂理南东逆断层 II；F₁₀. 珂理南东逆断层 III；F₁₁. 嘉鱼北东逆断层；F₁₂. 洪湖北西逆断层；F₁₃. 洪湖北西走滑逆断层；F₁₄. 通海口南东正断层；F₁₅. 通海口北正断层 III；F₁₆. 通海口北正断层 II；F₁₇. 通海口北正断层 I；F₁₈. 通海口北正断层；F₁₉. 洪湖北正断层

表 2.3　滑脱层主要分布规律

构造带	表现形式
逆冲推覆带	主要为基底内幕深层拆离面,埋深较大,推测为 25～30 km,盖层逆冲断层排列近平行
楔状掩冲带	主要为基底内幕中层拆离面、震旦系底滑脱面共同作用,埋深推测为 8～20 km,断弯和断展褶皱居多,并形成丰富多样的局部构造
滑脱推覆带	主要为基底浅层拆离面、震旦系底、志留系、二叠系、三叠系滑脱面共同作用,埋深推测为 3～15 km,断滑和断展褶皱居多,并形成丰富多样的局部构造
对冲/背冲带	主要为震旦系底、志留系共同作用,埋深推测为 3～15 km,断滑褶皱居多,对冲构造底部往往形成对称三角构造

深层基底拆离面分布在逆冲推覆带中导致沉积盖层高角度逆冲推覆,根据地震速度计算拆离面深,一般为 25～30 km,中层滑脱面分布在楔状掩冲带和滑脱推覆带底界中,导致沉积盖层低角度叠瓦逆冲,埋深一般为 8～20 km,浅层滑脱面主要分布于滑脱推覆带中上层段,为主滑脱面延伸至沉积盖层伴生的叠瓦构造体系。

在工区及南北两缘,深、中、浅三套滑脱层系表现并不一致。在秦岭至工区北部,由根带—中带—锋带滑脱拆离面由深至浅、由厚皮构造逐渐变为薄皮构造,沉积盖层多呈现为各种深浅不一的叠瓦构造样式;江南隆起至工区南部,表现为由中层次(基底面上下)低角度滑脱面为主长距离滑脱压缩、沉积盖层浅层多重滑脱构造、局部构造以双重构造与叠瓦构造组合为特色;工区中部以基底面断滑褶皱隆起构造。这充分反映了构造运动导致工区强烈挤压的结果。

2.3　基本构造样式

Harding 和 Lowell(1979)关于构造样式的分类方案是以板块构造为基础的前提下进行划分,并明确提出了构造样式受板块构造单元与区域应力环境来确定划分原则,对构造样式的形态、形变过程及其产状的变化规律联系起来加以考虑。

一般来讲,在构造形变的过程中,沉积盖层的变形是否受基底构造控制作为构造样式类型划分的主要标志,因此,构造类型划分为基底卷入型和盖层滑脱型两大类,进而根据构造形变的力学性质、应力传递方式、几何样式进行划分。

与以往所不同的是,工区沉积盖层下覆基底内幕同样存在着深浅变质岩之间的拆离滑脱(相对低角度滑脱)和冲断褶皱(高角度冲断)两种方式,这可能是目前研究少有的独特的方式。就构造成因而言,工区及南北周缘主要由挤压(扭)和伸展两种应力体制控制,而岩浆岩刺穿构造则认为是归到两种应力机制导致的结果。工区构造主要经历了印支期—燕山早期、燕山晚期—喜马拉雅早期及喜马拉雅晚期等多期强烈构造变形、改造、转换与叠加,在一定的应力、边界和介质条件下形成的多种构造样式,总结出构造样式主要有以下四大类:挤压构造样式、压扭走滑构造样式、垂直(横弯褶皱)构造样式、伸展反转构造样式(表 2.4),进而分析几何学和运动学特征、时空展布规律、垂向叠置形式及构造变形机制等。

表 2.4　海相中、古生界构造样式分类简表

构造类型	卷入程度	构造样式	分布规律
挤压构造样式	盖层滑脱型	叠瓦单冲构造	广泛分布于南北推覆带中,沉积盖层滑脱叠瓦单冲,锋带为低角度盖层滑脱型叠瓦楔居多
		竹劈构造、三角构造楔	分布在南北推覆体根带、中带、锋带下盘,沉积盖层深部居多
		双重逆冲	分布在南北推覆体多层滑脱间的构造中,南部特征明显
		断弯、断展、断滑褶皱	主要分布在前陆冲断带前缘
	基底卷入型	对冲(背冲)构造	分布在对冲带内,由于对冲强烈往往构成复式背斜和向斜构造
压扭走滑构造样式	基底卷入型	正花状构造	南北对冲方向不同构成左行走滑的花状压扭构造,呈北东向展布
		负花状构造	白垩纪时期在早期压扭走滑基础上,反转为负花状张扭构造,白垩纪时期控盆断裂都有此类特征复杂化
垂直(横弯褶皱)构造样式		刺穿构造	白垩纪早期应力转换期的岩浆活动,分布于工区东南部和北部的白垩系控盆断裂下盘,可以识别出来的刺穿或隐刺穿,有待考证
		隐刺穿构造	
伸展反转构造样式	——	地堑半地垒	广泛分布于中上白垩统断陷和底部基底构造负反转时期的产物,与伸展环境下重力作用有关
		地垒	
		断阶	

2.3.1　挤压构造样式

工区挤压构造样式与北部秦岭-大别构造带和江南-雪峰构造带挤压造山过程存在着密切的对应关系,主要是在印支期及以后的挤压构造环境下形成的,造成岩层、地壳或岩石圈缩短地质构造组合,与中扬子陆块、秦岭(勉略)洋、华北陆块聚敛运动有关。挤压构造是江汉平原东部地区海相中、古生界分布最广泛的构造样式,也是盆地中潜在的重要的含油气构造圈闭样式之一。该区域其主要形式有叠瓦单冲构造、双重逆冲构造、对冲(背冲)构造、多层次滑脱推覆构造、与挤压构造有关的褶皱等类型。

1. 叠瓦单冲构造

叠瓦单冲构造是一组产状大致相同的逆断层向同一方向逆冲,呈叠瓦状排列的断层组合形式。该构造样式主要发育于南、北弧形构造带受力较强的叠瓦冲断带,如大洪山弧形单冲带和洪湖-通山前陆冲断带、崇阳-通山前陆冲断带,地表常见发育于二叠系、三叠系中的小型叠瓦状构造,地震剖面上很常见。南北两个弧形构造带中均见有发育于基底岩系中的叠瓦状单冲断层(图2.21～图2.24),测线端接近江南-雪峰造山带也发育有底岩系中的叠瓦状单冲断层,自造山带向盆地内部,叠瓦状排列的断层逐渐变疏,切割层位变新。在燕山晚期—喜马拉雅期的伸展改造中,叠瓦状单冲构造常反转为断阶构造。

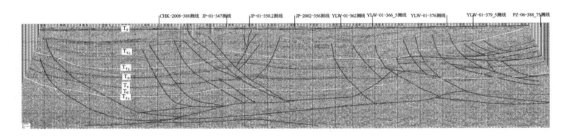

图2.21　多个叠瓦单冲构造(YLW-01-211测线,北东向)

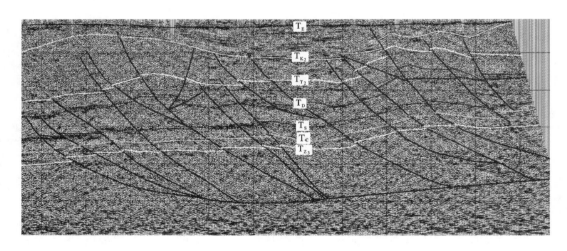

图2.22　基底内幕中层浅变质岩层段滑脱型叠瓦冲断构造(CHK-2008-208测线,北东向)

该类属盖层滑脱型构造,收敛于基底面和沉积盖层中各个低角度滑脱面上,而工区南北缘东秦岭-大别造山带和江南造山带的叠瓦构造楔属于基底卷入型构造,不属于此类构

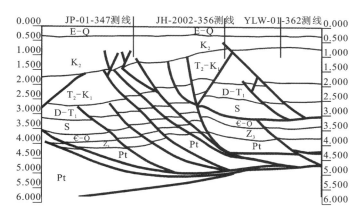

图 2.23　CHK-2008-213-75 测线区域地震地质剖面（局部，北东向）

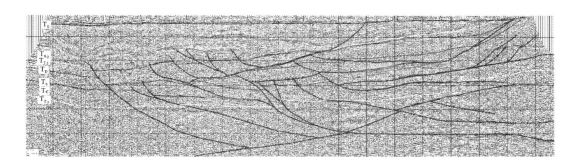

图 2.24　低角度俯冲叠瓦构造（后期改造）（YLEW-01-223.22 测线，北西向）

造样式。

2. 双重逆冲构造

双重构造常见于逆冲推覆构造中，由顶板冲断层和底板冲断层所围限的叠瓦冲断夹块组合而成，是叠瓦状构造的一种特殊形式，通常与断层转折褶皱有关，其规模可大可小。研究区存在多套软弱层，如震旦系、志留系、下三叠统嘉陵江组膏岩层、上三叠统—侏罗系，另外还发育众多的不整合面。这些软弱层和不整合面是重要的滑脱层（面），是多层次的逆冲、推覆和滑脱的必要物质基础。从分布特征来看，主要分布于南、北推覆体中带受力强烈的前陆冲断滑脱夹持单冲带及楔状冲断带，其断裂排列形似鱼刺楔入使上覆沉积层中地层被动变形。383-2 测线（图 2.25）和 YLW-01-379-5 测线（图 2.26）均见双重构造样式，383-2 测线南东端顶底板断层均沿基底岩系内部滑脱面滑动，内部夹有震旦系—志留系断块，由一系列鱼刺状排列的与顶底断层倾向反向

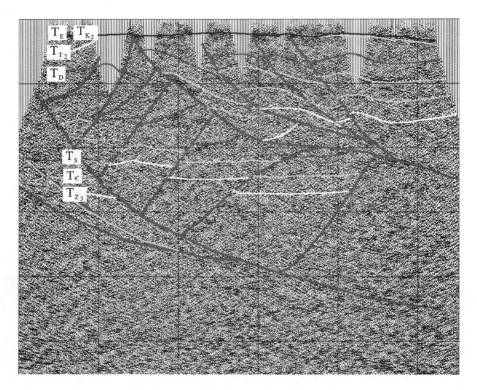

图 2.25 双重构造(383-2 测线,北西向)

断层组成。YLW-01-379.5 测线南东端的双重构造底板断层为基底岩系内部滑脱面,顶板断层为志留系内部滑脱面,夹有震旦系—志留系断块,内部发育有与顶底板断层倾向相反的叠瓦状构造。

工区南、北此类构造变形程度及规模存在着差异,南部双重逆冲构造角度较为平缓且规模较大,形态完整;北部角度较陡分布多且规模大小不一,往往为两个叠瓦冲断构造中夹持有该类构造。

3. 竹劈构造

由于纵弯褶皱强烈,断层强烈向下俯冲,地层产生横向劈理,下覆岩层因挤压而破裂形成似竹子劈裂的样式(图 2.27)。三角构造楔是强烈的纵弯褶皱、断裂反向逆冲在推覆构造带前端形成的三角几何构造样式。

竹劈构造为滑脱型构造,主要分布于滑脱推覆体次级构造带前端,纵向上以浅变质岩与深变质岩间(图 2.28)、基底面滑脱层系居多,沉积盖层中也有分布。竹劈构造另一主要的分布带位于基底拆离口附近(图 2.29),推覆体系根带以劈理的形式出现。

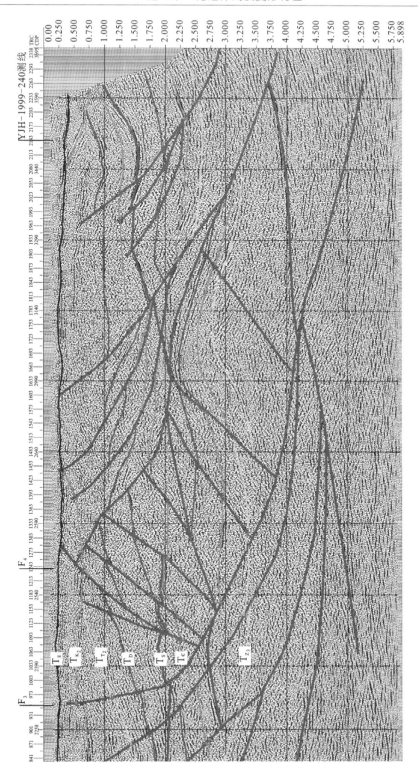

图 2.26 叠瓦构造楔夹持双重构造（YLW-01-379-5 测线，北西向）

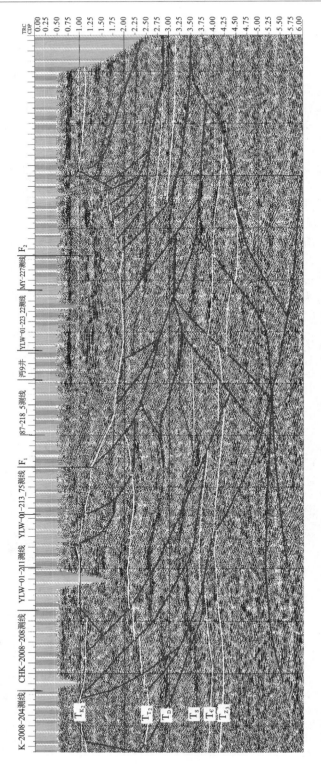

图 2.27　基底及盖层竹膀构造（JH-2006-356 测线，北西向）

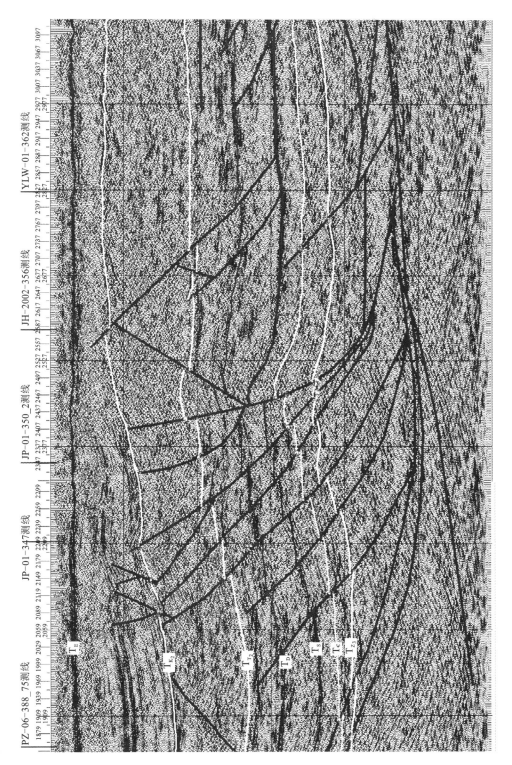

图 2.28　深、浅变质岩拆离前面前端竹劈构造（CHK-2008-213-75 测线，北东向）

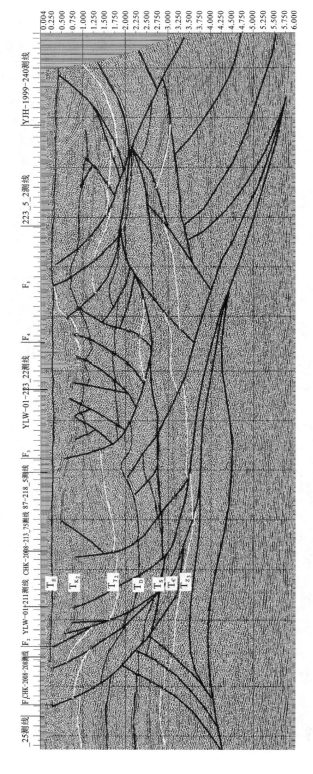

图 2.29 基底拆离滑脱体系内竹劈构造和三角构造楔（YLW-01-376 测线，北西向）

　　竹劈构造与叠瓦构造样式有所不同,叠瓦构造一般分布于滑脱面之上,而竹劈构造分布于滑脱推覆体系前端(图 2.30),表明受秦岭-大别造山带强烈挤压纵弯断裂褶皱的结果,而且与三角构造楔分布的构造位置基本一致,但构造样式有所不同,三角构造楔具有断裂反冲或反向仰冲的特点,竹劈构造则表现为顺应力方向顺层俯冲的特征,与板块俯冲特点有所相似,位于北部大洪山推覆体内部,为中扬子区特殊的构造样式(图 2.31～图 2.33)。

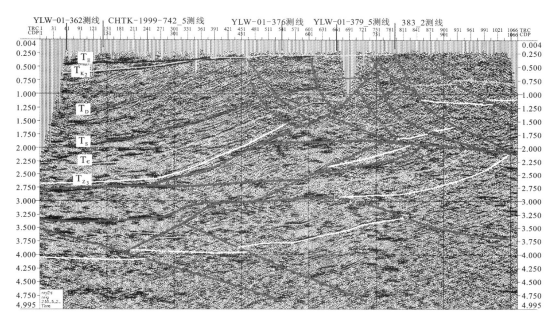

图 2.30　竹劈构造与三角构造楔复合(223.5-2 测线,北东向)

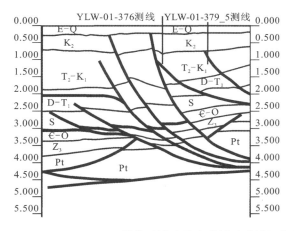

图 2.31　CHK-2008-213-75 测线区域地震地质剖面(局部,北东向)

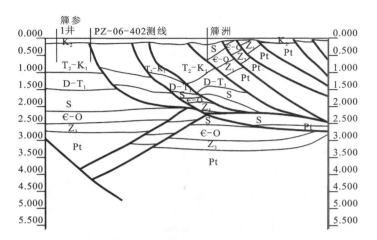

图 2.32　PZ-06-203-25 测线区域地震地质剖面（局部，北东向）

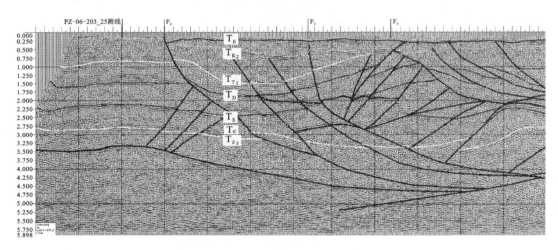

图 2.33　三角构造楔与基底竹劈构造（YLW-01-379-5 测线，北西向）

4. 对冲（背冲）构造

对冲（背冲）构造是江汉平原东部区一种非常重要的构造型式，主要分布于南北弧形构造带之间的对冲干涉带，北部大洪山弧形构造自北向南逆冲推覆，南部大磨山弧形构造自南向北逆冲推覆，两者在荆州—仙桃—簰洲一带交汇，构成大型对冲干涉构造带。2006-LH 地震大剖面很好地显示了大型南北对冲构造的发育，簰洲构造以北断裂北倾南冲，以南断裂南倾北冲，簰洲构造处于一个巨大的南北对冲构造三角带部位，形成宽缓背斜（图 2.34、图 2.35）。

CHK-2008-208 剖面受北倾断层南冲和南倾断层北冲，形成对冲构造（图 2.36）。当

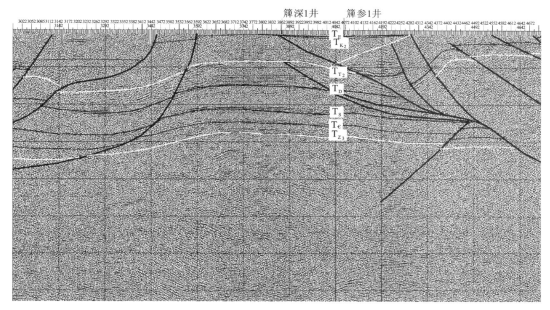

图 2.34　2006-LH 测线剖面

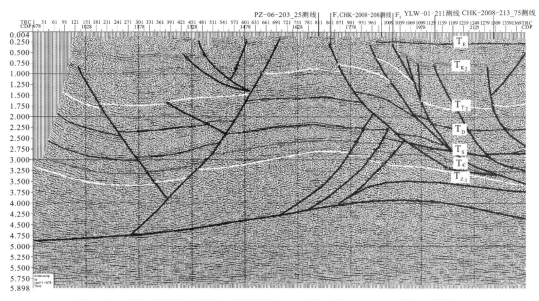

图 2.35　深层基底拆离褶皱、盖层断滑对冲构造（YLW-01-376 测线，北西向）

主干逆冲断层向前发育过程中受到阻挡产生反方向的逆冲断层，从而形成背冲构造，剖面上反冲构造通常呈"Y"字形或倒八字形，两条反冲断层共有的一个上升盘。MY-227 剖面（图 2.37）和 PZ-06-388-75 剖面均显示为受逆冲断层和反冲断层共同控制的背冲构造，背冲断层上盘发育有牵引背斜构造。

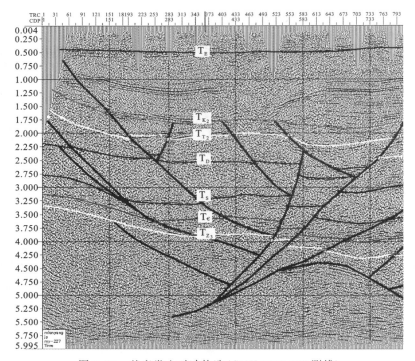

图 2.36　基底卷入对冲构造（CHK-2008-208 测线）

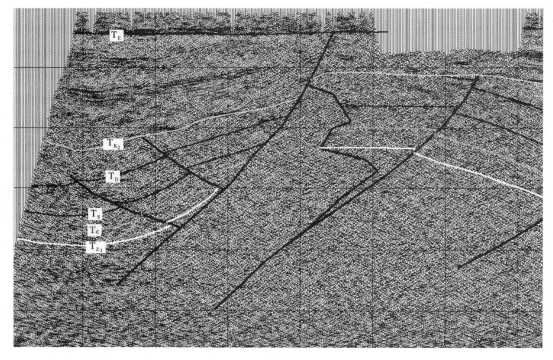

图 2.37　基底卷入背冲构造（MY-227 测线，北东向）

工区对冲、背冲样式复杂,总体表现为两种形式,一种为基底深部断折拆离形成高角度逆冲形成的盖层对冲构造,另一种则是浅层基底滑脱拆离形成的断滑褶皱对冲构造。

5. 与挤压构造有关的褶皱(断弯褶皱、断展褶皱、断滑褶皱)

褶皱与断层是最为常见的两种构造样式。褶皱体现为岩石的连续韧性变形,断层是岩石不连续的破裂变形,两者之间关系密切。岩石沿着断面滑动可以转变为多种类型的褶皱,大多数褶皱起源于下伏断层倾角的变化(如断层转折褶皱),或是断层滑动量向褶皱位移的逐渐传递(如断层传播褶皱、断层滑脱褶皱);褶皱在发育过程中在枢纽带、背斜顶部也可以形成次级断层。

1)断弯褶皱

断弯褶皱也叫断层转折褶皱,是沉积层沿着台阶状断层轨迹发育的褶皱,又称为断坡褶皱;这类褶皱是冲断层位移下伏逆冲断层断坡,由于断层弯曲作用形成。这种褶皱一般形态不对称,前翼陡、窄,后翼宽、缓,背斜核部变形强烈。此类构造主要发育在前陆冲断带前缘,包括对冲干涉构造带。PZ-06-203-25 剖面显示一宽缓背斜(图 2.38)。该褶皱构造是江汉平原区较发育的局部构造样式之一,建阳驿构造、谢家湾构造、余积湖构造、麻洋潭构造、戴家场构造等属于这种类型。

2)断展褶皱

断展褶皱亦称断层传播褶皱,是逆冲断层向更高层位扩展时,在其锋端形成的褶皱。该褶皱也是研究区较发育的局部构造样式之一。其形成与下伏逆冲断层的断坡有关,褶皱形成于断坡上方,与断坡同时或近于同时形成。当冲断岩席沿断坡从下滑脱面向上爬升时,逆冲断层滑距逐渐减小,并最终消失于上覆地层内,断层的缩短量被逐渐转移到断层上方的褶皱中去。这种褶皱一般形态不对称,前翼陡、窄,后翼宽、缓,背斜核部变形强烈。此类构造主要发育在前陆冲断带前缘,包括对冲干涉构造带。

实例见 04-JH-LH 测线地震解释剖面(图 2.39),控制构造形成的下滑脱面为志留系底面,断层沿滑脱面向上逆冲,褶皱随之传播而形成,因一反向断层阻挡,上盘断块受挤压变形,形成上覆地层断展褶皱。

3)断滑褶皱

断滑褶皱即断层滑脱褶皱,是沿逆冲断层滑脱面发育形成的锋端附近的褶皱。为发育于平行层面的滑脱面或逆冲断层的断坪之上的褶皱,控制滑脱背斜的逆冲断层只有断坪而无断坡,多为一些两翼基本对称的宽缓背斜,褶皱缩短作用由滑脱断层的滑动提供。滑脱褶皱通常具有利于滑脱断层发育的底部软弱层、褶皱核部地层加厚等特征。滑脱背斜或断滑背斜常发育于冲断构造带前缘或中部较弱应变区。

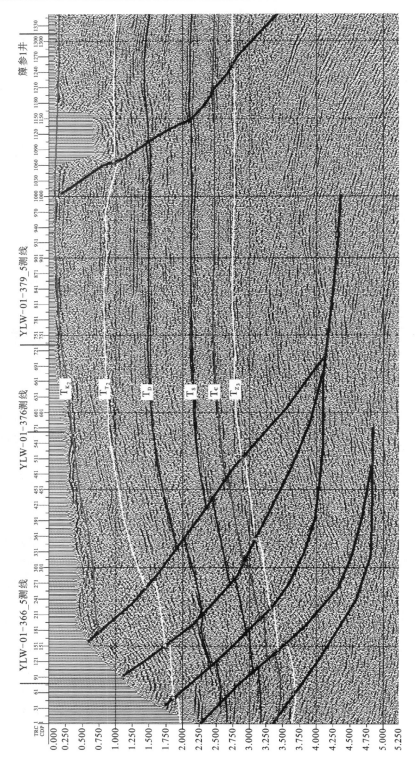

图 2.38　断弯褶皱（PZ-06-203-25 测线）

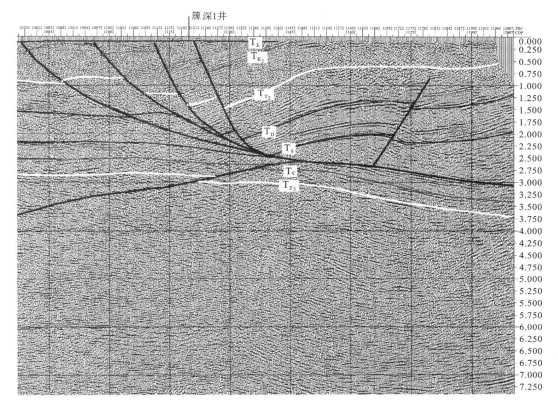

图 2.39　断展褶皱(04-JH-LH 测线)

　　由于该工区存在多个滑脱层系,因此而形成的断滑褶皱应该是比较多见的,但由于滑脱作用多发生在大规模褶皱变形的早期,因此如果后期改造强烈,将造成其他褶皱形式的叠加而使早期褶皱形迹难以识别,但并不意味着不存在,在应力相对较弱的地区,该褶皱形式还是能很好保存的。如簰洲构造滑脱作用发生在基底与盖层之间,造成震旦系—中三叠统统体褶皱(图 2.35)。04-JH-LH 剖面(图 2.40)、YLW-01-366-5 剖面(图 2.41)也是盖层与基底之间存在滑脱面,而形成沉积层发生褶皱。

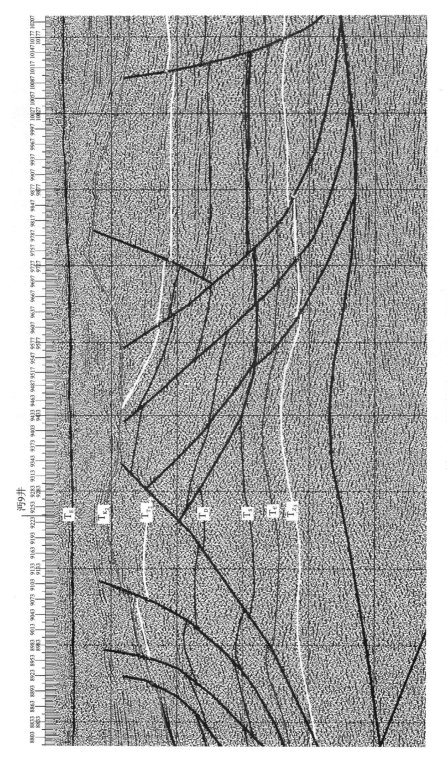

图 2.40　断滑褶皱（04-JH-LH 测线）

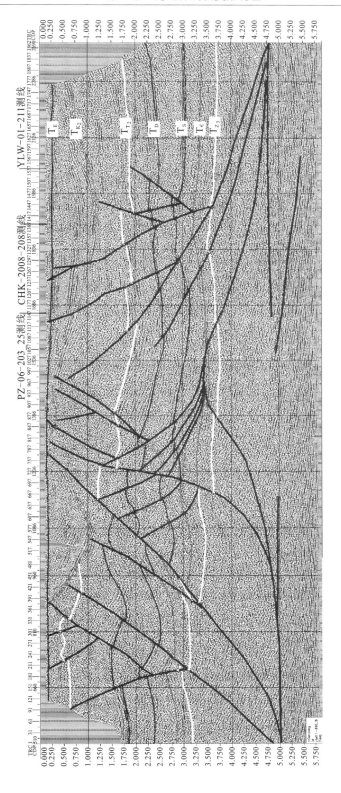

图 2.41　断滑褶皱（YLW-01-366-5 测线，北西向）

2.3.2　张性构造样式

反转构造的形成是由于在构造演化中伸展构造系统和挤压构造系统相互转换和相互作用的产物,实质上是一种叠加构造。燕山晚期大规模的构造(负)反转使得伸展构造在江汉平原东部极为发育。强烈的反转活动多是沿早期的大型逆冲断层发育,剖面上具有"早期冲的高、晚期断的深"的特点。受伸展改造的海相局部构造样式有地堑(半地堑)、地垒、断阶。

1. 地堑(半地堑)

地堑是由大型逆冲断裂后期复活,伸展反转后形成的地堑、半地堑式构造,断层上盘是白垩系—新近系的沉积沉降中心。该类构造使早期的褶皱构造遭受翻天覆地的改造,断陷的底部往往是前白垩系褶皱构造的高部位,断陷的发育破坏了早期的油气系统,见测线 JP-01-347(图 2.42)。

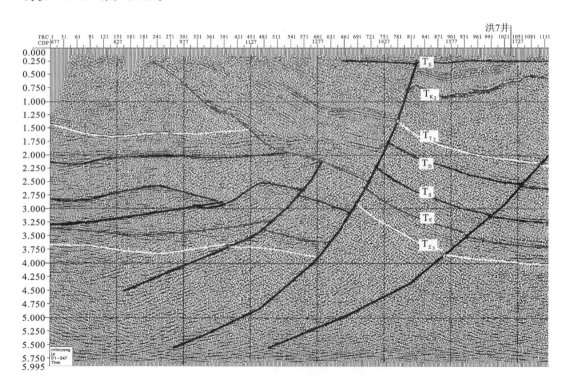

图 2.42　半地堑(JP-01-347 测线,北西向)

2. 地垒

地垒由两条倾向相反的伸展断层控制其边界,两边下陷,中部相对抬升,形成垒块。在双向作用力或反作用力影响下,前白垩系在早期逆冲断层下盘形成的牵引向斜,伸展反转后形成的断垒。该类构造有利于油气重新分配,可形成晚期成藏型油气藏,见测线 87-218-5(图 2.43)。

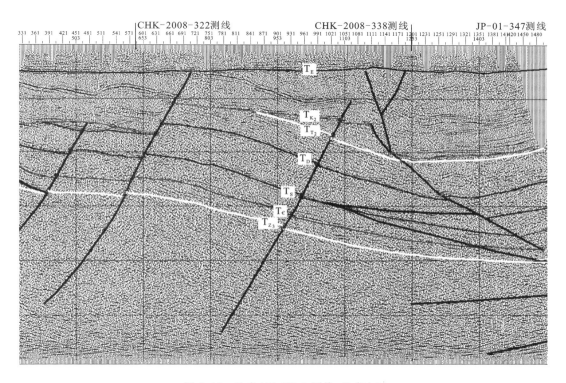

图 2.43　地垒(87-218-5 测线,北东向)

3. 断阶

断阶发育在箕状断陷的内部,在大型逆冲反转断层的上盘发育系列同向的伸展断层,平面上呈台阶状延伸,该类构造样式与断陷一样对早期的油气系统起破坏作用,见测线 CHK-2008-322(图 2.44)。

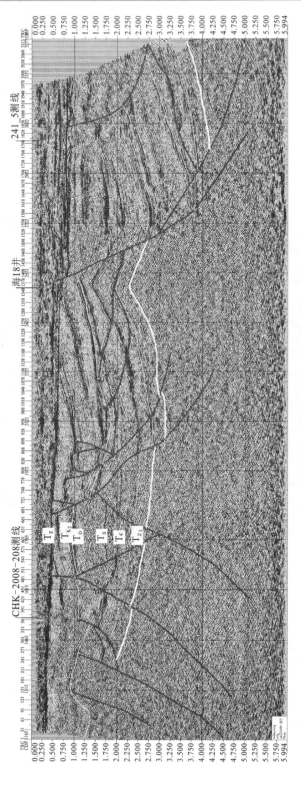

图 2.44　CHK-2008-322 测线剖面

2.3.3　岩浆刺穿和隐刺穿构造

岩浆活动形成的刺穿和隐刺穿构造,主要形成于早白垩世,由区域挤压到伸展作用转换时期,分布于工区南北,往往在白垩系断陷主控断层下盘。在地震剖面上表现为无反射或杂乱反射,造成地震反射层连续性明显中断(图 2.45～图 2.48),该构造主要分布于工区的北部和西部通海口附近。

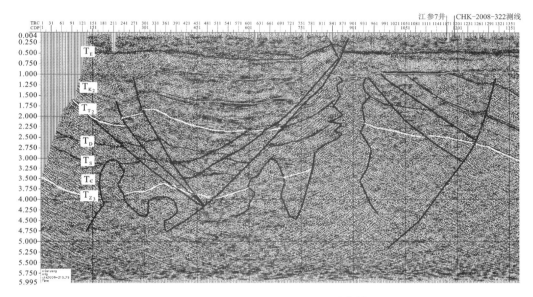

图 2.45　CHK-2008-208-213.75 测线剖面

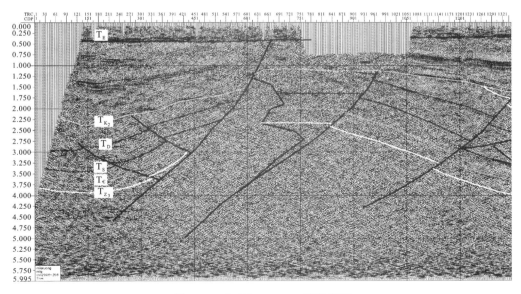

图 2.46　CHK-2008-000 测线剖面

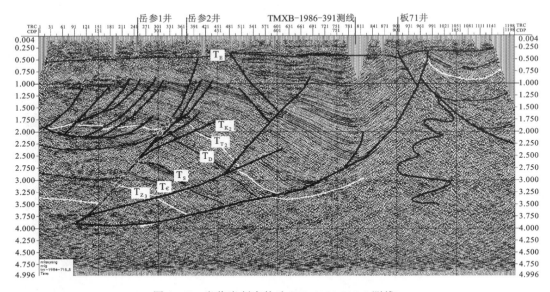

图 2.47　岩浆岩刺穿构造（XB-1984-716-6 测线）

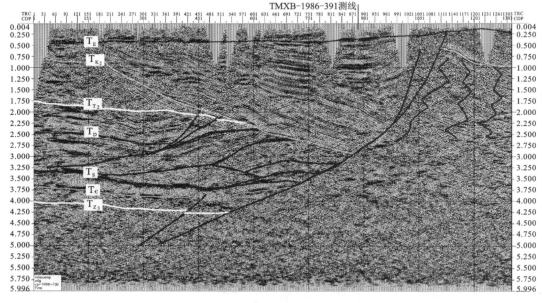

图 2.48　岩浆岩隐刺穿（XB-1988-703 测线）

2.3.4　压扭走滑构造样式

　　早燕山期,强烈的南北对冲挤压构造发育的同时,郯庐断裂系也开始发育,研究区内洪湖—湘阴断层形成并发生左行压扭,使得早期形成的一些近东西向构造受到改造发生左旋,从而形成北东向构造带。该构造型式在平原区主要发育于主要受走滑压扭断层影响,发育于仙桃干涉断褶带,包括簰洲构造南高点—法泗—珂理及越舟湖—西流河西等北东向展布的构造。平面上压扭构造呈左行展布,剖面上具类花状构造特征。走滑压扭作用很好地解释了簰洲构造南、北两个高点构造线不一致的现象。该左行走滑断层在地震剖面也有明显显示(图 2.49~图 2.53)。走滑断层走向呈北北东走向。

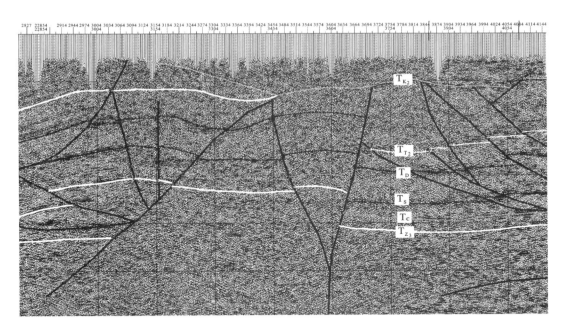

图 2.49　花状构造(JH-2002-356 测线,北西向)

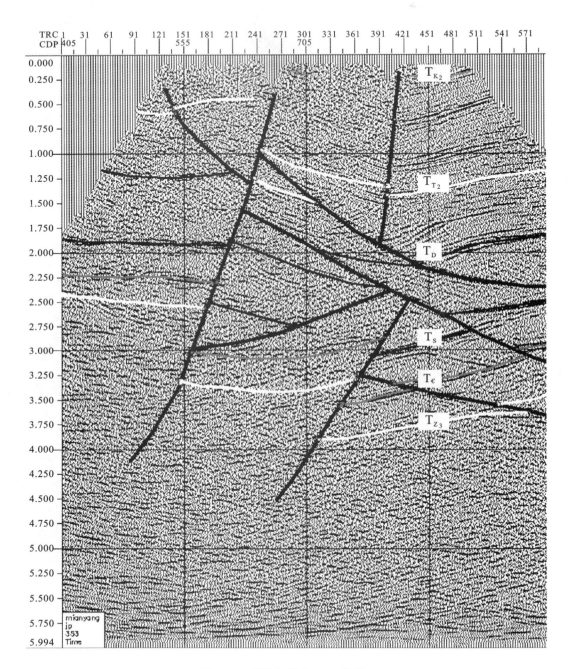

图 2.50　压扭构造(JP-353 测线)

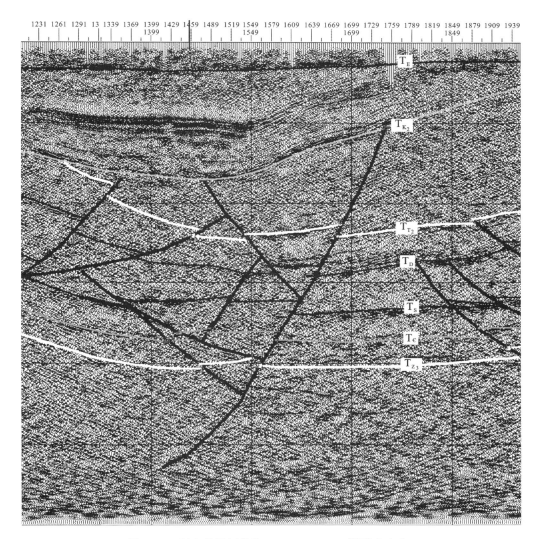

图 2.51　复杂的压扭构造(CHK-2008-208 测线北东向)

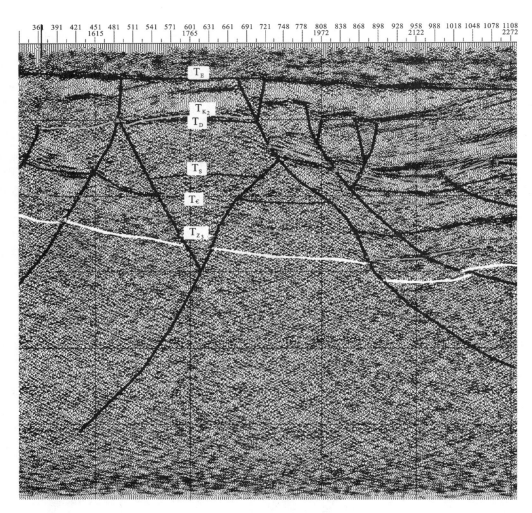

图 2.52　复杂的压扭构造(CHK-2008-322 测线)

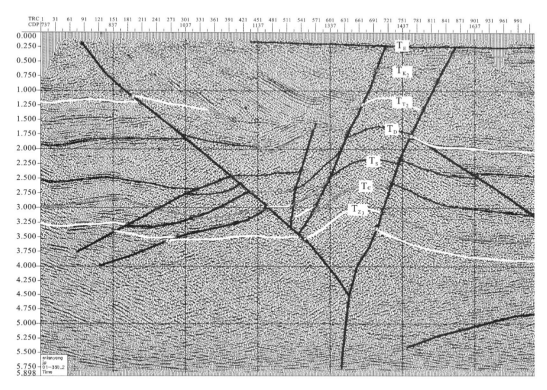

图 2.53　花状构造后期反转(JP-01-350-2 测线,北西向)

　　工区压扭走滑构造是印支期—燕山期南北造山、区内强烈不均匀挤压造成的结果,由于持续挤压南北推覆体以不同方向向扬子板内不断推进相互错断走滑,主体呈北东、北北东走向,而主要的形成期为燕山早期及燕山中期,因此,地震剖面显示,左行压扭构造在燕山中晚期可能也产生反转,构成中上白垩统断陷也具有张扭构造的特点,即说明部分早期压扭走滑断裂在后期可能是断陷盆地的控盆断裂。

2.4　构造格架与构造组合

　　江汉平原东部海相中、古生界构造格架受东秦岭-大别南北造山带和江南-雪峰造山带南北挤压构造体制的夹持,东南、西南、北部三个不同方向不同时间差异的强烈逆冲断褶皱产生了三个滑脱推覆体系夹持的对冲构造格架,并受挤压末期压扭走滑的改造和构造负反转的改造作用,形成了极其复杂的构造格局,依据构造变形特征和构造样式,在滑脱推覆体及其对冲构造体系内可以进一步地划分其次级构造带。

2.4.1　构造格架与构造带划分

　　研究区局部构造发育主要经历了燕山早期自南向北的挤压、燕山中晚期自北向南的挤压及走滑扭动、燕山晚期拉张断陷等阶段。全区构造系统分为逆冲推覆、对冲和背冲、压扭、伸展、岩浆侵入五个构造体系(表 2.5)。

表 2.5　工区构造系统

构造体系	构造样式
逆冲推覆构造体系	逆冲推覆构造(根带/A 带)
	楔状掩冲构造(中带/B 带)
	滑脱推覆构造(锋带/C 带)
对冲和背冲构造体系	对冲构造(D 带)
	背冲构造
压扭构造体系	左行压扭构造
	左行走滑构造
伸展构造样式	不对称断块构造
	披覆构造
岩浆侵入构造体系	刺穿构造
	未刺穿构造

燕山早期冲断背斜发育阶段:侏罗系沉积末期,南、北两个造山带开始强烈运动,在两个方向挤压应力的共同作用下,底部塑性层内的浅变质结晶基底首先拆离,形成基底拆离滑脱面。挤压应力沿基底拆离面向前传递。随着挤压应力的增强,在传递过程中,沉积盖层挠曲,挤压冲断,形成逆冲断层及断层相关褶皱。

根据应力作用先后,细分为两个阶段:早燕山早期,南部的江南-雪峰造山带处于强烈的造山运动中,产生的挤压应力由南向北向前传播,产生了由南向北的逆冲断裂,局部伴随形成反冲断层,构成背冲式"Y"字形断裂组合,形成背冲构造。由于介质条件的差异,产生层间拆离,形成双重逆冲构造,离造山带越近受力越大,变形越强,应力传至珂理地区,形成了珂理构造,但变形已相对减弱,珂理以北的簰洲地区处于南部造山系的构造相对稳定带或盆内形变消减带,变形更弱,为平缓简单褶皱构造。早燕山末期,当江南-雪峰造山带强烈造山即将结束时,北部的秦岭造山带向南开始强烈挤压,形成一系列由北向南逆冲的襄广断裂和京山断裂等,由于受南部先成构造的阻挡,一方面,对先成构造进行改造,另一方面,挤压应力减弱,在簰洲地区形成北部造山系的构造相对稳定带或盆内形变消减带,从整个剖面来看,簰洲地区位于对冲断层的下盘,处于南、北造山系共同的形变消减带,变形较弱,形成宽缓简单褶皱。之后,簰洲—珂理地区还由于洪湖-湘阴断层的走滑,产生了左行扭动变形,使局部构造的走向发生了改变,如簰洲构造南高点。

燕山晚期—喜马拉雅早期拉张断陷阶段:白垩系沉积之前,全区遭受剥蚀,剖面显示南、北靠近造山带的地区,前震旦纪地层基底已露出地表,但中部簰洲-珂理地区还保留有较厚的侏罗系地层。白垩纪—新近纪,本区转为伸展环境,构造反转。

　　江汉平原东部地区逆冲推覆构造十分普遍。该区逆冲推覆构造系统成生于早燕山运动,该区内存在多个滑脱面,以深部变质岩系内部滑脱面和志留系内部滑脱面为主,逆冲推覆的总体走向为北东向,具有成排成带的特点(图 2.20)。本书选择 2006 - LH 测线区域地震解释剖面,从北东端向南西,将工区分为大洪山逆冲推覆构造带、对冲(背冲)带、江南-雪峰滑脱推覆构造带。由造山带前缘基地卷入型逆冲断层带进入盖层滑脱型冲断层带。从造山带至前陆,变形减弱,强烈发育的叠瓦式冲断层趋向前陆减少,与断层相关褶皱趋向前陆逐渐变得简单和平缓以致消失,在北部造山运动,受之前先成的南部造山构造阻挡,在南北挤压力减弱地带形成对冲或背冲构造,并多见牵引背斜。

　　根据结构构造、变形强度的不同,南部江南-雪峰和北部秦岭-大别造山强烈推覆构造显示出明显的分带性,与变形作用有密切的关系。工区内以推覆构造为主,两条区域性大剖面 JH-YH 区域地震剖面(北西向)(图 2.54)、2006-LH 区域地震剖面(北东向)(图 2.55)和一条北西向大剖面 JH-2002-356 地震剖面(北西向)(图 2.56),以及结合其他数十条解释的地震剖面,江汉平原东部区的分划为:南部大磨山-八面山逆冲带、江南-雪峰滑脱推覆构造带、中部对冲或背冲带、北部秦岭-大别推覆构造带三带(逆冲推覆体、楔状掩冲带、滑脱推覆构造带、对冲或背冲带)(图 2.57～图 2.59)。按照推覆构造的基本模式,可将滑脱推覆带进一步依次划分为四个构造带,各个推覆构造带的次级构造带的发育程度有所不同(图 2.20):

　　A 带:逆冲推覆体。板缘碰撞褶皱隆起、固结、仰冲上升,并受强烈剥蚀的地带,主要分布于秦岭-大别造山带南缘和江南-雪峰造山带及其前缘受力强烈的前陆高角度单冲带和楔状冲断带。

　　B 带:楔状掩冲带。直接被推覆体叠覆的逆冲断裂密集的地带,断弯和断展褶皱居多,并形成丰富多样的局部构造,主要分布于北造山带及其前端中角度单冲带及楔状冲断带。

　　C 带:滑脱推覆构造带。在侧压力的作用下,以软硬交互地层中的软质层为滑脱层发生水平方向拆离运动,顺层滑动块体可被推移较远距离而成为不生根的外来体,而下盘原地体保持相对舒缓的原始产状。主要分布于北、南造山带及其前锋的前陆低角度单冲带和叠瓦冲断带。

　　D 带:对冲或背冲带。北部秦岭-大别造山应力遇到先成的南部雪峰山构造阻挡形成的,主要为震旦系底、志留系共同作用,推测埋深为 15～3 km,断滑褶皱居多,对冲构造底部往往形成对称三角构造,可表现为向斜或背斜,主要分布于南、北弧形构造带之间的对冲干涉带。

　　在滑脱推覆构造体系里,根带(A 带)主要表现为高角度基底卷入型仰冲断裂构造,为板块间碰撞形成的构造基底卷入可能延伸较深,并伴随大量岩浆岩侵入,中带(B 带)为中角度(45°)逆冲构造,向下倾方向变为铲状,倾角变小(30°)锋带则表现为多层滑脱推覆的特征,断裂倾角较小,断裂收敛于各个滑脱层系里,形成多种样式的滑脱构造,在对冲构造带(D 带)中,深层断滑褶皱形成浅层对冲与基底卷入型对冲构造样式并存,前者主要分布在工区东部,后者在西部,且对冲带中也存在背冲次级构造复合作用,最终由走滑压扭断层和后期反转复合复杂化了。

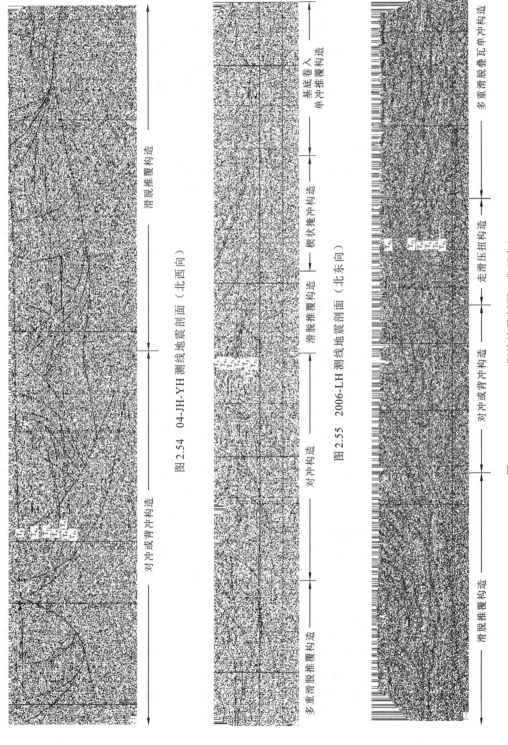

图 2.54　04-JH-YH 测线地震剖面（北西向）

图 2.55　2006-LH 测线地震剖面（北东向）

图 2.56　JH-2006-356 测线地震剖面（北西向）

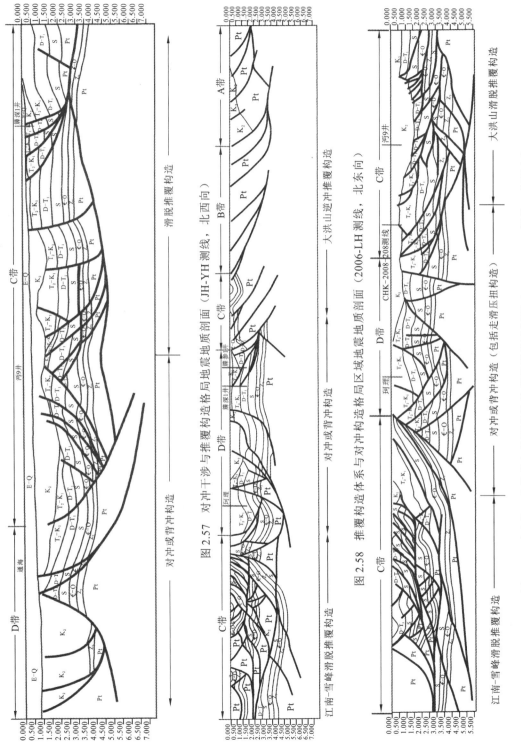

图 2.57　对冲干涉与推覆构造格局地震地质剖面（JH-YH 测线，北西向）

图 2.58　推覆构造体系对冲构造格局区域地震地质剖面（2006-LH 测线，北东向）

图 2.59　对冲带、走滑带与推覆构造体系地震地质剖面（JH-2002-356 测线，北西向）

2.4.2　构造组合与构造复合

复合构造表现为两种及两种以上的构造样式叠加在一起的复杂构造,既可以反映为相同应力环境下持续作用产生的不同构造的叠加,也可以表现为不同时期和阶段构造应力环境中产生的叠加构造,早在 20 世纪 60 年代李四光提出了复合构造的基本概念,特别是板块构造理论问世与大陆动力学兴起,复合构造在岩石圈中普遍存在,主要揭示了多期次多阶段构造变形特征。中扬子区中、古生界由于受北部板缘强烈造山运动的影响,复合构造样式极其普遍且多样,因此,分析和总结复合构造样式,有助于研究该区构造变形特征和变形过程,而且复合构造本身也揭示了构造控油的复杂性。

构造组合则是各类局部构造样式相互联合在一起,表现为在每一构造带中各个局部构造的相互关系,构造组合反映了在同一构造运动阶段不同构造单元里的变形特征,但相互关联和联系,由于板块构造理论和实践的深入,构造组合同样反映了不同构造运动期次构造形成的先后次序。这有助于研究构造形成的递进规律以及古构造区划和分布,分析各个油气地质要素的有效性。

工区海相中、古生界的构造组合与所处构造部位、挤压应力强弱、边界条件和介质条件有关,具有由造山带向盆内逐渐过渡的规律。

1. 滑脱推覆体系内构造组合和复合

1) 北部(大洪山)逆冲推覆前缘构造体系里的构造组合

工区北部秦岭-大别逆冲推覆前缘是以靠近造山带根部的深部基底内幕拆离面和志留系底面为主滑脱面共同作用形成的滑脱推覆构造体系。在推覆体的前锋部位,滑脱面抬升的转折点处(称为主拆离口),分叉形成多种构造样式,包括逆冲叠瓦构造、竹劈构造,在主滑脱面的下方形成反向构造,推覆体内部见到双重构造和背冲构造,其中以竹劈构造楔和逆冲叠瓦构造为主。整体来看,以造山根带向南西,主滑脱面由缓角度至高角度抬升切穿多层沉积岩,在白垩系底界面断层结束。推覆体内部同时发生强烈断裂褶曲,在推覆体前锋主断层下方多形成反向构造楔,前锋位置形成逆冲叠瓦构造,在主滑脱面抬升转折点处形成竹劈构造,在推覆体内部沿志留系内部滑脱面滑脱及强烈挤压断裂,形成双冲构造、背冲构造,志留系以上地层多重叠覆(图 2.60～图 2.70)。

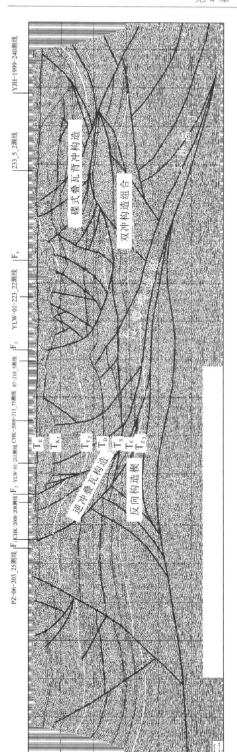

图 2.60　大洪山推覆体前缘构造组合（YLW-376 测线）

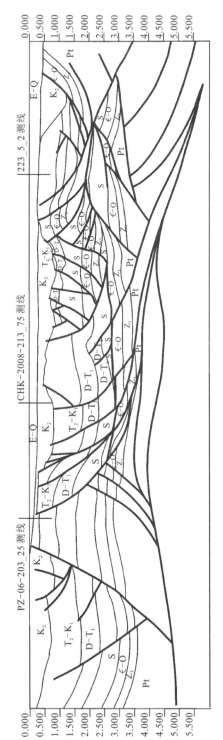

图 2.61　YLW-01-376 测线区域地震地质剖面（北西向）

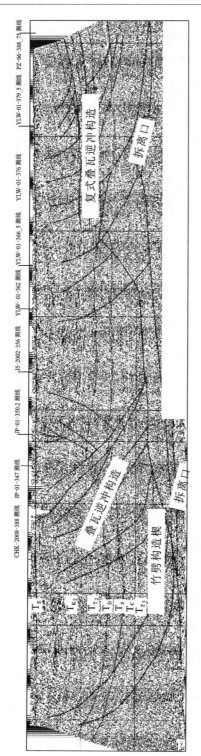

图 2.62 大洪山推覆体前缘构造组合（YLW-211 测线）

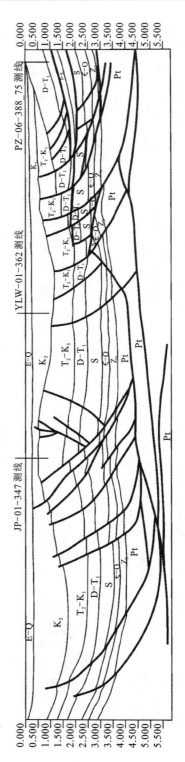

图 2.63 YLW-01-211 测线区域地震地质剖面（北东向）

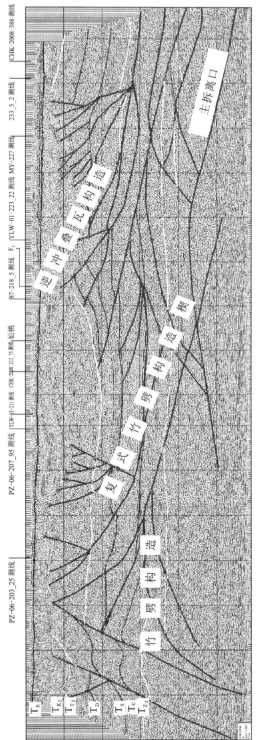

图 2.64　大洪山推覆体前缘构造组合（YLW-01-362 测线）

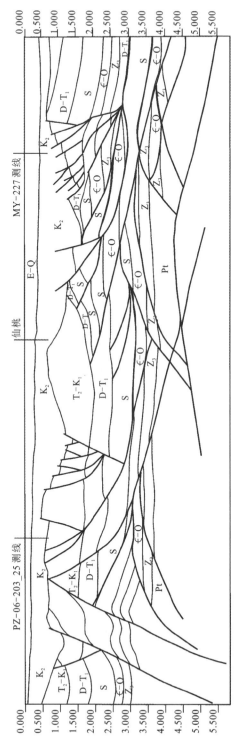

图 2.65　YLW-01-362 测线区域地震地质剖面（北西向）

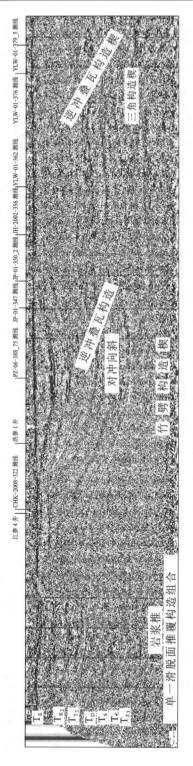

图 2.66　大洪山推覆体前缘构造组合（CHK 2008-213-75 测线）

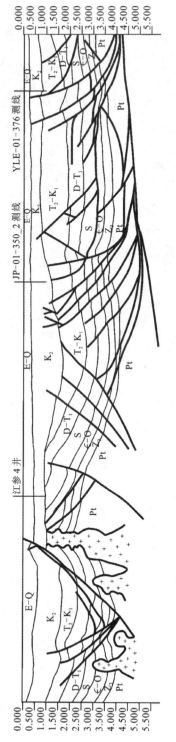

图 2.67　CHK-2008-213-75测线区域地震地质剖面（北东向）

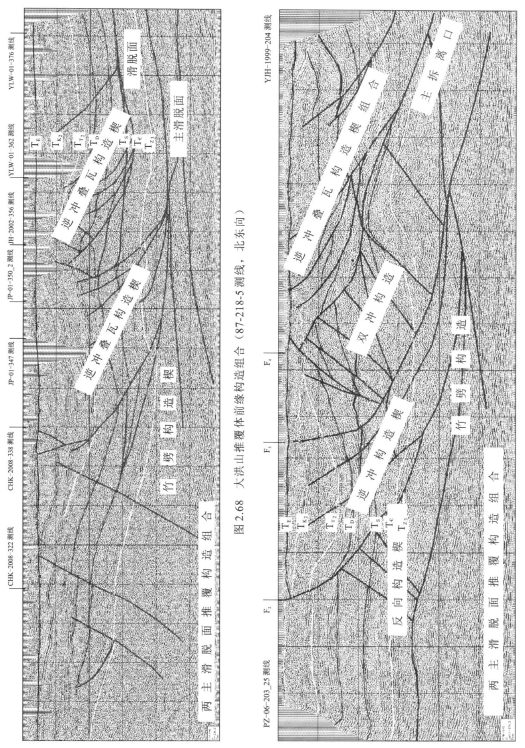

图 2.68 大洪山推覆体前缘构造组合（87-218-5 测线，北东向）

图 2.69 大洪山推覆体前缘构造组合（YLW-01-379-5 测线，北西向）

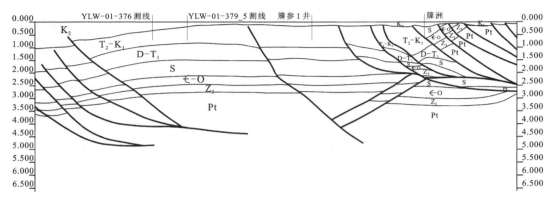

图 2.70　PZ-06-203-25 测线区域地震地质剖面(北东向)

　　总之,在北部推覆带的中带和锋带构造单元里,构造组合围绕着以浅变质岩基底为主拆离滑脱面、盖层多层滑脱的叠瓦构造-双重逆冲构造-竹劈构造-三角构造楔的组合,由北部山带向盆内递进构造变形,后缘叠瓦单冲演变为反冲碟式的构造复合,白垩纪中晚期构造负反转导致逆冲断裂回滑形成沉积层系上部多个张性正断层产生,构成阶梯式的鹿角构造再次复合。

2) 江南推覆构造体系里的构造组合

　　工区的南部江南推覆构造体系,以江南-雪峰造山根带向北东,主要以基底内幕拆离面和志留系内部滑脱面为主,推覆体内部受到强烈挤压褶曲形成,整体表现为志留系以上地层多层叠覆。沿基底内幕拆离面推覆体向北东方向推进,前锋端受对冲构造的阻挡,推覆体地层由低角度转为高角度抬升,前锋处主断层下方形成对冲构造,前锋处形成逆掩滑脱构造,在基底内幕滑脱面抬升的转折点处分叉出多条断层,形成逆掩构造楔。推覆体内部在志留系内部滑脱面作用下,形成三套志留系以上地层的叠加、褶曲,多见逆掩构造楔。在推覆体内部的两个志留系滑脱面见形成双重构造,推覆体内顶部滑脱层形成逆冲叠瓦构造。南部推覆体整体受多层滑脱面的影响,地层叠置重复,内部构造变形强烈,构造样式较多(图 2.71、图 2.72)。

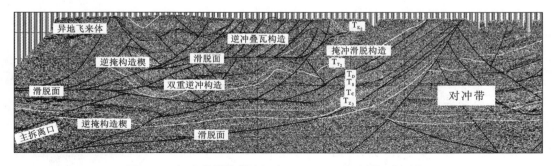

图 2.71　江南推覆体构造组合(JH-2006-356 测线,北西向)

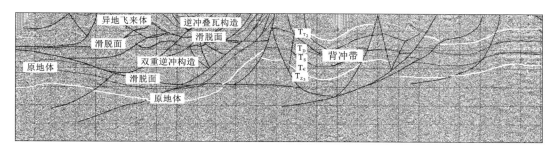

图 2.72　江南推覆体构造组合(2006-LH 测线,北东向)

总体而言,在江南滑脱推覆带中,构造组合围绕着基底滑脱面,分解成上部碟式构造和叠瓦构造-中部双重逆冲构造-下部叠瓦掩冲构造组合,后缘基底逆冲至地表,并携带有盖层断片(飞来峰)。上部构造组合早期为向北逆冲的叠瓦单冲构造,后产生反向逆冲形成了碟式构造,即为叠瓦-碟式构造复合;中部构造由于滑脱推挤产生的双重构造,后由于前断强烈仰冲,形成了双重逆冲-仰冲构造组合。江南推覆体中构造极其复杂,构造形成阶段及其演化过程需进一步深入研究。

2. 对冲构造带内各类构造组合和复合

南北推覆作用造成对冲带内表现为两种具有代表性的构造组合及其复合,一种以滑脱型为背景的构造组合,另一种为基底卷入型的构造组合。

1) 基底断滑-盖层对冲构造组合

在南北挤压推覆的前提下,沿基底浅变质岩滑脱面的断滑褶皱形成的宽缓背斜构造的基础上,北段竹劈构造-鹿角构造与南段单冲构造形成的构造组合,其中竹劈构造受单冲构造切割形成复合,构成了三角构造楔-鹿角构造-竹劈构造-单冲构造组合及其复合。

根据构造变形特征和应力作用的递进关系,两侧逆冲断裂构造形成时间稍早,断滑构造形成时间稍迟,最后,构造负反转导致正断裂产生归并至逆冲断层回滑形成上段的鹿角断裂构造(图 2.73)。

鹿角构造是由于在横弯褶皱的作用下,下部形成宽缓隆起(背斜),上部可以形成多种样式的挤压断裂构造,后期负反转致使中上白垩统裂陷产生阶梯式正断层收敛于早期逆冲断层之上共同回滑,形成类似"鹿角"构造(图 2.74)。

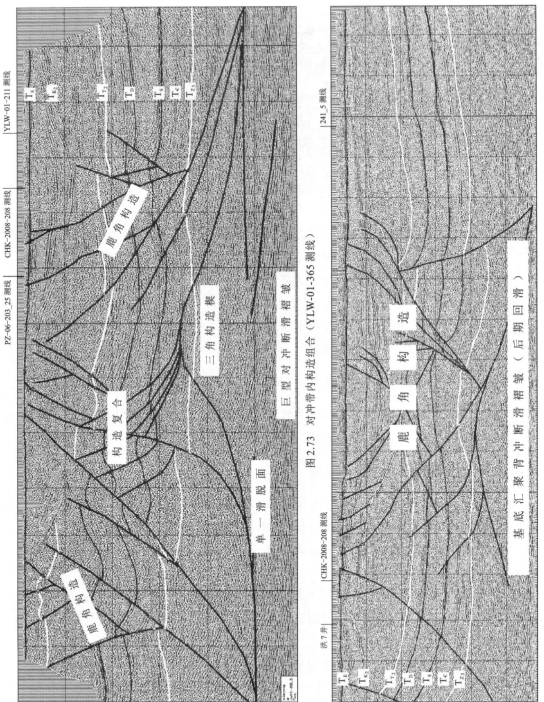

图 2.73　对冲带内构造组合（YLW-01-365 测线）

图 2.74　对冲带内构造组合（JP-01-347 测线）

2）基底卷入对冲与走滑压（张）扭构造组合

南北推覆体挤压形成对冲构造,在持续的挤压过程中,南北应力反向偏离产生走滑花状压扭构造,由于后期裂陷作用使早期左行压扭构造反转成张扭断裂构造,形成对冲-走滑花状构造组合。该类构造组合主要发育在对冲带与走滑带复合地区,即洪湖走滑断裂与对冲带复合地区。

3. 逆冲掩冲推覆形成的各类复合构造（逆冲-掩冲构造组合）

该构造组合主要分布于北部逆冲推覆后缘-造山带前端构造体系里。临近造山根带,该构造组合是由根带向前陆方向,由仰冲构造逐渐转换而成。由秦岭-大别造山向南西,断层角度逐渐平缓,受到前方反向断层的影响,由叠瓦推覆构造过渡到背冲构造,在叠瓦推覆体前缘产生竹劈构造,在反向断层的下方是一段顶面为志留系地层的原地体。在部分剖面上见到逆掩断层及滑脱面组合,见到叠瓦逆冲构造、三角构造等。

PZ-06-388-75 剖面揭示,早期形成两组叠瓦冲断构造,后由于持续挤压作用反向逆冲将早期叠瓦构造部分切割形成复式背冲构造,并且相互连接在一起形成的构造组合（图 2.75）。上段反冲断层在中上白垩统为控盆断裂。

PZ-06-402 剖面揭示,随着持续挤压作用由北向南产生挤压构造,早期形成单断逆冲叠瓦构造,后前端产生竹劈构造,进而沿泥盆系底滑脱推覆将前端冲断构造切割,形成叠瓦单断逆冲-竹劈-滑脱构造组合及其复合（图 2.76）。

233.5-2 剖面揭示,以基底滑脱面为界分为上下两套构造组合,下部为掩冲构造,上部为叠瓦单冲构造,后受沿泥盆系底反向逆冲形成了叠瓦-三角构造组合,并且滑脱面切割前期形成的叠瓦构造（图 2.77、图 2.78）。

掩冲构造分布在工区东北部,处于大洪山推覆体逆冲带（B 带）,由于强烈挤压作用沉积盖层反向滑脱造成的隐伏构造。

逆冲/掩冲推覆形成的各类复合构造主要分布在北部推覆体的后缘根带附近,构成了以上下两组构造为主经改造复合的构造组合。

4. 冲断褶皱构造与岩浆岩侵入的复合构造

该复合构造主要分布在南北推覆体中主干逆冲断裂构造,与白垩纪早起岩浆岩刺穿和隐刺穿构造复合。

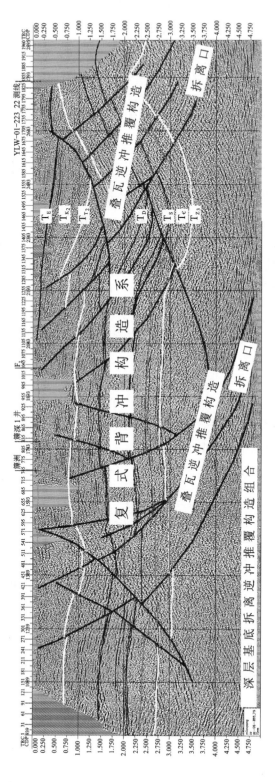

图 2.75 逆掩冲根带各类构造组合与复合（PZ-06-388-75 测线）

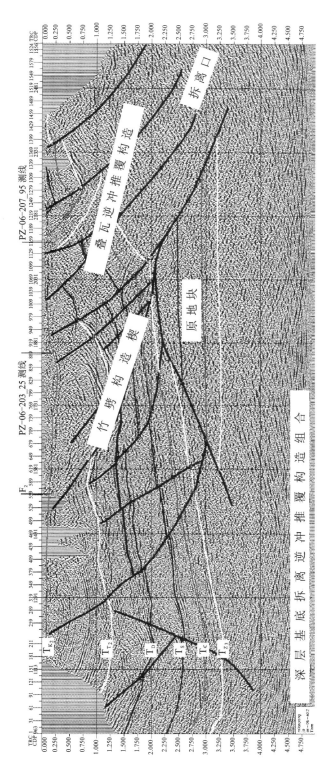

图 2.76　逆掩冲根带各类构造组合与复合（PZ-06-402 测线）

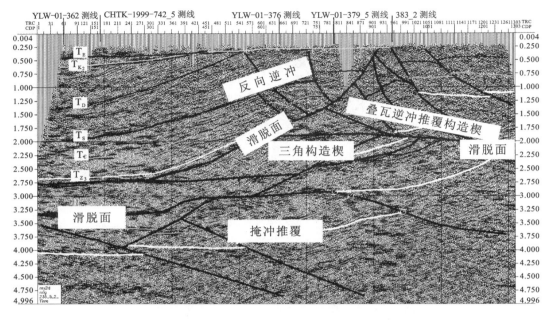

图 2.77　逆掩冲根带各类构造组合与复合(233.5-2 测线)

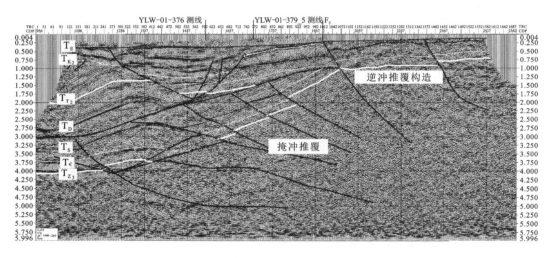

图 2.78　YJH-1999-240 测线地震剖面

2.4.3　构造组合与复合的类型

工区构造组合与复合的构造样式极为丰富多样,反映了由于经历了多期构造应力场的变化特征,尤其是燕山期强烈的持续的挤压运动的特点,根据局部构造类型和变形特征,可以归纳为七种构造组合与复合类型(表 2.6)。

表 2.6 工区海相中、古生界复合构造类型表

主要类型	组合成因	实例
继承性挤压复合构造	同向复合/组合	南北推覆体中带
	反向复合/组合	南北推覆体后缘和根带
	交叉复合	对冲构造带
	上下复合	南北推覆体根带、中带后缘
挤压-走滑复合	斜向复合/组合	洪湖走滑构造与对冲带叠合
走滑-挤压复合	斜向复合/组合	洪湖走滑构造与推覆体叠合
拉张-挤压复合	反向复合/组合	通海口正断裂与挤压构造叠合
挤压-拉张复合	反向复合	各个主干逆冲断裂与正断层回滑地区
挤压-横弯褶皱复合	垂向复合	岩浆岩与挤压构造地区
横弯褶皱-拉张复合	垂向复合	岩浆岩与断陷区

继承性挤压复合构造主要为燕山运动期南北强烈的持续挤压作用,由造山带向盆内逐渐不断变形产生的以挤压作用为主的各类构造样式,其复合构造的形成期也是由造山带逐渐向盆内由老变新,主应力为同向或反向形成的复合构造组合;挤压-走滑复合是随着南北持续挤压后期,由于南北主应力反向为斜向,在对冲带范围逐渐变小,且南北推覆构造相互作用形成的锋带前缘挤压-左行压扭构造组合;而走滑-挤压复合则表现为其后的左行走滑形成的压扭构造,两者之间存在着走滑形成先后而构造存在着微小的差异而导致性质有所不同;拉张-挤压复合类型在工区则表现得极其普遍,为燕山期构造体制变革的结果,早期的挤压构造后负反转为正断裂构造的复合,为应力方向也产生反向的结果;挤压-横弯褶皱复合则表现为燕山早中期的挤压构造,后由岩浆岩刺穿或隐刺穿作用改造,其应力方向由水平挤压转变为垂向作用,横弯褶皱-拉张复合则表现为岩浆侵入后在其周缘形成的张性构造,其应力反向垂直。

上述复合构造类型的主要形成期次存在着差别,继承性挤压复合构造主要形成期为燕山早中期,挤压-走滑复合与走滑-挤压复合为燕山中期,挤压-横弯褶皱和横弯褶皱-拉张复合为燕山中晚期,挤压-拉张复合为燕山晚期,喜马拉雅构造运动使上述复合构造基本定型。

2.5 局部构造展布规律

江汉平原东部海相中、古生界局部构造展布主要是受南、北向对冲式逆冲推覆构造格局的控制,构造展布复杂而有序,主要表现为形成时期上的分时性,空间展布上的分带性及构造变形程度上的分区性。

2.5.1　局部构造形成时期上的分时性

印支期区域构造以隆升为主,从临黄等地震大剖面的构造发育史分析印支期区域构造总体表现为强度不大的挤压,产生幅度低、变形弱的褶皱,形成了宽缓隆凹相间的构造格局。江汉平原区发育了黄陵、钟祥-潜江及洪湖等古隆起,鄂西渝东区发育了开江、泸州、石柱等古隆起,并基本奠定了现今构造格局的雏形。古隆起之上上三叠统与下伏地层呈假整合或微角度不整合接触,如位于钟祥-潜江古隆起之上的夏 3 井上三叠统与下伏下三叠统嘉陵江组呈微角度不整合接触,缺失中三叠统巴东组及嘉陵江组部分地层。由于印支期是志留系、二叠系烃源岩的生油高峰期,因此该期古隆起对油气的运移、聚集具有重要的控制作用。

燕山早期为本区海相局部构造的主要形成期。由于南北造山带的强烈活动,中扬子区产生了强烈的对冲式挤压作用,使侏罗系及以下地层整体褶皱,奠定了研究区北部北西向、南部南东向-北东向挤压型褶皱构造的格架,形成了北部秦岭-大别推覆构造和南部江南-雪峰滑脱推覆构造两大弧形构造体系。

在东部江汉平原区,挤压对冲作用强烈,断层相关褶皱发育,形成了南北靠近造山带强烈挤压、逆冲推覆,中部对冲干涉、冲断褶皱的区域构造面貌。在西部湘鄂西区,则形成了以北东向展布为主的(似)隔槽式弧形冲断褶皱体系,区域上表现为复向斜和复背斜相间排列的构造面貌。

早燕山末期由于南北持续挤压冲断作用,工区的南北挤压推覆体间产生了左行压扭构造系,对早期的对冲构造体制产生改造作用。

燕山中期火山活动对工区的南北推覆体系产生改造,主要分布于工区南北部,具有北东向展布的特点。

燕山晚期—喜马拉雅期为转换型构造样式和断块构造形成的主要时期,也是局部构造重要的改造期。此期构造应力场以引张型为主,在这种构造背景下,该工区形成了一系列张性构造和负反转构造,形成了多种伸展改造构造样式,向北西伸展作用逐渐减弱,仅发育若干小型白垩纪—新近纪断陷盆地。

喜马拉雅末期,研究区又经历了一期挤压为主的构造运动,使原已形成的张裂构造再次发生反转,形成了正反转构造,但影响相对较弱,区域有限。

结合板块构造演化、区域构造格架及局部构造展布规律,燕山早期强烈的挤压冲断褶皱作用在中扬子区表现为多个构造幕次,江汉平原东部地区构造形成时间为南部早、北部略晚,北部挤压变形强烈、南部变形较弱。大致可划分出以下几个大的构造期次。

(1)早期南部江南-雪峰滑脱推覆构造发育阶段(图 2.68 南部)。太平洋板块向北东方向的漂移和俯冲作用,使工区西南部首先发生强烈的褶皱变形,板块俯冲初期应力方向主要为南西-北东向,形成工区西南部南东向的构造线。

(2)北部秦岭-大别推覆构造发育阶段(图 2.68 北部)。随着华南、华北板块的碰撞,东秦岭-大别造山并产生由北东指向南西的挤压应力,由于此时南部弧形构造体系已具雏形,因此来自北东方向的挤压应力在向前传递过程中,受到了南部弧形构造的阻挡,在对先成构造进行强烈改造破坏的同时,产生了沿南部弧形构造前缘的走滑逸逃,形成了现今所见的工区北部秦岭-大别推覆构造。

　（3）随着太平洋板块继续俯冲,其漂移方向也逐渐转为北西向,中扬子区挤压应力也由早期的北东向转为南东—北西向太平洋板块继续俯冲,在工区南西部形成北东向的构造线。燕山晚期—喜马拉雅期,应力反转所形成的反转构造,主要对该阶段板块俯冲后期形成的北东向断层的作用,形成断陷。

2.5.2　局部构造空间展布上的分带性

　根据区域应力场特征及现今局部构造的展布规律,可将研究区局部构造分为北东向挤压构造带、北西向挤压及负反转构造带两个次级构造带（图 2.79）。

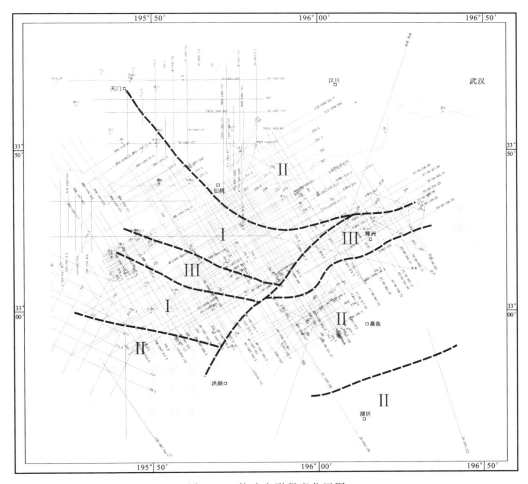

图 2.79　构造变形程度分区图
I. 张性断裂带；II. 挤压推覆构造带；III. 干涉带

1. 北东向弧形挤压构造带

北东向弧形挤压构造带为主要分布于南部江南-雪峰运动早期形成的滑脱推覆构造带,以及秦岭-大别南部的推覆构造带,构造变形程度由造山带向中部逐渐减弱,形成对冲或背冲构造带,构造线均沿北东向。

2. 北西向的挤压及负反转构造带

北西向的挤压及负反转构造带主要分布于工区东南部,形成于太平洋板块俯冲应力转换,为北西向阶段形成,燕山晚期—喜马拉雅期北西向的张性作用,使得该构造带出现负反转断陷。

2.5.3　局部构造变形程度上的分区性

由于各地区构造发展过程中应力大小、方向及地层岩性的变化,其变形程度也随之变化,从变形程度上可将本区分为强烈拉张改造区、强烈褶皱区、相对稳定区(图2.69)。

(1)强烈拉张改造区(I区):主要发育一些北东向小型白垩纪—新近纪断陷盆地的断陷区,该工区内的断陷主要是在先成的逆冲断层上北西向张力作用形成的负反转构造,向北西伸展作用逐渐减弱。并且主要为陆相沉积发育的断陷区,如潜江凹陷、江陵凹陷等,其海相地层埋藏深,生油岩成熟度高,后期改造破坏严重,难以形成有效圈闭。同时海相地层地震资料品质较差,也影响了该区圈闭的识别。

(2)强烈褶皱区(II区):此类地区主要有秦岭-大别推覆构造带、江南-雪峰滑脱推覆构造带及大冶强对冲带。强烈褶皱区靠近造山带,构造变形强烈,局部构造多属紧闭型倒转褶皱,很难形成圈闭。但值得注意的是,洪湖-通山前陆冲断带东部崇阳-通山逆冲推覆构造带下盘"原地体"上的隐伏构造,由于逆冲席体在滑移过程中,"原地体"均匀缩短变形,因而可形成宽缓的背斜构造。

(3)相对稳定区(III区):主要是指早期压性构造环境下,隆升幅度适中,褶皱强度较弱,在晚期张性构造环境下改造程度较小,以整体沉降为主,处于相对稳定的地区,如仙桃干涉断褶带东部的簰洲-珂理构造带、大洪山弧形构造带西南部当阳滑脱褶皱带等。

总的来看,江汉平原区的构造变形具有东强西弱的特点,簰洲-珂理构造带位于平原区东部,构造变形相对较弱,究其原因,可能是北部的逆冲推覆构造向南逆冲的过程中,受到洪湖—湘阴断裂左行转换的调整,导致断裂以西地区整体向南滑移。

第3章 构造形成与演化

　　根据构造动力学、构造运动学及其盆山耦合变形规律,江汉平原东部海相中、古生界构造形成演化与东秦岭-大别造山带和江南弧形构造带构造演化有关,本区构造自中生代印支期以来在中扬子板块北缘被动陆缘基础上形成和发展起来的,并在印支期—燕山早期强烈挤压运动下使工区内部形成了南北对冲的构造格局,后经过了中晚燕山期拉张和喜马拉雅期挤压远源构造运动两次构造反转的改造而最终定型。

　　关于东秦岭-大别造山带、江南-雪峰造山带形成的研究已有70年时间,取得了极其丰厚的成果和认识,这些认识有利于对工区地震构造模式的建立、构造形成与演化的深入研究,反之,解释的成果也可以帮助进一步研究中扬子区构造并产生深入认识。

3.1　区域构造演化背景

　　中扬子地区处于东秦岭-大别造山带与江南弧形构造带之间,而江汉平原东部自印支期以来由于受到多种应力场作用和多边界条件的限制,区域构造演化具有构造应力场的多重性、构造活动的多期性、构造变形的多层次性等特点。

3.1.1　区域构造演化阶段

　　碰撞造山带是板块边缘长期发展、演化的结果。研究它的地质演化过程对于揭示其两侧大陆板块的形成和发展具有重要的理论意义和实用价值。江汉盆地位于中扬子地区东北部、东秦岭-大别造山带的南缘,江南-雪峰造山带的北缘。中生代以来,江南-雪峰造山带向西北方向扩展,对江汉平原地区产生自南东向北西方向的挤压应力,秦岭-大别造山带对江汉平原地区产生自北东向南西方向的挤压作用,同时黄陵隆起和神农架隆起产生阻挡作用,后期江汉平原地区又受太平洋板块向欧亚板块的俯冲而产生的拉张作用,以及印度板块与欧亚板块碰撞产生的挤压作用,这样多种应力的联合,加上多期构造运动的叠加,在江汉平原地区及其邻区产生了复杂而独特的构造面貌。东秦岭-大别和江南-雪峰两边碰撞造山带的构造演化特征对于本区的盆地具有一定的控制作用。

3.1.2　东秦岭-大别造山带

　　根据吴利仁等(1998)对于东秦岭-大别碰撞造山带的岩石组合、原岩建造、构造特征、岩浆岩、同位素地质及地球物理资料的综合分析研究,将该碰撞造山带大致分为五个地质演化阶段(图3.1)。

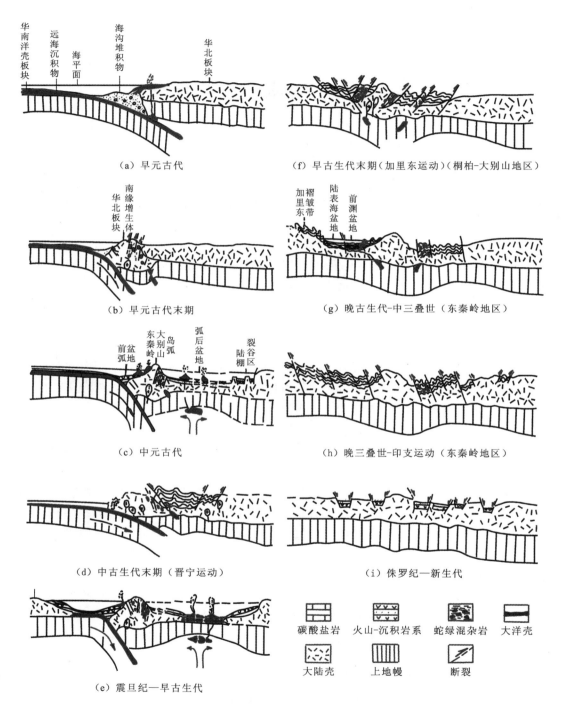

图 3.1　东秦岭-大别碰撞造山带的大地构造演化历史示意剖面(吴利仁等,1998)

1. 吕梁期核部结晶基底形成阶段

汇聚消减阶段[图 3.1(a)]，加里东期碰撞作用之前，华北和扬子两大板块被洋壳海域分隔。阜平运动之后至早元古代初期，华南大洋板块已向华北陆块南部大陆边缘消减。在深海沟、前弧盆地和岛弧区发育了一套火山岩在海沟间堆积。随着洋壳继续向北俯冲和消减沉积了一套巨厚的复理石建造。

板缘增生阶段[图 3.1(b)]，吕梁运动时期，造山带核部结晶岩系的变形变质和构造混杂作用。核部结晶岩系中混杂有部分太古宙杂岩，共同构成华北古陆南缘增生体。古陆块边缘的增生是初始地幔热对流作用、岩浆作用、沉积作用和构造变质作用的综合结果，为全球发生的一次重要的构造热事件。

2. 晋宁期陆缘增生造山阶段

华南洋壳俯冲，华北陆壳裂解阶段[图 3.1(c)]，中元古代，华南海域大洋板块在华北古陆缘南部增生体南侧继续向北俯冲消减。东秦岭-大别造山带与华北板块之间，华北板块增生体或连同部分古老结晶基底被裂解、拉开、向南漂离，形成东秦岭-桐柏-大别山古岛弧，在华北板块南缘陆架区，发育一套大陆裂谷环境的火山-沉积岩建造。

汇聚对接，变质褶皱阶段[图 3.1(d)]，晋宁运动时期，华南海域洋壳板块沿东秦岭-桐柏-大别山古岛弧南缘向北俯冲加剧。对华北板块南部边缘及其陆缘区产生了强大的水平挤压作用，使弧后盆地闭合、裂谷消亡，地层发生变质作用并褶皱变形而隆起，也构成东秦岭-大别造山带早期群的褶皱基底，成为华北板块南部大陆边缘晋宁期陆缘增生造山带。综上所述，在东秦岭地区，早古生代的洋壳俯冲最终导致华北板块和扬子板块大陆边缘汇聚对接，并发生相应于该期的岩浆活动和变质作用。

3. 加里东期陆壳对接与碰撞作用阶段

再次俯冲阶段[图 3.1(e)]，晋宁运动之后，华南海域大洋板块在东秦岭-桐柏-大别山古岛弧南侧再一次向北俯冲。洋壳俯冲作用使古岛弧北侧拉张形成断陷，加里东期板块的俯冲作用，在东秦岭-桐柏-大别山古岛弧区产生强烈而广泛的岩浆活动。与中元古代类似。震旦纪早期，扬子板块北部沉积了一套随县群杂岩；晚期为沉陷构造环境，沉积了一套陡山沱组和灯影组的碎屑岩和碳酸盐岩建造。

陆陆碰撞阶段[图 3.1(f)]，早古生代末期是东秦岭-大别造山带发展史上一个重大转折时期。在桐柏-大别山古岛弧南侧，大洋板块沿应山—广济深断裂带(指从应山经黄陂至广济一段断裂)一线消减殆尽，志留纪末期扬子板块北部大陆边缘与桐柏-大别山古岛弧首先发生强烈碰撞，与此同时，古岛弧北侧的弧后盆地开始闭合，扬子板块北部大陆边缘南段褶皱隆起，但并未产生地形上的碰撞造山。

4. 海西期—燕山早期陆内挤压收缩和造山作用阶段

挤压收缩阶段[图 3.1(g)],加里东运动残存的前渊盆地和陆表海盆地,自泥盆纪开始至三叠纪早中期扬子北部边缘伴随陆内的挤压收缩,不断地萎缩、变浅。

陆内造山阶段[图 3.1(h)],三叠纪晚期发生强烈的印支期造山运动,使上古生界、三叠系地层褶皱隆起,产生大量花岗岩体,完成了整个东秦岭的造山作用,自此,东秦岭和桐柏大别山成为统一的造山带,为陆内造山(不存在中生代蛇绿混杂岩)。

印支期,受华北与扬子地块的拼合后,东秦岭和桐柏大别山成为统一的造山带,向扬子地块内部逐渐减弱转化隆拗相间,地块内未造山的特点,以造山带-碰撞前陆盆地向克拉通过渡,扬子板块形成南北两大弧形构造体系雏形(图 3.2)。

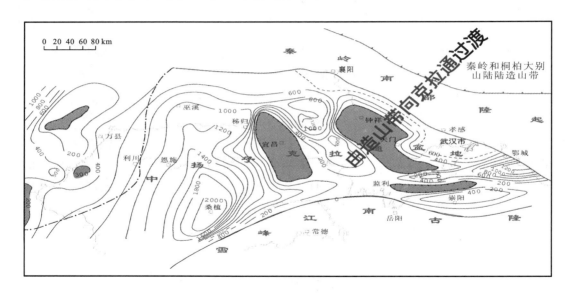

图 3.2　中扬子区及周缘上三叠统古构造平面图(刘云生等,2004)

燕山早期,秦岭-大别造山带与江南-雪峰造山带斜向对冲挤压构造环境,并受郯庐断裂、黄陵隆起等边界作用影响,扬子板内强烈挤压产生断褶及滑脱,形成南、北两个弧形推覆构造体系,奠定了本区中、古生界南北挤压、北东走滑压扭、对冲干涉构造格局。为各类挤压局部构造主要形成期。

江汉平原北部形成了走向北西—东西、向南西凸出的大洪山弧形构造带,平原中部仙桃—宜昌一带,处于南北弧形体系相互影响的干涉带,构造相对稳定,变形程度相对较弱(图 3.3)。

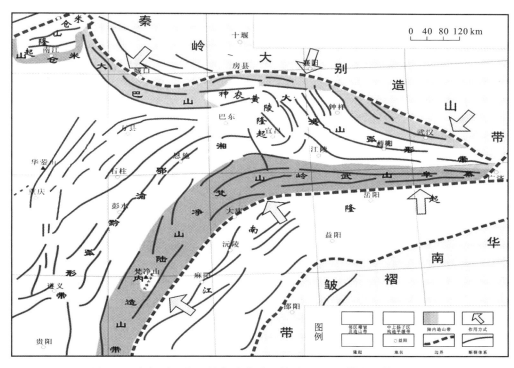

图 3.3　中扬子区燕山早期陆内造山构造纲要图(付宜兴等,2008)

5. 燕山期—喜马拉雅期强烈构造岩浆活动和断陷盆地发育阶段

印支运动之后至燕山初期,东秦岭-大别造山带已成为统一的造山带,自此华北与华南连成一体,整个中国东部大陆地壳的演化进入一个新的历史发展阶段。在两种深、浅层次力学机制共同联合作用下,形成了一系列北西—北西西向陆相断陷盆地(图 3.4),并伴随强烈广泛的岩浆活动。中生代燕山期整个造山带的演化是受深断裂控制下的块断运动,断块的离合伴随深断裂的拉张和挤压交替进行。

燕山期—喜马拉雅早期,中扬子以伸展断陷和块断掀斜作用为主,为中、古生界构造发生叠加改造的主要时期。

燕山晚期岩浆岩在江汉盆地内部及周缘广泛分布,形成时代多为 130～120 Ma,这是中国东部构造体制由挤压-伸展转换的标志。

燕山晚期构造负反转,以伸展断陷和走滑块断作用为主,为中、古生界局部构造的主要改造期。拉张改造由东往西逐渐减弱,早期部分逆冲断层受势能及重力作用而回滑,形成控盆断裂;东部形成系列白垩系—新近系箕状断陷,湘鄂西地区也受到不同程度的影响,形成了系列张性断层和山间断陷盆地,齐岳山以西的地区影响较弱。

印支期—燕山早期形成的逆冲断裂系和走滑断裂对白垩纪—新近纪箕状断陷产生了重要的影响,其表现形式体现在以下几个方面(图 3.5)。

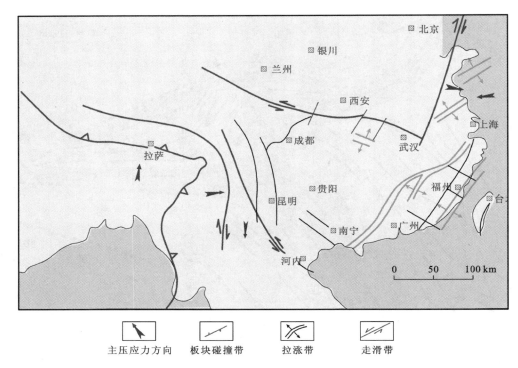

图 3.4　中国南方燕山晚期—喜马拉雅早期构造动力背景示意图(陈焕疆等,1986)

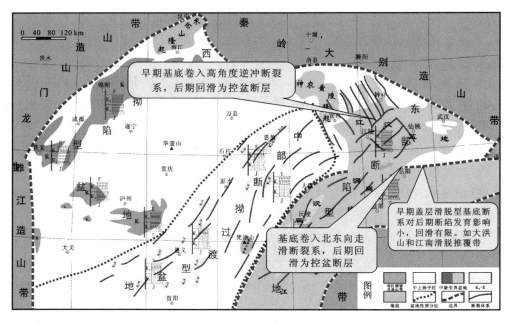

图 3.5　中扬子区燕山晚期盆山体系图(付宜兴等,2008)

（1）基底卷入型逆冲断层倾角大，往往缺少浅层滑脱面，古生界推覆较高，则势能大，重力回滑幅度较大，往往成为后期控盆断层。

（2）滑脱推覆构造断层倾角小，且多套盖层滑脱面，古生界推覆较低，回滑势能有限，断裂难以回滑，不能构成后期控盆断层。

（3）由于江汉盆地东段北东向走滑断裂多为基底卷入型，后期回滑同样成为控盆断层。

喜马拉雅晚期，由于印度板块对欧亚板块碰撞源远效应，构造正反转，总体表现为隆升挤压，盆缘早期大型逆冲断裂再次活化，盆内变形较弱，仅形成部分小型逆断层。

3.1.3　江南-雪峰构造带的演化

江南-雪峰构造带是扬子地块与华夏地块之间的大型陆内构造变形系统。这一陆内变形构造系统占据中上扬子范围的 2/3 面积，北至造山带与扬子克拉通的交接转换带，东到华南复合陆内造山带西侧，南和西南为紫罗北西向走滑旋转构造转换带所截，西北达华蓥山逆冲带，乃至川中西侧的龙泉山逆冲带。

江南-雪峰整体地表结构呈现为空间弧形展布，剖面呈不对称扇形向外逆冲叠置的构造几何学模式。江南-雪峰陆内变形构造系统以中上元古界变质基底的扇形背冲隆升构造带为核心。呈指向西北的弧形，并穿时的双指向的向外平行不对称扩展，形成系列不同构造组合与样式的并列弧形构造带，综合构成统一的陆内变形构造系统。在其西北侧，由东向西依次是核部元古界基底隆升构造带—元古界为核的穿窿群断褶带—湘鄂西隔槽式断褶带—川东隔挡式断褶带—华蓥山逆冲断褶带等。江南-雪峰深层呈现出与浅表不一致的构造特点，江南构造带与雪峰构造带深层结构也不一致。

江南-雪峰构造带经历了四个阶段的演化：①Rodinia 古陆形成阶段：扬子与华夏地块拼合，850～409 Ma；②Rodinia 古陆裂解与聚敛阶段，江南-雪峰带裂陷（南华纪—中奥陶世）与陆内前陆盆地（晚奥陶世—志留纪），409～208 Ma；③扬子克拉通内拗陷与边缘拗陷发育阶段，208～0 Ma；④盆、山演化与强烈改造阶段（图 3.6）。

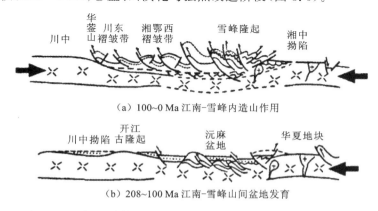

图 3.6　江南-雪峰构造带及周缘构造演化模式图（何登发等，2007）

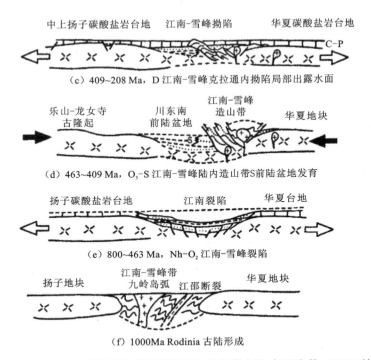

图 3.6　江南–雪峰构造带及周缘构造演化模式图(何登发等,2007)(续)

1. 江南–雪峰构造带的形成与演化

1) Rodinia 古陆形成阶段:扬子与华夏地块拼合

扬子地块与华夏地块在前寒武纪期间的拼合时间在江南–雪峰构造带的西南缘表现得不清晰,但是在江南造山带的东段与中段表现得较明显。在湖南益阳冷家溪群、桂北的四堡群和贵州的梵净山群中均已找到枕状构造完美的基性熔岩(Wang et al.,2004),在冷家溪群地层中还找到高度亏损的 N-MORB(周金城等,2003,2008)。在赣东北弋阳经德兴至婺源的断裂沿线发育新元古代蛇绿混杂岩、大洋斜长花岗岩和高压变质蓝片岩,对其中的蓝片岩的年龄测试结果为 866 ± 14 Ma(舒良树等,1993),它实际上是洋壳深俯冲的产物。这些都说明江南造山带的东段在 866 Ma 之前发生过洋壳的俯冲作用,866 Ma 时扬子地块与华夏地块碰撞。近年来,在黔桂边境地区中元古界四堡群绿片岩相变质岩中已经发现高压变质矿物多硅白云母,说明该地区在中元古代末期也发生过板块拼合(曾昭光等,2005)。近年来利用 SHRIMP 和 La-ICP-MS 锆石 U-Pb 法及其他新的定年方法已获得的定年结果表明,扬子板块与华夏板块的拼合发生在 870～820 Ma 或 850 Ma 之后(周金城等,2008)。新元古代期间扬子板块与华夏板块的碰撞拼合过程是 Rodinia 古陆形成过程的一部分。

新元古代期间华夏板块与扬子板块之间的俯冲碰撞带,从皖南开始,经过赣东北、湘北、湘中、黔桂交界,一直延伸到滇东一带,即所谓的江南俯冲-碰撞带。在皖南-赣东北,该带表现为陆陆碰撞的特征,发育高压变质岩——蓝片岩;赣北—湘北为近东西走向的俯冲带,发育蛇绿混杂岩带,未见高压变质岩;湘中、滇东地段,表现为左行走滑断层;黔南、桂北,具有陆陆碰撞特征,发育黔桂交界处四堡群中的高压变质矿物——多硅白云母。

2) 青白口纪晚期—志留纪:Rodinia 古陆裂解与聚敛阶段

江南-雪峰带裂陷沉降(青白口纪晚期—中奥陶世)与隆升剥蚀(晚奥陶世—志留纪)。青白口纪晚期—中奥陶世江南-雪峰带西南缘处于伸展裂陷环境,晚奥陶世—志留纪挤压抬升并遭受剥蚀,构成了一个伸展聚敛旋回。新元古代江南-雪峰构造带第一次发生大规模隆升,此时形成江南-雪峰陆内隆起。

(1) 青白口纪晚期—震旦纪(820~680 Ma)江南-雪峰裂陷盆地。850 Ma 以来,在造山后伸展背景下 Rodinia 古陆发生裂解,在江南造山带及邻区发育 823~779 Ma 的 S 型花岗岩(Li et al.,2003)。处于扬子陆块内部的江南-雪峰带,由于本身地壳结构的不稳定性,易于发生裂陷。新元古代青白口纪晚期。北北东向(现位)张剪性断裂开始活动,这也是江南-雪峰带发生裂陷作用的一个反映。

(2) 震旦纪—中奥陶世:江南-雪峰拗陷盆地。震旦纪—中奥陶世,在区域伸展背景下,研究区沉积面貌表现为扬子克拉通碳酸盐岩台地和江南-雪峰欠补偿深海泥页岩盆地。随着伸展程度的加大,江南-雪峰裂陷盆地向拗陷盆地方向演化。

(3) 晚奥陶世—志留纪:研究区东部的褶皱变形与西部的隆升剥蚀。晚奥陶世—早志留世,受周缘地块拼贴的影响,Rodinia 古陆的裂解受到了抑制,地块内部的挤压事件发生。震旦纪—中奥陶世的江南-雪峰拗陷盆地在晚奥陶世—志留纪的挤压背景下隆升成为地势较高的陆块,出现江南-雪峰陆内隆起带雏形(见图 3.7)。

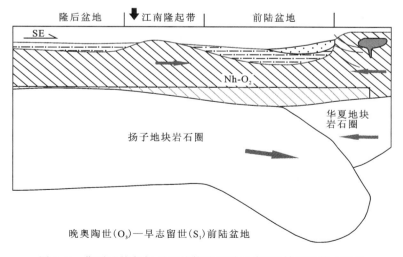

晚奥陶世(O_3)—早志留世(S_1)前陆盆地

图 3.7　华夏地块与扬子地块构造运动示意图(付宜兴等,2008)

中晚志留世的加里东造山运动导致江南-雪峰构造带及华南广大地区隆起,江南-雪峰构造带及南侧的华夏地块下古生界遭受强烈剥蚀、褶皱、低变质与岩浆侵入。

加里东期:华夏地块与扬子地块拼合,形成华南褶皱造山带,其强度由南东向北西逐渐减弱。华南造山带的形成及江南隆起早志留世中、晚期的崛起,使中扬子地区成为较稳定的隆后盆地(如图 3.8)。

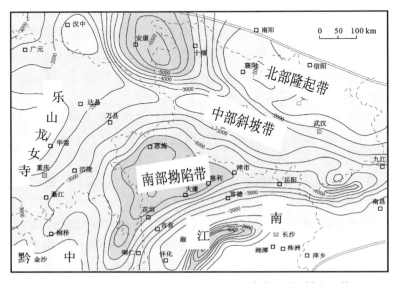

图 3.8　加里东期(泥盆系沉积前)震旦系顶面古构造图(付宜兴等,2008)

图 3.9 以中上泥盆统与下古生界之间的角度不整合区域表示了这一挤压事件(加里东运动)的影响范围。首先是晚奥陶世末的构造事件,涉及闽粤大部分地区和赣中南、湘东南及桂东北地区,是广泛而强烈的一次构造运动,对江南-雪峰带影响较小,表现为奥陶纪末的短暂上升;其次是发生于中志留世末的构造事件,涉及湘中南、赣西和桂东北等地,这次构造事件对江南-雪峰带的影响最大,也就是这次运动形成了"江南古陆"或"江南隆起带",在此之前隆起带并不明显;最后是晚志留世末的构造事件(也称为广西运动),主要涉及广西境内及相邻地区。广西运动的起因很可能是云开地块和桂滇地块在寒武纪末—早奥陶世初汇聚的结果(吴浩若,2002)。这三次构造运动在空间上形成了不同时期的构造变形域。该期挤压事件主要发生在华夏地块内部和扬子地块的东南缘。

3) 泥盆纪—三叠纪:扬子克拉通内拗陷与北西向紫云-罗甸-南丹裂陷槽叠加演化阶段

从泥盆纪开始,上扬子地块南部开始遭受从南向北扩展的海侵作用,扬子地块整体表现为拗陷发展过程。但在威宁—水城—紫云—罗甸—南丹—河池一带发育一个裂陷槽,该裂陷槽在泥盆纪—石炭纪大幅度沉积,沉积了滞水相的细碎屑岩(浊积岩),在裂陷槽的边缘局部形成了礁灰岩。

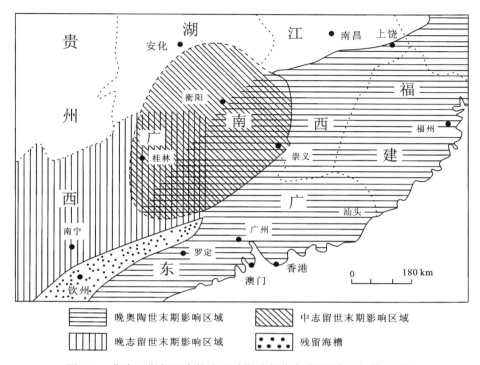

图 3.9　华南三期加里东构造运动影响与分布范围(袁正新等,1997)

（1）泥盆纪紫云-罗甸-南丹裂陷槽拉张和其他地区的拗陷。自泥盆纪始,紫云-罗甸-南丹地区泥盆系发育了以中泥盆统罗富组为代表的槽地相黑色泥页岩、含放射虫硅质岩夹浊积岩,在与罗富组同时代的纳标组中发育有多种生物礁。此时的江南-雪峰地区基本为近海低山与丘陵地貌,其他地区为陆内拗陷环境。

（2）石炭纪——二叠纪克拉通内碳酸盐岩台地。石炭纪,华南地区的构造-沉积格局较为稳定,广泛沉积了台地相碳酸盐岩、少量的台盆相或斜坡相深水碳酸盐岩与泥质岩,在黎平县城一带可以见到上石炭统黄龙组台地相灰岩在前寒武系浅变质岩之上。紫云-罗甸-南丹裂陷槽在石炭纪时仍有活动,但是由于泥盆纪的充填作用,裂陷槽内与周围地区的水深差异逐渐变小,在裂陷槽内沉积了厚度较大的细碎屑岩。此时的江南-雪峰地区表现为线形海岸带-水下隆起带。

早二叠世是中国南方最大海侵期,包括研究区在内的中国南方几乎全部为海相碳酸盐岩沉积区,总体为向南倾斜的巨型碳酸盐岩缓坡与台地,岩性、岩相和生物群比较单一,主要为浅海台地相含燧石结核的灰岩夹泥岩,厚度较稳定。此时的江南-雪峰地区为水下隆起并分隔南、北两大沉积区。

（3）早中三叠世海退背景下的浅海台盆。早中三叠世,上扬子区由碳酸盐岩缓坡发展成镶边碳酸盐岩台地,发育进积型穿时鲕滩,滩后有潟湖和萨布哈。

在中扬子南缘的幕阜山推覆体内,黄石-九岭-武功山构造地质大剖面(图 3.10),在修水县城北的辽山和清水岩等地发现了覆盖在中元古界双桥山群之上的从震旦系、寒武系—志留系至泥盆系—下三叠统连续沉积的地层系列,其中、古生界是完整的,上下古生界之间呈现假整合-整合接触(图 3.10),并无加里东褶皱运动的迹象。因此,江南-雪峰带的推覆与隆起只是中三叠世以来的构造事件(丁道桂等,2007)。

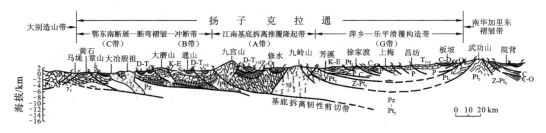

图 3.10　黄石-武功山构造地质剖面(丁道桂等,2007)

Pt-Ar.元古宇—太古宇;Pt₂.中元古界双桥山群;Pz-Pt₂.古生界—中元古界;Z-O.上震旦统—奥陶系;Pz.古生界;Є-O.寒武系—奥陶系;S.志留系;D-T₁₊₂.泥盆系—中下三叠统;C-D.石炭系—泥盆系;C.石炭系;P.二叠系;T₁₊₂.中下三叠统;K-E.白垩系—古近系;γδ₂.雪峰期花岗闪长石;γ₃.燕山晚期二云母花岗岩

（4）晚三叠世的洋陆转换。晚三叠世,在古特提斯洋关闭背景下,华南地区受到比较强烈的构造变形作用的改造,许多地区的中三叠统及其以下地层普遍被褶皱或携斜,侏罗系—白垩系以角度不整合覆盖在下伏地层之上。华南广大地区发生大规模海退后转入陆相沉积,江南-雪峰构造带成为剥蚀性隆起。研究区内仅在局部沉积了把南组滨浅海相细碎屑岩夹碳酸盐岩。印支运动对南方造成了重要的影响,总体上造成南方由海至陆的转变,在江南-雪峰隆起以南的华南地区还造成了古生界褶皱、冲断及形成上三叠统与中三叠统之间的角度不整合(赵宗举等,2002)。

三叠纪印支运动的发生可能与下列大地构造事件相关:①华北与华南沿着勉略-南大别带在 220～240 Ma 拼合(毛景文等,2004;刘育燕等,1993;吴汉宁等,1990;李曙光等,1989);②青藏高原东部地区甘孜-理塘洋盆(王连城等,1985)、金沙江-哀牢山洋盆(汪啸风等,1999)、昌宁-孟连洋盆的闭合有关,这些洋盆闭合之后,分别使宝山地块-昌都-兰坪-思茅地块、义敦地块和松潘地块重新拼贴到扬子地块西南缘(赵宗举等,2002)。

4）燕山期—喜马拉雅期:盆、山演化与强烈改造阶段

由于研究区缺失侏罗系、下白垩统、古近系和新近系地层,对研究区燕山期和喜马拉雅期构造演化的分析主要依赖区域地质志资料。燕山期构造改造期次呈现出由东向西逐渐减少的趋势,中上侏罗统—白垩系与下伏地层的接触关系表现出十分明显的分带性(赵宗举等,2002)。

（1）晚侏罗世—早白垩世(燕山早期):江南-雪峰陆内构造变形作用。晚侏罗世—早白垩世,库拉-太平洋板块沿北北西向向欧亚板块之下俯冲,早白垩世时,由于库拉-太平洋的洋中脊到达俯冲带,大洋板块的俯冲难以进行,中国东部受到左行压扭作用(车自成

等,2002)。此外,在扬子地块西部,班公错-怒江洋盆自中侏罗世到早白垩世的消减闭合
作用使扬子地块西部受到挤压,在东西对挤的背景下,中国南方遭受了强烈的挤压、走滑
和岩浆作用等构造改造,上侏罗统以下地层普遍被褶皱变形,形成华南燕山期陆内变形带
与东部燕山期高原、东南地区广泛的岩浆侵入和火山活动、众多的走滑拉分盆地,同时,秦
岭-大别造山带也向南逆冲掩覆。

江南-雪峰构造带在此压扭背景下进一步强烈褶皱与冲断抬升,导致在榕江县城和县
城西部巨厚的上白垩统茅台群粗粒岩角度不整合在下伏板溪群浅变质岩之上,北东向及
北北东向逆冲推覆构造也比较普遍。在逆冲锋带,多层次滑脱与逆冲形成复杂的逆断层
与褶皱构造组合。总趋势是从江南-雪峰构造带向西经湘鄂西再到川东及川中,依此形成
基底拆离-厚皮隔槽式褶皱-薄皮隔挡式褶皱-平缓褶皱的构造样式,反映从东向西逆冲推
覆与褶皱变形的强度逐渐变小,暗示构造变形的驱动力来自东部。

(2)晚白垩世—古近纪(燕山晚期—喜马拉雅早期):岩石圈伸展减薄作用与 A 型
花岗岩作用。晚白垩世—古近纪,在新特提斯与太平洋构造域的联合作用下,华南构
造性质转变为西压东张,总体应力方向指向北东,西部地区强烈挤压而东部地区转换
为走滑与伸展,形成中下扬子伸展盆地、东部的火山盆地沉积和大量的花岗岩浆侵入。
研究区由于东部拉张与西部挤压作用的过渡部位,岩石圈伸展作用没有华南东部那样
强烈,但是广西南丹大厂燕山晚期花岗岩(陈毓川等,1996;杨斌等,1999;蔡明海等,
2004)表明,研究区在燕山晚期仍然受到强烈的岩石圈伸展作用的改造。在中扬子、江
南-雪峰地区,构造运动最主要表现为晚白垩世—古近纪的沉积岩层发生褶皱与断裂。
这一阶段的构造运动对南方进行强烈改造,如使已形成的油气藏重新调整分配与再定
位,现今发现的古油藏大多在此时期遭受破坏,广西南丹大厂古油藏就是在这个时候
被破坏的(杨斌等,1999)。

(3)新近纪至今(喜马拉雅晚期):强烈的陆内变形阶段。新近纪至今,印度板块与欧
亚板块的陆陆碰撞和太平洋板块与菲律宾板块的斜向碰撞,使南方遭受强烈的挤压作用,
导致晚白垩世—古近纪伸展盆地回返,伸展构造层被掀斜或褶皱,导致新近系与古近系之
间的角度不整合,华南的地形也由东高西低变为西高东低,西部的青藏与云贵高原强烈差
异隆升,东部中下扬子原来的断陷盆地变为拗陷,发生差异升降,中扬子、江南-雪峰地区
整体抬升并剥蚀,呈现出现今复杂的面貌。

2. 江南-雪峰构造带的构造演化模型

1) 雪峰构造带扬子陆内冲断模型

扬子地块向雪峰山方向发生了由深及浅的逆冲,而在浅表所见的由雪峰向湘鄂西、川
东、华蓥山方向的冲断为深层冲断系统顶板上的反冲断层引发所致,它们向下收敛于被动
顶板之上。这样,扬子地块深部为一大型构造楔(tectonic wedge),内部发育多个连结冲
断层构成小型构造楔。底部滑脱层一直向上抬升,至湘中、桂中一带接近沉积盖层底面,
在这些部位,与该底部滑脱层相连的冲断层指向南、倾向北。它们与雪峰西侧的冲断层构

成"背冲",沿着这些断层的挤压缩短导致"雪峰山"的被动抬升和剥露。而这一切都源于自扬子方向的挤压和深部的向南东抬高的台阶状断层的活动。鉴于此,可将此运动方式称为"扬子陆内冲断模型"[3.11(a)]。

2）江南构造带扬子-华夏对冲模型

JH-2002-356 剖面由南向北穿过萍乐拗陷、江南隆起和鄂东南大冶冲断带,该剖面缩短率增大,是由于扬子与华夏两块体对冲而导致的。

首先,中扬子地块南侧仍然发育一深部构造楔,其顶部滑脱面上的反冲断层组构成了鄂东南冲断带,它们向江汉盆地逆冲。

其次,在华夏地块基底内部,由深及浅由南向北发育了一台阶状滑脱断层,华夏地块沿其向北逆冲,由其分叉的分枝断层构成叠瓦冲断系统,在局部也可以形成双重构造。于底部滑脱断层或部分顶部滑脱断层面的反冲断层组与前冲断层构成背冲形态,它们"限定"了幕阜山隆起并使其不断隆升[3.11(b)]。

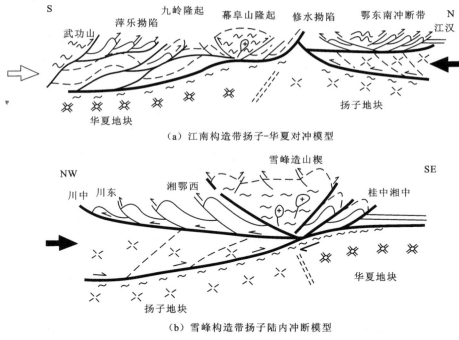

（a）江南构造带扬子-华夏对冲模型

（b）雪峰构造带扬子陆内冲断模型

图 3.11　江南-雪峰构造带地球动力学模型（何登发等,2007）

由此可见,江南-雪峰地区不存在长期稳定的"江南或雪峰古陆",但江南、雪峰与黔中隆起带曾长期在古生代,乃至三叠纪时期,总体上表现为中上扬子台地相与斜坡相地层沉积系统的转换地带,控制着中上扬子的上、中、下三个构造层的沉积地层组合的演变。

江南-雪峰陆内变形构造系统是长期在中上扬子地块周边不同性质造山与俯冲动力学系统围限作用下,在陆内深部动力学背景下扬子与华夏两陆块在陆内长期相互作用的综合结果。

3.2 区域构造演化

中扬子区印支期及以前的构造运动总体上表现为差异升降运动,区域上形成了"大隆大凹"的古构造面貌。在印支期中国南、北完成板块拼合以后,包括中扬子在内的中国南方地区进入燕山早期的陆内造山阶段,它秉承了印支期挤压作用的基本格局,但构造强度和范围都远大于印支期,可以说燕山早期的构造运动对南方影响范围之广、构造强度之大都是前所未有的,它奠定了南方现今基本的构造格局。中扬子地区自燕山早期开始,进入了一个新的构造演化时期——构造变形变位时期。该期构造演化及构造格局主要受太平洋板块向北西方向的俯冲作用控制,从而使中扬子区成为滨太平洋构造域的组成部分,燕山早期最显著的构造变动是南部江南-雪峰造山带和北部秦岭-大别造山带强烈造山。首先,南华造山带继加里东期、印支期由南往北逐步挤压推进至江南隆起北缘(中扬子南缘),燕山早期快速隆升并继续向北推进至整个中扬子区,其产生的强烈挤压,造成中扬子区发生板内层间拆离、滑脱、褶皱、断裂,随后,由于太平洋板块活动加剧,扬子板块与华北板块全面碰撞拼合,扬子板块向华北板块之下俯冲,秦岭-大别造山带全面隆升挤压,在南北对冲挤压作用影响下,同时受郯庐断裂转换及黄陵隆起等边界作用的控制,本区自侏罗纪末期的宁镇运动开始,沉积盖层强烈变形变位,其褶皱造山活动影响范围之广,褶皱强度之大是前所未有的,形成了南、北两大盆山体系(弧形构造带)相互叠加、影响的对冲挤压构造格局,同时本次大规模构造变形也是形成油气圈闭的关键时期。

3.2.1 构造层划分

构造层是一定地区在一定的构造发展阶段中所形成的地质体的组合,西方地质学家则用"地层组合"一词来表示类似的概念。其原意是指地壳发展过程中,一个构造区内的一定构造发展阶段所形成的特定岩层组合并伴有相应的构造热事件的产物。这一特定岩层组合具有一定的构造形态,因沉积建造、变形变质和岩浆活动及有关矿产等方面的特点明显有别于上覆、下伏构造层,可以独立地区分出来。相邻构造层以区域性不整合或假整合接触。研究构造层对一个地区地壳演化和各个构造发展阶段的地壳运动性质有重要意义。

构造层可以分为不同级别,大的如地槽构造层、地台构造层,而在它们内部又可以根据沉积间断、变形变质和岩浆侵位特征不同而分出次一级的构造层——亚构造层。同样,一个造山带也可以根据综合的地质特征,划分出几个构造层,而每一个构造层内部又可分出若干个亚构造层。一个构造层在时间上代表某一地区地壳发展历史的一个特定构造阶段;在空间上它表明某一期构造运动所涉及的范围;而其沉积建造和构造热事件的组合特征则反映构造区某一发展阶段的大地构造性质和环境。

两个构造层之间通常由一个明显的角度不整合分隔,因而在区域构造分析时,准确判定某一角度不整合存在的构造含义尤为重要。在对某一个地区做区域构造分析时,构造层的正确划分是重塑该地区构造演化经历的一条重要途径。

1. 不整合面

区域性的角度不整合地层接触关系是判断构造变形期次最理想的标志,在工区能够见到这类不整合面。结合地质背景与地震综合解释剖面结果可知,工区范围内主要存在五个区域性不整合接触界面。

(1)上泥盆统与下古生界之间的角度不整合。该不整合界面是由于加里东挤压运动形成。另外加里东运动造成全区差异隆升,志留系全区遭受剥蚀夷平后接受泥盆系沉积,因此泥盆系与志留系之间形成平行不整合接触。此外东吴运动造成上、下二叠统之间呈平行不整合接触。

(2)上三叠统与中三叠统之间的角度不整合。该时期对应对中国南方造成重要影响的印支运动,中晚三叠世,华南地区受到比较强烈的构造变形作用的改造,在古特提斯洋关闭背景下,造成南方广大地区发生大规模海退后转入陆相沉积,许多地区的中三叠统及其以下地层普遍被褶皱或掀斜,剖面上珂理构造以南的地区局部隆起——洪湖隆起,侏罗系—白垩系以角度不整合覆盖在下伏地层之上。在拗陷部位,巴东组残厚可达1 200 m,而隆起部位,残厚最大仅200 m,甚至剥蚀殆尽。黄陵隆起南部松滋刘家场一带,下侏罗统微角度不整合超覆于下三叠统灰岩之上,说明该隆起上巴东组被剥蚀殆尽,又无晚三叠世沉积,隆起幅度较高;钟祥-潜江隆起带,可能有少量巴东组残留,但无晚三叠世沉积。

(3)白垩系下伏不同时代地层之间的角度不整合,燕山早期构造变形在中扬子地区形成了区域性角度不整合,黄陵隆起在燕山晚期运动的影响下,有大幅度的快速隆升,此后应力体制发生了重大转变,由挤压环境转变为拉张环境,但这种拉张环境仅在齐岳山以东的湘鄂西褶皱带内体现,部分断层反转形成了一系列相互分割的小型晚白垩世断陷盆地,如恩施盆地、来凤盆地等。

(4)古近系与上白垩统之间的平行不整合。喜马拉雅早期的构造活动方式以继承燕山晚期为主要特征,喜马拉雅晚期,由于西部印度板块对欧亚板块的强烈碰撞和东部太平洋板块运动方向的改变,构造再次反转,中扬子区总体表现为隆升挤压,该剖面新近系主要表现为拗陷型沉积,挤压作用很弱,存在部分整合接触。

(5)新近系与古近系之间的角度不整合,华南的地形也由东高西低变为西高东低,西部的青藏与云贵高原强烈差异隆升,东部中下扬子原来的断陷盆地变为拗陷,发生差异升降,中扬子、江南-雪峰地区整体抬升并剥蚀,呈现出现今复杂的面貌。

2. 岩浆活动

研究区内的岩浆岩分布广泛。从目前钻井提示的情况看,基性岩浆主要分布于江陵凹陷北部和东南部,潜江凹陷的西南部及仙桃凹陷的东缘(图 3.12)。

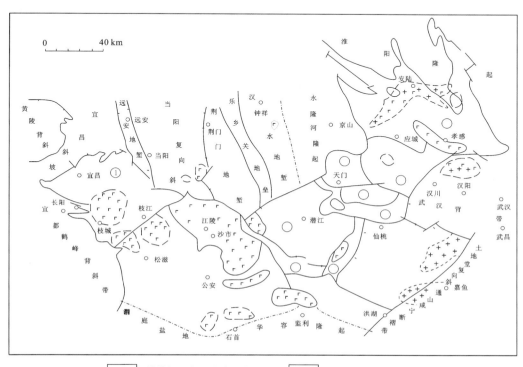

图 3.12　江汉盆地火山岩分布(付宜兴等,2008)

①枝城凹陷;②江陵凹陷;③潜江凹陷;④陈沱口凹陷;⑤汚阳凹陷;⑥小板凹陷;⑦云应凹陷;
⑧丫角新乐圣低凸起;⑨通海口凸起;⑩沉湖低凸起;⑪天门凸起;⑫龙赛湖低凸起

基性岩浆岩的分布与断裂带密切相关。江陵凹陷西北缘的纪山寺断裂、问安寺断裂、潜江北断裂的西南段、通海口断裂带、通山咸宁断裂等都有基性岩浆岩发育。其时代主要为晚白垩世末期至古近纪,显然与裂陷作用有关。研究表明,岩浆活动的强度(分布面积和规模)和岩浆岩石成分呈现出有序的变化(表 3.1),从岩石成分上,表现为两大旋回,即从晚白垩世碱性玄武岩→沙市期的橄榄拉斑玄武岩→新沟嘴期的石英拉斑玄武岩,再从荆沙期广泛分布的橄榄拉斑玄武岩→潜江期的石英拉斑玄武岩(图 3.13)。其中晚白垩世晚期和荆沙期、潜江组四段等是相对强烈活动期,尤其荆沙期的岩浆岩分布广,体积大,代表一次广泛的强烈伸长期。

表 3.1 江汉盆地火山岩活动次数和强度(付宜兴等)

层位		盆地构造演化阶段	火山活动旋回			火山喷发强度	火山岩分布及喷发速率						
			旋回	阶段	火山喷发次数		面积/km²	体积/m³	平均厚度/m	平均喷发速率/(m³/Ma)	顶底年龄/Ma	等时线年龄/Ma	火山喷发次数
第四系	平原组												
新近系	广华寺组												
古近系	荆河镇组	断拗阶段	III	古近纪火山活动旋回	19	较强	0	0	0	0			
	潜江组 一段						18.9	0.09	5.2	0.08	36.5		1
	潜江组 二段						181.7	1.04	5.7	0.87	37.0 37.7		2
	潜江组 三段						591.1	17.66	29.9	11.77	39.0		6
	潜江组 四段						1746.9	98.09	46.9	19.94	39.2 43.0		10
	荆沙组	强烈断陷阶段	II		23	强烈	1566.3	229.81	149.3	57.45	44.35 47.0	45.5	23
	新沟嘴组	拗陷阶段	I		17	较弱	386.7	10.78	29.0	1.23	49.5 55.7	51.2	12
	沙市组						212.3	3.94	18.5	0.44	58.1 65.0	62.4	5
白垩系	渔洋组	断陷阶段		中生代晚期火山活动旋回	7	弱	381.7	13.02	34.4	0.03	65.35 65.5 66.0		7

火山活动可分为两个旋回,即中生代晚期旋回和古近纪旋回。后者进一步划分为三个火山喷发阶段,与盆地构造演化阶段相一致。徐论勋等(1995)对江汉盆地古近系 23 个玄武岩样品进行了系统的 K-Ar 同位素年龄测定,认为各组样品的年龄分别为:潜江组四段 41.0 Ma、荆沙组 45.5 Ma、新沟嘴组 51.2 Ma、沙市组 62.4 Ma,与所处的地层时代基本一致。彭头平等(2005)对江汉盆地古近纪火山岩进行了 ^{40}Ar -^{39}Ar 定年研究,得出了 57.3 Ma 的年龄,与地层层位及徐论勋等(1995)的结论一致,用更精确可靠的方法直接验证了前人结果可信度很高。

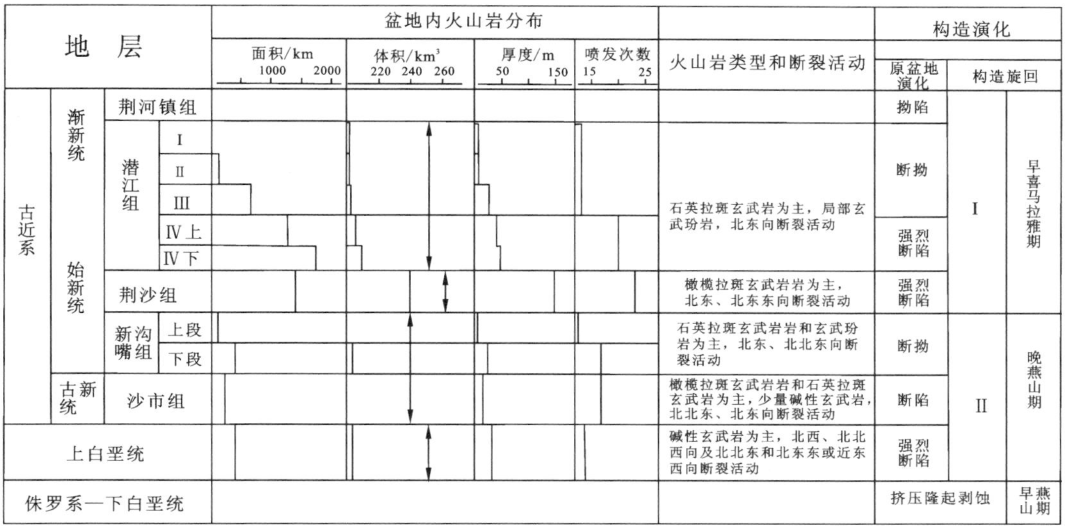

地层			盆地内火山岩分布				火山岩类型和断裂活动	构造演化	
			面积/km 1000 2000	体积/km³ 220 240 260	厚度/m 50 150	喷发次数 15 25		原盆地演化	构造旋回
古近系	渐新统	荆河镇组					石英拉斑玄武岩为主,局部玄武玢岩,北东向断裂活动	拗陷	早喜马拉雅期 I
		潜江组 I						断拗	
		潜江组 II							
		潜江组 III							
		潜江组 IV上						强烈断陷	
		潜江组 IV下							
	始新统	荆沙组					橄榄拉斑玄武岩岩为主,北东、北东东向断裂活动	强烈断陷	晚燕山期 II
		新沟嘴组 上段					石英拉斑玄武岩岩和玄武玢岩为主,北东、北北东向断裂活动	断拗	
		新沟嘴组 下段							
	古新统	沙市组					橄榄拉斑玄武岩岩和石英拉斑玄武岩为主,少量碱性玄武岩,北东、北北东向断裂活动	断陷	
上白垩统							碱性玄武岩为主,北西、北北西向及北北东和北东东或近东西向断裂活动	强烈断陷	
侏罗系—下白垩统								挤压隆起剥蚀	早燕山期

图 3.13　江汉盆地火山岩活动期次与构造旋回(刘云生等,2008)

在岩石化学成分方面,彭头平等(2005)对江汉盆地古近纪火山岩主微量元素和 Sr-Nd 同位素研究表明:该火山岩由亚碱性的玄武岩和玄武质安山岩组成,富集大离子亲石元素和高场强元素,$(La/Yb)_{CN}$ 为 3.5～10.4,Eu/Eu^* 为 0.99～1.08,具有与洋岛玄武岩相似的地球化学特征。微量元素比值和 Sr-Nd 同位素组成表明,其地球化学特征与源于 EMII 型富集岩石圈-软流圈相互作用而形成的华北南缘古近纪火山岩以及东南沿海新生代玄武质岩石相似,暗示扬子北缘新生代岩石圈地幔属性可能是其中生代属性的继承。江汉盆地古近纪玄武质岩石是在陆内的岩石圈伸展拉张构造背景下,对流软流圈上涌导致 EMII 型岩石圈地幔部分熔融的结果。

岩浆活动与地壳运动具有同步关系,地壳运动强烈,岩浆活动亦强;地壳运动频繁,岩浆活动亦频繁。岩浆活动具有旋回性,在时间上与构造运动保持着对应的关系。分析区域岩浆和变质活动对构造演化研究具有重要意义。

(1)加里东期和印支期岩浆活动较弱,在东秦岭地区,早古生代岩浆活动和变质作用对应于洋壳俯冲最终导致华北板块和扬子板块大陆边缘汇聚对接地质事件。

(2)燕山期岩浆活动剧烈,中扬子区幔源岩浆和壳源岩浆都有发育,以花岗质岩浆作用为主,出现区域较为广泛,燕山早期和燕山晚期都有发育,但以后者占多数。中扬子地区在燕山早期主要是挤压的大地构造背景伴随走滑剪切运动,岩浆作用以陆壳改造型二云母花岗岩为主,基本不发育幔源岩浆。燕山晚期为伸展环境,显示深部地幔物质强烈上涌,岩石圈拉张-减薄,幔源岩浆活动较弱,区域性差异明显,零星产出基性岩脉和玄武岩。

（3）燕山晚期—喜马拉雅早期，中下扬子伸展盆地、东部的火山盆地沉积和大量的花岗岩浆侵入，是由于岩石圈伸展减薄作用与 A 型花岗岩作用导致在晚白垩世—古近纪，新特提斯与太平洋构造域的联合作用下，华南构造性质转变为西压东张，总体应力方向指向北东，西部地区强烈挤压而东部地区转换为走滑与伸展而形成。

（4）侏罗纪末期—白垩纪早期中扬子区强烈剥蚀夷平，后由于挤压-拉张应力转化，中酸性岩浆岩侵入和喷发，地震剖面上形成岩浆刺穿和隐刺穿构造样式。其形成主要受早白垩世区域挤压到伸展作用转换时期构造活动影响，分布于工区南北白垩系断陷主控断层下盘地层中。

3.2.2　区域大剖面演化特征及构造发育史分析

在分析各构造演化阶段区域应力场及边界条件、介质条件的基础上，运用 2DMove 软件对区域大剖面临黄、JH-2002-356、宜洪等剖面进行了平衡剖面恢复，进一步探讨了构造形成发展的运动学和动力学模式，分析盆内构造格架及变形特征。

区域大剖面的解释和平衡显示：江汉平原东部自印支期以来由于受到多种应力场作用和多边界条件的限制，区域构造演化具有构造应力场的多重性、构造活动的多期性、构造变形的多层次性等特点。在边界断裂和构造发育史研究基础上，建立了沉积构造演化序列，继加里东构造运动后，区域先后经历了早中三叠世克拉通盆地演化阶段、晚三叠世前陆斜坡演化阶段、侏罗纪末期挤压褶皱演化阶段、侏罗纪末期陆内造山演化阶段、侏罗纪后白垩纪前剥蚀夷平演化阶段、白垩纪—新近纪断陷演化阶段六个沉积构造演化阶段，燕山早期为中扬子构造主要变形时期。

区域大剖面的解释和平衡显示：本区的变形变位是两个不同时期挤压和伸展构造的叠加，即基底滑脱—断层相关褶皱形成-剥蚀和夷平-伸展改造。

1. 平衡地质剖面的基本原理和方法

1）基本概念

平衡剖面（balanced cross section）由 Dahlstorm（1969a，b）首先提出了平衡剖面的概念和基本的几何学原理，源于 20 世纪 50～60 年代的石油工业。而 Woodward 等（1989）的讲义对平衡剖面技术及其在地质和勘探中的应用进行了系统论述。目前，平衡剖面技术已成为地质构造研究和石油勘探工作中的一种重要方法，是对剖面解释的合理性检验、正确判断地下构造、合理进行盆地恢复、剖面变形的运动学分析及地壳缩短量研究等的一种重要手段。

平衡剖面技术的核心原理就是物质守恒，即剖面的横向缩短和垂向加厚是一致的（假设在剖面线上没有物质的增加或减少）。Dahlstrom（1969a，b）在讨论平衡剖面的概念时，提出的一条基本准则就是"对横剖面几何学合理性的一种简单检验方法就是测量岩层的长度,如果不存在间断,这些岩层的长度必定是一致的"。Elliott(1983)对平衡剖面作了较为严格的定义,首先剖面应该是可以被接受的,即剖面上的构造是在露头上可以观察到的或者证实是确实存在的;其次剖面必须是合理的,即能够将剖面合理地恢复到未变形的状态。既合理又可以被接受的剖面就称为平衡剖面(梁慧社等,2002)。

2) 平衡剖面的基本原理和方法

平衡的剖面是合理的,但不一定是真实的,但不平衡的剖面一定是错误的。平衡剖面可能有多种解释,但与不平衡的剖面相比,它满足了大量的合理性限制,因此可能更接近于正确(Woodward et al.,1989)。平衡剖面技术就是提供一系列限制条件,以保证剖面解释的合理性。这些合理性限制包括以下几个方面。

(1) 面积守恒原则。面积守恒是指剖面由于缩短所减少的面积应当等于地层重叠所增加的面积,剖面变形前后只是发生了形态的变化,剖面的总面积没有改变。面积守恒原则假定变形主要发生在构造运动的方向上,即简单的平面应变,这在大多数前陆褶皱-冲断带中是具备的。利用面积平衡原则不仅可以对剖面进行合理的平衡,也可以用于计算滑脱面的深度或剖面的缩短量(Hossack,1979)。

(2) 层长守恒原则。层长守恒由面积守恒简化而来,其前提条件是在变形过程中地层的厚度未发生明显的变化,地层只是发生了断裂、褶皱,而没有发生透入性变形。这样,变形前后各岩层的长度应当是一致的,即通常所说的波状层法或线长法。在测量岩层长度时首先要选择参照线,也称固定线或钉线,一般选择在未变形的前陆或褶皱的轴面,即变形前后都垂直于层面。由于滑脱,就某一长度的剖面而言,滑脱层上下岩层的长度在变形前后往往不一致。此外,在冲断带中,复原后同造山或后造山沉积层的长度要比前造山沉积层短。波状层法主要适用于无透入性变形的剖面或地区。实际上,对于沉积岩层序,软硬岩层的相间是十分普遍的现象,软弱岩层在变形过程中容易发生透入性或部分透入性变形,层厚也不能保持恒定,此时,剖面的平衡应采用关键层法。即对于具有部分透入性变形岩层的地区,选择在变形过程中以平行褶皱作用为主和具有最小透入性应变的岩层(关键层)进行线长平衡,而不是同时处理所有岩层,在完成关键层的平衡之后,再填入整个地层序列。

(3) 位移量一致原则。位移量一致是指岩层断裂后断层两侧的断块沿断裂面发生位移,原则上各对应层位的断距应当一致,这样断层上、下盘的断坡和断坪可很好地吻合。实际上,断距不一致的现象很普遍,可以用多种方法来解释,如断层向上发生分叉,这样各分支断层的断距之和应当等于主断层的断距;断层的位移也可以沿断面向上由褶皱作用所代替或由透入性变形来容纳。因此,断距不一致时应根据具体情况作出相应的解释。

（4）缩短量一致原则。对于沿造山带走向的系列横剖面来说，各剖面应当具有大致相同的缩短量，这就是缩短量一致原则。断层沿走向也不可能无限延伸，逆冲断层很可能起始于局部的微小破裂，而后向上并沿走向增长，随着位移的增加，逆冲断层也沿走向不断增长，当各逆冲断层相互接近和错过时，它们就组成了位移转移带（Dahlstorm，1970），当一条断层上位移增加时，相邻断层上的位移就减小。同时，由于边界条件的差异，变形样式会沿走向发生变化，一条断层或一个褶皱的消失往往会伴随着另一断层或褶皱的出现。它们都是为了保持缩短量一致。

建立一条平衡剖面的基本步骤包括：选择剖面线；汇集和投影资料（地表、钻井、地震剖面等）；确定卷入变形的深度（或基底深度）和滑脱层；填补空白区（如地表资料向深部的标绘，用适当的构造如叠瓦构造、双重构造等填补深部空白区）；选择钉线；利用上面的原则进行剖面平衡（检查逆冲断层是否上切剖面、断层位移是否有突然的变化、断层上下盘的断坡和断坪可否匹配、地层厚度是否变化巨大、层长和面积是否守恒等）；剖面复原。

3）平衡剖面技术应用的一般条件

平衡剖面技术应用需要满足许多条件，首先要掌握一个地区的各种地质资料，只有建立起该地区丰富的实际资料库，才能真正发挥平衡剖面技术的优势，得出正确的结论。其次要了解目前平衡剖面技术的适用范围，如某种平衡剖面计算机软件的作用和不足等。

（1）剖面线的选择。为了正确反映冲断带的构造变形特征以及正确估计缩短量，剖面线方向应基本平行构造运移方向。Price（1981）指出，如果剖面线方位与构造运移方向的偏差在 30°范围以内，缩短作用结果中不存在重大误差（15%）。构造运动方向通常是用区域构造线的平均走向来确定，即垂直区域构造走向（主要逆冲断层的走向、主体褶皱的走向、拉伸线理的方向等）。也可以用 Elliott（1976）的弓箭法则来确定构造运移方向。同时，剖面线的选择应尽量避开明显的走滑断层（或褶皱），即确保剖面内没有物质的增加或减少。此外，还要考虑到剖面线附近应能够汇集尽可能多的地质资料，包括露头的优劣、已有的地震剖面和钻井资料的利用等。

对于江汉平原东部而言，构造运动方向较容易确定。工区介于南北两大弧形构造带之间，当然构造运动方向沿走向还有一定变化，东北段更偏北一些，南东段更偏南一些。已有的地震剖面主要分布在通海口—簰洲一带，测线方向基本平行构造运动方向，已有的两口钻井资料均位于目标测线 JH-2002-356 和 2006-临黄附近，为此，选择该测线作为剖面线。

（2）卷入变形的深度（或基底深度）和滑脱层的确定。由于受扬子地块与秦岭造山带之间平面上边界非规则性和基底非均匀性影响，沿现秦岭南缘边界断裂走向不同地段，东秦岭造山带向南逆冲、叠瓦与推覆作用卷入的深度、构造运动界面的角度、相对位移距离、构造样式与幅度等诸方面都存在差异。通过地震剖面的精细解释,在工区北东区域逆冲推覆体主要为基底内幕深层拆离面,埋深较大,推测为 25~30 km,盖层逆冲断层排列近平行。靠近江南-雪峰造山带和对冲带的地区盖层滑脱推覆构造主要为基底浅层拆离面、震旦系底、志留系、泥盆系滑脱面共同作用,埋深推测为 15~30 km,断滑和断展褶皱居多,并形成丰富多样的局部构造。

(3)褶皱作用方式。平衡剖面的复原是以平行褶皱作用这一假定为前提的。平行褶皱包括简单弯曲褶皱(同心褶皱)、尖棱褶皱和箱状褶皱。地表所见褶皱主要为箱状褶皱、紧闭倒转-同斜褶皱和复杂开阔-闭合褶皱,均为平行褶皱,岩层褶皱弯曲时以层间滑动为主,即只存在简单剪切,符合平衡剖面复原的条件。

(4)冲断变形期次。区域性的角度不整合地层接触关系是判断构造变形期次最理想的标志,然而,在工区能够见到这类不整合面。从前面结果可知,褶皱冲断变形主要发生在燕山期早白垩世。但应该说明的是,现今地表所见的江汉平原东部构造变形是从印支期到喜马拉雅期多期构造运动的产物,而非一次变形所致。但从震旦系到侏罗系碎屑岩中都发育方位一致的早期平面 X 节理,而中下三叠统以上层位中未见明显的广泛的角度不整合,反映了虽经多次变形但不同期次的构造应力场相似,从而变形主要为共轴叠加、递进发展而成。因此,在平衡剖面复原过程中可将其视为一次变形进行复原处理。

(5)冲断作用扩展顺序。任何一个地区,在重建构造几何形态时,变形顺序都是一个关键性的问题。复杂断块的正确复原只能按照变形作用扩展的相反顺序进行。Dahlstrom(1970)提出两种具相反逆冲顺序的叠瓦构造。如果一个逆冲席的首缘达到地表,受到阻碍,并进而发展成叠瓦状,其顺序将是从前陆向后陆,即后展式;如果在主逆冲席向上位移至现今出露的位置之前,在深部就发生叠瓦作用,则逆冲顺序将是从后陆向前陆,即前展式。但是在几何形态上,Dahlstrom(1970)并未指出二者的区别。判断叠瓦构造的前展式或后展式扩展的关键证据在于每个叠瓦片都具有变形组构,如果整个叠瓦系均显示出比下盘岩层更具发育的透人性的变形组构,则可以推断叠瓦作用发生于深部,并在后来整体被抬升到现今的位置,如果后方的叠瓦片显示出脆性变形组构,而前方叠瓦片表现出更韧性的变形组构,则可推断后方叠瓦片形成于浅部,发展顺序是从前向后。此外,逆冲断层在后期随岩层一起褶皱弯曲、前渊和同造山碎屑楔向克拉通方向迁移,详细的断褶构造几何学分析(如逆冲断层的组合形式、断层与断层或地层的切割形式)均可用来判断冲断作用的扩展顺序。

选取的区域大剖面 2006-LH(临黄)剖面和 JH-2002-356 剖面均贯穿整个工区(图 3.14),具有代表性。临黄剖面呈近北东向,同区域最大的构造变形变位方向平行。

近南东向的 JH-2002-356 剖面同区域上重要的南北挤压构造运动的方向大体一致,

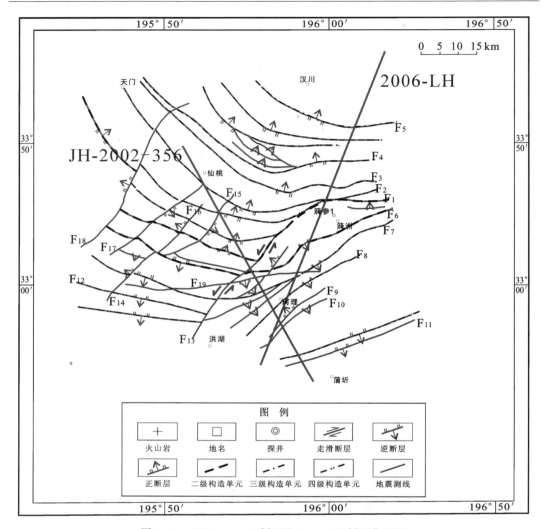

图 3.14 JH-2002-356 剖面和 2006-LH 剖面位置图

F₁. 仙桃南西—簰洲北逆断层 I；F₂. 仙桃南西—簰洲北逆断层 II；F₃. 仙桃北东—簰洲北逆断层 I；F₄. 仙桃北东—簰洲北逆断层 II；F₅. 汉川南西断层；F₆. 珂理北西—簰洲南东逆断层 I；F₇. 珂理北西—簰洲南东逆断层 II；F₈. 珂理南东逆断层 I；F₉. 珂理南东逆断层 II；F₁₀. 珂理南东逆断层 III；F₁₁. 嘉鱼南东逆断层；F₁₂. 洪湖北西逆断层；F₁₃. 洪湖北西走滑逆断层；F₁₄. 通海口南东正断层；F₁₅. 通海口北正断层 III；F₁₆. 通海口北正断层 II；F₁₇. 通海口北正断层 I；F₁₈. 通海口北正断层；F₁₉. 洪湖北正断层

可以避开冲断层侧断坡附近的旋转的非平面的运动，而且剖面也不存在沿走向的投影分量产生的重大误差。

2. 平衡剖面制作

根据如上原则，以及平衡剖面的原理和计算模型采取逐层回剥的方法对所选的两条剖面进行了构造恢复。在 2Dmove 软件中，应用斜剪切的算法，并考虑剥蚀量的恢复对剖面进行了复原。复原流程如图 3.15 所示。

3. JH-2002-356 剖面构造演化特征

JH-2002-356 大剖面西起湖北仙桃,东至蒲圻、崇阳,横跨江汉平原东部地区、湘鄂西区川东-八面山弧形构造带及江南-雪峰造山带,剖面总体方向为近南北向。从区域资料看,江汉平原区构造演化主要经历了三个构造形变阶段,即印支期以前的稳定沉降与间歇性隆升阶段、印支期—燕山早期的冲断推覆阶段和燕山早期后的伸展变形阶段。其中,燕山早期的构造形变是研究区的主导变形期,主要受江南-雪峰造山带的挤压应力从南东向

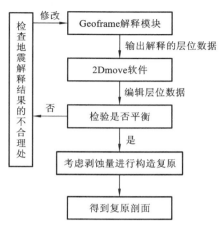

图 3.15　平衡剖面复原过程(张荣强,2005)

北西递进传播作用的影响,构造样式从基底卷入型到盖层滑脱型有规律变化,它造就了研究区的基本构造格局。其构造演化史及构造变形机制可概括为如下几点(图 3.16)。

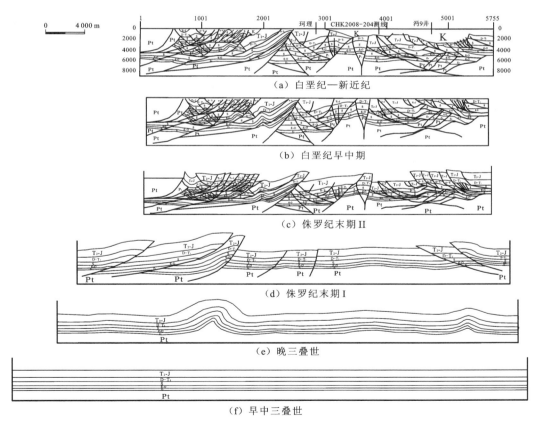

图 3.16　JH-2002-356 测线构造深化剖面

1）印支运动以前

根据区域沉积-构造演化史分析及地层接触关系，江汉平原区褶皱区以稳定沉降为主，伴有间歇性隆升，因此，地层间均为整合或假整合接触。早古生代，江汉平原区褶皱区位于扬子台地的中部，主要为一倾向南东的斜坡；晚古生代早期曾一度隆升为陆，之后，全区再度整体沉降，沉降中心向北迁移，地势总体演变为西北倾斜坡；至中侏罗世末，古地貌格局基本处于准平原化状态。由于基底构造面已出现不同程度的起伏，雪峰隆起、黄陵隆起均已开始发育，燕山早期前的这种古构造格局对燕山早期构造变形有一定影响。

2）燕山早期

扬子板块与华北板块、华夏板块碰撞拼合，导致区内发生强烈构造变形。从区域构造位置看，江汉平原区褶皱区属于江南-雪峰造山带前缘川鄂湘黔巨型褶皱-冲断体系的一部分，慈利—保靖大断裂以南相当于该褶皱-冲断系的内带，齐岳山至慈利-保靖大断裂之间相当于中带，齐岳山以西的川东褶皱带相当于锋带。前人对川鄂湘黔褶皱-冲断系的运动学、动力学研究表明，该褶皱冲断系的发展顺序是从东南向西北逐渐推进的，变形的扩展方式为前展式，卷入变形的地层自南东向北西依次变新，变形样式从根带的以基底卷入型构造组合为主向锋带的以盖层滑脱型的断裂及其相关褶皱为主过渡（马文璞等，1993）。

郭建华等（2005）对川鄂湘褶皱区的四条地质-大地电磁测深剖面作过综合解释，特别是对万县-桃源大剖面作了平衡剖面复原，并在此基础上作了形变特征及构造样式分析。研究结果表明，研究区燕山早期的形变规律总体上变形的扩展顺序为自南东向北西；扩展方式为前展式，变形机制为多层次滑脱作用控制的基底逆冲与盖层滑脱的叠加；控制变形的滑脱面自南东向北西逐渐由深变浅，雪峰基底拆离隆起区主要受中地壳韧性层控制，湘鄂西褶断带主要受中地壳韧性层、寒武系底和志留系底等多个滑脱面控制，进入川东褶断带后，主要受寒武系底和志留系底等盖层中的滑脱面控制。经燕山早期构造运动，湘鄂西区古地理面貌已成为高山-丘陵地貌，经大规模的剥蚀作用，隆起高部位沉积盖层被大量剥蚀，至此，江汉平原区现今构造格局的雏形已基本形成。

3）燕山早期后的伸展变形

燕山早期构造变形在中扬子地区形成了区域性角度不整合，此后，应力体制发生了重大转变，由挤压环境转变为拉张环境，但这种拉张环境仅在齐岳山以东的湘鄂西褶皱带内体现，部分断层反转形成了一系列相互分割的小型晚白垩世断陷盆地，如恩施盆地、来凤盆地等。断陷盆地内发育伸展断块、铲形正断层与滚动背斜等伸展变形样式，叠加在燕山早期形成的构造形迹上。但总的来说，这种伸展变形与燕山早期构造变形相比，规模要小得多，它并未根本改变燕山早期形成的构造格局。

综上所述，燕山早期是中扬子基本构造格架形成的重要时期，从剖面的构造演化看出，燕山早期的宁镇运动造成全区断层相关褶皱的形成，盆地边界断层断距进一步加大，纪山寺-潜北-天门河断层以北，天阳坪断裂、江南断裂以南，表现为迅速向盆内推进的单冲式基底卷入-盖层滑脱的褶皱样式，之间的对冲干涉带南、北作用迹象明显，表现为多种类型褶皱样式。褶皱强度为靠近造山带地区褶皱强烈,即从东往西褶皱强度有减弱趋势。燕山晚期—喜马拉雅早期,盆地内部表现为张性块断活动,先成逆断层重新活动反转,形成系列白垩系—新近系断陷盆地,影响和破坏了部分先成的褶皱样式,这种活动从北到南有一定差别,但总体是早期以块断活动为特征,以箕状断陷的构造样式出现,晚期具拗陷性质。部分极度深大断层控制了白垩系-新近系的沉积,成为重要的控盆断层。喜马拉雅晚期的活动是在燕山晚期—喜马拉雅早期北东向张性活动基础上建立的,喜马拉雅晚期对盆内影响较小,挤压作用较弱。

4. 临黄剖面构造演化

2006-LH 大剖面位于江汉平原区东部,南起湖南临湘,北至湖北黄陂,测线方向大体呈北北东向,跨越中扬子及其南北造山带,包括雪峰-江南造山带、八面山-大磨山弧形构造带、川东北-大冶对冲干涉带、大巴山-大洪山弧形构造带以及秦岭-大别造山带。从区域资料看,在燕山早期,南北造山带均为强烈活动期,南部受到江南-雪峰造山带的挤压,北部受到来自秦岭-大别造山带的挤压,剖面显示洪湖-湘阴断裂以南、京山断裂以北以基底卷入型单冲构造样式为主,南部江南-雪峰造山带、八面山-大磨山弧形构造带还发育双重逆冲构造样式,洪湖-湘阴断裂和京山断裂之间的地区(如簰洲地区)则表现为复合叠加的对冲干涉构造样式为主,受力相对较弱,构造相对简单,变形不强,分析其演化过程,大致经历了以下四个阶段,即印支期及以前大隆大拗构造演化阶段、燕山早期冲断背斜发育阶段、燕山晚期—喜马拉雅早期拉张断陷阶段及喜马拉雅晚期弱挤压阶段(图 3.17)。

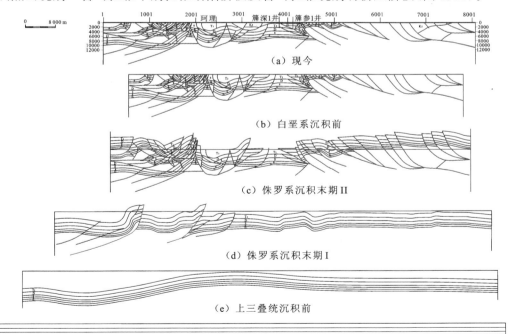

图 3.17　临潢剖面(北东向)构造演化图

1) 印支期及以前大隆大拗构造演化阶段

上三叠统沉积前，全区总体是以差异隆升为主，造成三个区域性的平行不整合面，加里东运动造成志留系全区遭受剥蚀，泥盆系与志留系之间的平行不整合，（剖面平衡时没有恢复该过程，以夷平后处理）；东吴运动造成上、下二叠统之间平行不整合。发生在三叠纪中晚期的印支运动造成剖面上珂理构造以南的地区局部隆起——洪湖隆起。

2) 燕山早期冲断背斜发育阶段

侏罗系沉积末期，南、北两个造山带开始强烈运动，在两个方向挤压应力的共同作用下，底部塑性层内的浅变质结晶基底首先拆离，形成基底拆离滑脱面。挤压应力沿基底拆离面向前传递。随着挤压应力的增强，在传递过程中，沉积盖层挠曲，挤压冲断，形成逆冲断层及断层相关褶皱。根据应力作用先后，细分为两个阶段：早燕山早期，南部的江南-雪峰造山带处于强烈的造山运动中，产生的挤压应力由南向北向前传播，产生了由南向北的逆冲断裂，局部伴随形成反冲断层，构成背冲式"Y"字形断裂组合，形成背冲构造。由于介质条件的差异，产生层间拆离，形成双重逆冲构造，离造山带越近受力越大，变形越强，应力传至珂理地区，形成了珂理构造，但变形已相对减弱，珂理以北的簰洲地区处于南部造山系的构造相对稳定带或盆内形变消减带，变形更弱，为平缓简单褶皱构造。早燕山期末期，当江南-雪峰造山带强烈造山即将结束时，北部的秦岭造山带向南开始强烈挤压，形成一系列由北向南逆冲的襄广断裂和京山断裂等，由于受南部先成构造的阻挡，一方面，对先成构造进行改造，另一方面，挤压应力减弱，在簰洲地区形成北部造山系的构造相对稳定带或盆内形变消减带，从整个剖面来看，簰洲地区位于对冲断层的下盘，处于南、北造山系共同的形变消减带，变形较弱，形成宽缓简单褶皱。之后，簰洲-珂理地区还由于洪湖—湘阴断层的走滑，产生了左行扭动变形，使局部构造的走向发生了改变，如簰洲构造南高点，该期构造变形在平衡剖面上未反映。

3) 燕山晚期—喜马拉雅早期拉张断陷阶段

白垩系沉积之前，全区遭受剥蚀，剖面显示南、北靠近造山带的地区，前震旦纪地层基底已露出地表，但中部簰洲-珂理地区还保留有较厚的侏罗系地层。白垩纪—古近纪，本区转为伸展环境，构造反转，先成的压扭性大断裂、挤压逆冲断裂首先反转，如襄广、京山及珂理构造北部的大同湖断层等均发生了反转，形成半地堑或"箕状"断陷。随着盆地的伸展，形成次级张性断层，最终形成现今"垒、凹"相间的盆地格局。

4) 喜马拉雅晚期弱挤压阶段

喜马拉雅晚期，由于西部印度板块对欧亚板块的强烈碰撞和东部太平洋板块运动方向的改变，构造再次反转，中扬子区总体表现为隆升挤压，该剖面新近系主要表现为拗陷型沉积，挤压作用很弱，从剖面上看，古近系、新近系之间存在角度不整合，但未形成新的挤压断层,平衡剖面恢复时未予考虑。该期挤压和变形虽然较弱,但可能使燕山晚期—喜马拉雅早期形成的张性断层闭合,有利于油气保存。

5. 剖面平衡和复原结果

剖面平衡的过程实际上是一个反复调整的过程,首先利用前面提到的几何学法则(主要是层长一致原则和断距一致原则)进行检验,如果不平衡,则应对剖面的解释进行调整,直到符合上述剖面平衡的一系列限制条件,使其更加合理,更加接近于真实。

JH-2002-356 和 2006-临黄测线平衡地质剖面的编制首先是从地震合成记录的制作和地震资料的解释开始的。地震资料品质较好,各反射层位比较清楚、容易追踪,部分区块地震资料品质很差,反射杂乱,为此,进行了地表构造剖面的实测,以对剖面进行标定,沿该测线的剖面平衡和复原(表 3.2)。

表 3.2 平衡地质剖面伸缩量统计表

剖面 沉积时代	2006-LH				JH-2002-356			
	2DMove 刻度/m	CDP 刻度 /m	差值 /m	伸缩量 /%	2DMove 刻度/m	CDP 刻度 /m	差值 /m	伸缩量 /%
现今剖面	66 247	8 083	−158	−2.01	8 189	5 740	−102	−1.80
白垩沉积前	6 4952	7 925	61	15.68	8 043	5 638	86	1.51
侏罗纪末期 II	66 233	7 986	1 485	8.39	8 166	5 724	1 027	15.21
侏罗纪末期 I	72 309	9 471	325	3.32	9 631	6 751	214	3.07
上三叠统沉积前	80 286	9 796	1 201	10.92	9 936	6 965	956	12.07
中三叠统沉积末	90 129	10 997			9 613	11 295		

通过沿 JH-2002-356 和 2006-临黄测线的剖面平衡和恢复,可以获得以下几点认识:

(1)变形样式包括(被动顶板)双重构造(或三角带)、反冲断层和冲起构造、断层相关褶皱等,均为前陆冲断带常见的构造。

(2)主要滑脱层位于中下三叠统嘉陵江组、志留系、寒武系—震旦系等层位内的滑脱层。垂向上,剖面变形严格受上述滑脱层控制,典型的和最为重要的是中下三叠统内部的滑脱层,导致剖面变形在其上、下严重不协调。

(3)由于滑脱作用的存在,各层位在复原后长度并不相同,中下三叠统以下层位在测线内的缩短量大于其以上层位。

(4)包括隐伏断裂在内的各主要断裂在印支期就已形成并活动。

在不同时期的变形量变化反映出,在喜马拉雅期总体处于一种弱挤压状态,变形量相对较小,而主要的变形量集中在燕山早期。根据对剖面分析,其原因主要是剖面的长度不同,如 2006-LH 剖面,剖面的北部没有中生界,中生界变形量计算只是南段的表现,所以缩短量较小,如果去掉北段剖面中仅存新生界的情况,对于中新生界共存的情况下,总体表现为燕山晚期变形比较强,喜马拉雅期变形稍弱。

　　结果表明,燕山晚期和喜马拉雅期江汉盆地处于弱挤压状态,构造变形量相对较小,并且喜马拉雅期变形稍弱于燕山晚期,主要的变形量集中于上三叠统沉积前和侏罗纪末第二幕两个时期。平面上盆地西部变形量较大,东部变形量相对较小。盆地中新生代的演化划分为三个主要阶段:燕山早期强烈挤压与同生变形阶段;燕山晚期构造反转伸展断陷阶段;喜马拉雅期区域性弱挤压抬升阶段。

3.2.3　区内构造演化分析

1. 前印支期古构造形成与演化

1) 前寒武纪基底形成演化阶段

　　前寒武纪早期,华熊地块与嵩箕地块实行拼贴,组成整个华北陆块的南缘。前寒武纪晚期,超级古大陆裂解,华北、扬子陆块分别从劳拉、冈瓦纳大陆分离,二者之间存在着广阔的古大洋;两陆块相向漂移,并在其边缘形成与大洋的过渡带,具有典型的活动大陆边缘特征(图 3.18)。

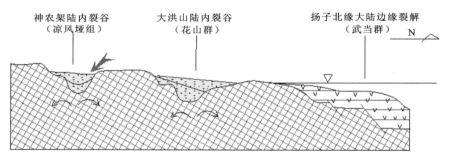

(a) 青白口纪（距今900~800 Ma）

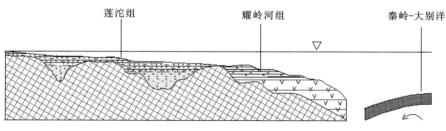

(b) 南华纪莲沱期（距今800~750 Ma）

图 3.18　新元古代早期扬子陆块北缘裂解作用发育构造模式图(郝杰等,2004)

　　前寒武纪晚期至加里东早期,在扬子陆块向北漂移过程中,先后与西移东进的外来地块相遇,大别地体西移受阻与扬子陆块拼合,松潘-甘孜地块东进受阻亦与扬子陆块实现对接,从而共同组成南中国联合大陆——华南板块。前寒武纪是扬子地台变质基底形成发展阶段。中元古代末的中条运动(大别运动)使晚太古代—早元古代活动带褶皱回返,形成南北统一的古中国地台,其组成基底是这一地质时期形成的中、深变质杂岩。

中元古代沿着古中国地台上存在的秦岭-大别纬向裂谷带发生裂解,形成了华北地块与扬子地块挟持秦岭-大别大陆裂谷带的构造格局,裂谷带内由桐柏、大别等中深变质杂岩组成中间隆起带,隆起南、北两侧各发育了两支裂陷槽。此时的扬子区南、北两侧,分别形成了北部一个被动大陆边缘,沉积了以神农架群为代表的碳酸盐建造和以马槽园群为代表的火山-磨拉石建造;南部一个被动大陆边缘沉积了以冷家溪群和板溪群为代表的火山-陆屑复理石建造。雪峰运动使两活动带褶皱回返,组成了扬子地台的上层基底——褶皱基底。

2)加里东期构造演化

加里东期为板缘增生带形成阶段。早古生代,随着南中国联合大陆的形成,华北、华南两大板块之间的古大洋(秦岭洋)逐渐缩小。秦岭洋北部是活动性大陆边缘,南部属被动性大陆边缘。在工区及其北缘盆地主体表现为陆缘盆地为陆缘海和陆表海性质。板缘褶皱造山,区内形成隆起。南秦岭广泛出现的盆隆构造景观代表了华南板块北缘被动大陆边缘沉积体系,形成了一套震旦纪—早古生代的远硅质建造。同时,华北板块在拉张转换机制作用下,栾川—铁炉子一线演绎出早古生代裂陷海槽,形成了一套从海底火山岩到深水碳酸盐岩、浅海碎屑建造等沉积建造。

此时期的扬子区一直处于稳定的浅水陆架盆地发育期。盆地南北两侧分别为怀化-崇阳台缘拗陷带及大巴山-大洪山台缘拗陷带,下古生界为一套斜坡相沉积;盆地内则是被两个拗陷带所挟持的鄂中台隆,下古生界以台地相沉积为主。经历了早期(早震旦世)盆地初始沉降、中期(晚震旦世—早奥陶世)盆地沉隆及晚期(中奥陶世—志留纪)盆地转化、消失阶段(赵金生,2004)。

2. 早中三叠世克拉通盆地演化阶段

印支期—加里东晚期为板块对接阶段,秦岭洋由伸张转向消减,洋壳向华北板块不断俯冲,海西期,秦岭洋开合演化,主体为台地陆表海沉积;印支早期秦岭洋关闭,板缘褶皱变形海水退出本区,主体为克拉通台地演化阶段。

经历海西期并持续到印支期,秦岭洋最终关闭,华北、华南两大板块对接完成,对接缝合线为商丹-信阳断裂。演化时限的确定主要依据地层时代。秦岭洋中的沉积物属古生代,商城发育的中石炭统道人冲组及上石炭统下部庙冲组,是秦岭中时代最晚的海相地层,而最早的陆相盆地是南召煤田,时代为晚三叠世,因此,秦岭洋最终关闭时间为印支期。

印支运动时期的三叠纪是中国南方的重大变革时期,早三叠世至中三叠世早期为大陆边缘演化阶段,中三叠世晚期随着华南板块与华北板块的碰撞拼合,开始由板块间的构造活动转入板内活动,并由此结束了中国南方的海相沉积历史。

　　早三叠世,中扬子区仍表现为碳酸盐岩台地环境,且台地出现镶边,川东地区台地边缘滩相颗粒灰岩是重要的勘探目的层位。大冶早期,江汉平原区沉积物为深灰色、灰色薄层状灰岩、泥质灰岩夹条带状鲕灰岩,属碳酸盐岩深缓坡环境;大冶中晚期至嘉陵江期,海水逐步变浅,沉积物主要为灰色、浅灰色厚层-块状灰岩、白云岩、白云质灰岩、角砾状灰岩夹鲕灰岩,属浅海碳酸盐岩台地相沉积,并以蒸发岩台地相的发育为主要特征。中三叠世开始,随着华南板块与华北板块的逐步碰撞拼合,地壳整体抬升,海水逐渐向西退出,在海退的过程中偶有小规模海进,本区发育了一套海陆交互相的碎屑岩沉积。中三叠世之后,随着印支主幕运动的爆发,海水全部退出,从而结束本区海域沉积的历史,开始了以陆相沉积为主的新时期。

　　从早三叠世大冶期的薄层状灰岩沉积,到嘉陵江期的白云岩、蒸发岩沉积,再到中三叠世海陆交互相的碎屑岩沉积,构成了一个完整的海退旋回,很好地反映了华北、华南两大板块逐步拼合过程中海水逐渐退出、盆地隆升、转化消失的过程(图 3.19)(刘新民等,2009)。

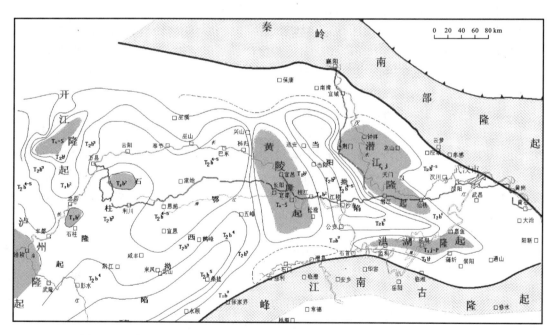

图 3.19　中扬子及周缘地区上三叠统沉积前古地质构造图(付宜兴等,2008)

3. 晚三叠世前陆斜坡演化阶段

　　印支中晚期,工区北部造山并伴随火山活动,区内及北部边缘为弧后前陆盆地,区内褶皱加强,形成规模较大的继承性古隆起,为前陆斜坡和前缘隆起。图 3.20～图 3.23 显示印支期—燕山早期挤压运动导致震旦系、寒武系剥蚀以及缺失。

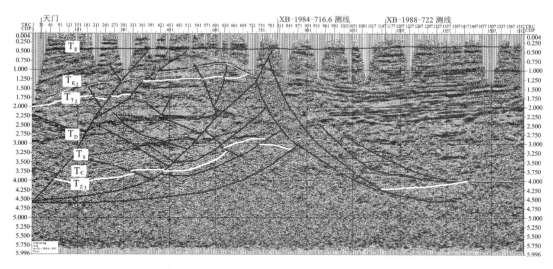

图 3.20　TMXB-1986-391 地震地质解释剖面

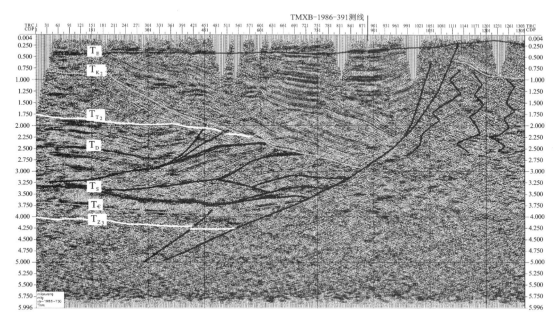

图 3.21　XB-1988-730 地震地质解释剖面

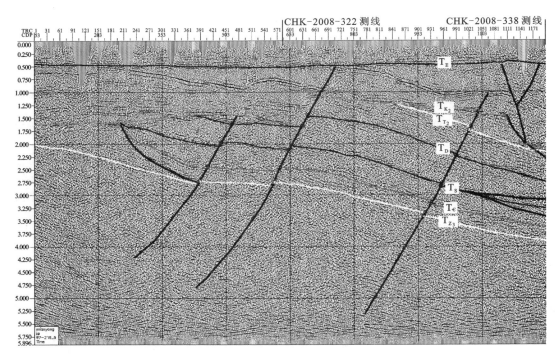

图 3.22　87-218-5 地震地质解释剖面

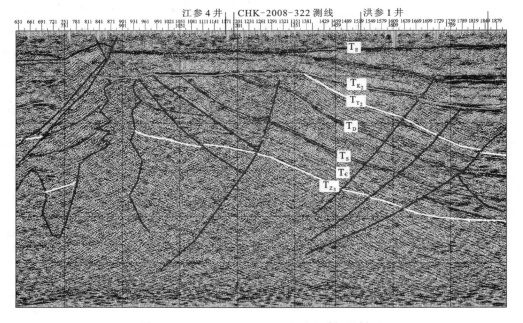

图 3.23　CHK-2008-213-75 地震地质解释剖面

　　图 3.24～图 3.28 为印支期—燕山早期挤压运动导致泥盆系、三叠系剥蚀以及缺失。

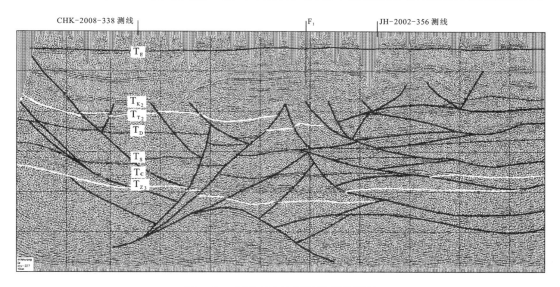

图 3.24　MY-227 地震地质解释剖面

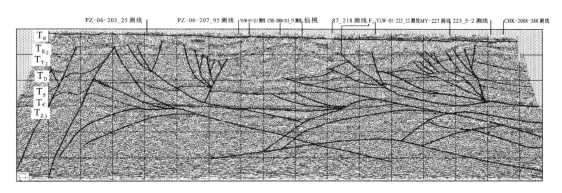

图 3.25　YLW-01-362 地震地质解释剖面

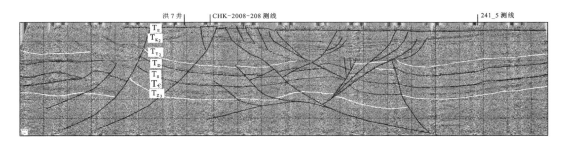

图 3.26　JP-01-347 地震地质解释剖面

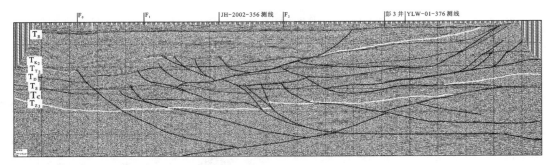

图 3.27　YLW-01-223_22 地震地质解释剖面

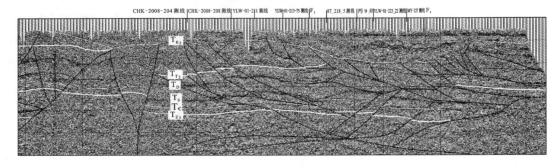

图 3.28　JH-2002-356 地震地质解释剖面

4. 侏罗纪末期陆内造山、挤压褶皱演化阶段

由于研究区处于东秦岭-大别造山带与江南构造带之间特殊的复合部位,其盆山演化受到双侧构造带作用影响,后期随着双侧构造带不断接近,两者联合作用,控制了构造变形变位以及黄陵等隆起的形成演化。

自晚三叠世,即印支期以来研究区及周缘由古生代海相碳酸盐岩沉积为主的海相盆地进入前陆盆地和陆相断陷盆地演化阶段。中扬子地区海相地层构造变形变位就是在印支期以来发育起来的,经历了大隆大拗、逆冲推覆、地垒地堑、掀斜凹陷等显著的不同发展阶段(图 3.29)。

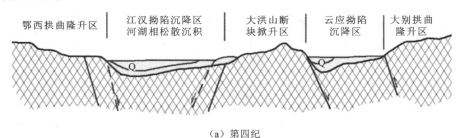

(a) 第四纪

图 3.29　研究区晚三叠世—第四纪构造演化示意图(湖北省地质矿产局,1990,修改)

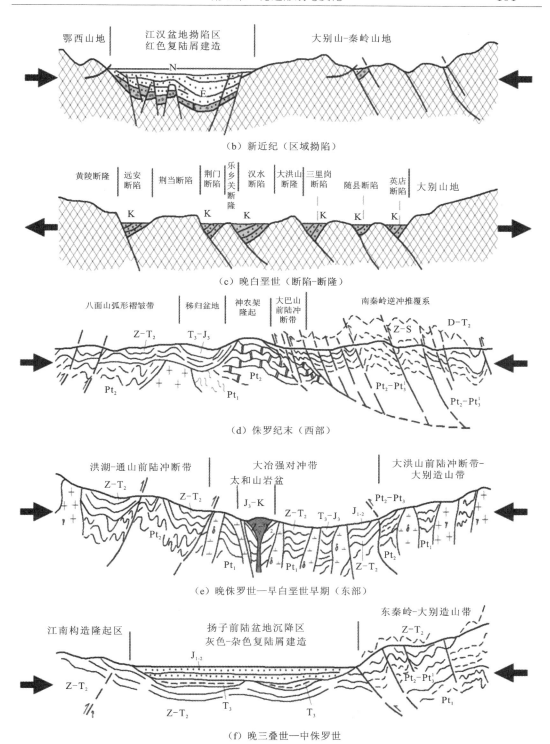

（b）新近纪（区域坳陷）

（c）晚白垩世（断陷-断隆）

（d）侏罗纪末（西部）

（e）晚侏罗世—早白垩世早期（东部）

（f）晚三叠世—中侏罗世

图 3.29　研究区晚三叠世—第四纪构造演化示意图（湖北省地质矿产局，1990）（续）

1）燕山期岩浆活动特征

中扬子区燕山期（侏罗纪—白垩纪）岩浆活动相比加里东期和印支期明显加强，幔源岩浆和壳源岩浆都有发育，但以花岗质岩浆作用为主，出现区域较为广泛（图 3.30），燕山早期和燕山晚期都有发育，但以后者占多数。而幔源岩浆活动较弱，区域性差异明显，零星产出基性岩脉和玄武岩，形成时代基本都是燕山晚期。地球化学和综合地质研究表明，包括中扬子地区的华南在燕山早期主要是挤压的大地构造背景，伴随走滑剪切运动，岩浆作用以陆壳改造型二云母花岗岩为主，基本不发育幔源岩浆；进入燕山晚期，整个华南发育大规模的双峰式火山岩、基性岩墙群、煌斑岩、玄武岩、A 型花岗岩、幔源组分加入的花岗岩以及广泛的岩浆混合作用，显示深部地幔物质强烈上涌，岩石圈拉张-减薄。华南岩石圈从燕山早期的厚地壳、挤压的构造体制转变为燕山晚期的岩石圈减薄、伸展的构造体制，其转折点应为侏罗纪—白垩纪之交。

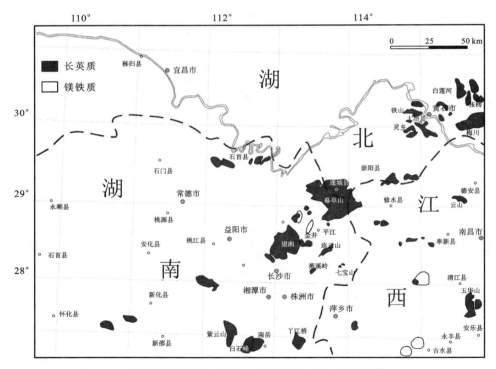

图 3.30　中扬子东南部地区燕山期岩浆岩分布图（付宜兴等，2008）

中扬子地区的花岗质岩浆岩主要集中在湘东北地区，多以大型花岗质岩基产出，区域上呈北东向展布，并与鄂东北（大冶-黄石地区）及皖西南的下扬子地区连成一线，但两地的长英质岩体在形成时代和岩石成分上都有明显的差异。本书研究区的湘东北和赣西北地区岩浆岩被多数研究者划为华南岩浆岩的研究范围，而鄂东北（大冶-黄石地区）岩浆岩通常与下扬子地区共同作为长江中下游成矿带中生代岩浆作用的范畴。

通过地球化学特征的对比分析,我们初步认为:角闪辉长岩为地幔物质部分熔融形成岩浆又经地壳混染最终形成角闪石堆晶岩;花岗闪长岩和黑云母二长花岗岩属于同源岩浆,可能为基性下地壳受热部分熔融产生岩浆,经同一岩浆通道于不同时期侵入,通过结晶分异作用产生两种不同类型的岩石,即壳幔质混熔型花岗岩类;二云母二长花岗岩则为比较典型的陆壳改造型花岗岩。

大冶-黄石地区位于扬子克拉通的东北缘,以北毗邻大别超高压变质带,是长江中下游铜、金多金属成矿带的一部分,区内主要的铜、金、铁矿床无一例外地都与燕山期岩浆作用具有密切的联系。大冶-黄石区内侵入岩很发育,主要包括六个侵入岩体,从北向南依次为鄂城、铁山、金山店、阳新、灵乡和殷祖,其中阳新和殷祖岩体的岩性以石英闪长岩为主,金山店和灵乡岩体主要为闪长岩,铁山岩体由石英闪长岩(边缘相)和闪长岩(中间相)组成,而鄂城岩体则由闪长岩和花岗岩组成。石英闪长岩的主要造岩矿物为斜长石、钾长石、角闪石、黑云母、石英,副矿物含量很高,包括磁铁矿、磷灰石、榍石、锆石。闪长岩的矿物组成与石英闪长岩很相似,只是在具体矿物的含量上有差别。最近的 SHRIMP 锆石 U-Pb、激光剥蚀 ICP-MS 锆石 U-Pb、辉钼矿 Re-Os 及金云母 $^{40}Ar/^{39}Ar$ 定年一致表明,大冶地区的岩浆侵位始于侏罗纪末期(殷祖花岗闪长岩,152 Ma),并于白垩纪早期(141～136 Ma)达到高潮;132 Ma 侵位的金山店岩体标志着本区大规模岩浆侵位的结束(赵新福等,2006)。此外,本区内的金牛盆地发育马家山组、灵乡组和大寺组火山岩,岩性主要分别为流纹岩、玄武岩和玄武质安山岩及(粗面)玄武岩、玄武质粗面安山岩、(粗面)安山岩、(粗面)英安岩和流纹岩,谢桂青等(2006)测得大寺组英安岩锆石 U-Pb 年龄为 128 Ma(早白垩世),是区域内燕山晚期岩浆活动组成部分之一。因此,大冶地区的岩浆侵位是长江中下游和中国东部晚中生代巨量岩浆活动的组成部分。此外,综合地球物理勘探表明长江中下游地区处于区域上地壳厚度最薄的位置,岩石圈减薄和伸展程度最强。本区大量岩浆岩年代学资料与成矿时代相当一致,均为燕山晚期(早白垩世,130～120 Ma),表明包括大冶-黄石地区在内的长江中下游地区强烈的岩石圈伸展减薄和软流圈上涌时间发生在燕山晚期。值得一提的是,在大冶-黄石地区北侧与之毗邻的大别造山带岩浆作用开始于晚侏罗世,并以发育大量的燕山晚期花岗质岩基和大型岩株为特征,结合精确的同位素年代学地球化学特征对比研究表明(马昌前等,2003),大别山晚中生代构造体制也经历了类似的从挤压向伸展的转换,而该转折的时间为早白垩世初(135 Ma)。

除了中酸性岩浆之外,华南燕山期还发育较为普遍的基性岩浆活动,分布于研究区内有确切年代学数据的主要有赣西北上高玄武岩 $^{40}Ar-^{39}Ar$ 年龄为 130 Ma(范蔚茗等,2003)、赣中螺蛳山碱性玄武岩($^{40}Ar-^{39}Ar$ 年龄为 90 Ma)、浏阳春华山玄武岩(K-Ar 年龄为 83 Ma)、浏阳焦溪岭基性岩脉(K-Ar 年龄为 83 Ma)(Wang et al.,2004)。此外,中扬子东北部大冶-黄石地区金牛盆地内也发育早白垩世的玄武岩、安山岩及其成分上过渡的火山岩。表明本区到燕山晚期才出现伸展体制下的幔源岩浆作用,岩石圈伸展减薄和软流圈上涌开始于 130 Ma 左右(范蔚茗等,2003),这与基于花岗岩研究得出的认识一致。

综上所述,通过对研究区燕山期岩浆活动特征和地球化学特征的对比分析表明,燕山早期为碰撞挤压环境,而燕山晚期为伸展环境。

2) 早燕山早期

早燕山早期,随着扬子板块相对于秦岭-华北板块发生顺时针旋转,最后发生正向全面俯冲碰撞,研究区进入陆内造山形成演化阶段,即挤压造山阶段,在逆冲负荷作用下,扬子北缘全面发生前渊沉降形成统一的前陆盆地带。

研究区北侧扬子板块在洋壳的向北俯冲牵引下,与华北板块发生陆陆碰撞发展为 A 型俯冲。伴随俯冲作用,秦岭-大别造山带在中生代早中期发生以热隆起为主要特点的造山作用,形成顺层韧性剪切构造系统。总体表现为以造山带南北两侧彼此相向倾斜界面的挤压楔出,为中、浅层次的褶冲造山,形成基底卷入的阿尔卑斯型逆冲推覆构造系统,推覆距离约为 150 km(许志琴,1987)。

研究区南侧随着南北向挤压应力的进一步加强,形成大型逆冲推覆,江南构造带形成了区内南高北低的地势,为滑脱作用提供了条件。而东部太平洋板块向北西漂移所产生的侧向挤压力及由此产生的受北北东向断裂控制的岩浆岩的侵入,为区域性大规模的滑脱提供驱动力。而且,岩浆侵入对周围岩石的软化作用,也加剧了滑脱作用的发展,在沉积盖层中形成自南向北不断向盆内的滑移推覆作用。下伏岩层为了减少因上伏岩席压力而增加的势能,不断形成新的逆冲岩席向前位移并推覆于年代较新的地层之上。因此,南侧大型逆冲推覆发育及由南(南西)向北(北东)推挤也成为北侧大洪山弧形构造带形成的南侧边界和动力条件。

该期区域应力场表现为北强南弱,北部在统一的北东东—南西西的挤压应力作用下,变形强烈。而研究区内沉积盖层中大量软弱性岩层及不整合面的存在,特别是志留系巨厚砂、泥岩滑脱层的发育为构造变形变位、顺层滑脱提供了物质条件,即浅表层沉积盖层顺多套滑脱面发育大规模不同层次以薄皮构造形式为主的向南低角度推覆作用,由于黄陵隆起的砥柱作用和南部向北的挤压应力作用,产生横向位移速度的差异,进而形成了一系列北东向或北北东向与主构造线垂直或斜交纵向剪切走滑断裂带,表现为以襄樊—广济断裂为弦,向南西呈弓形展布伸入江汉盆地的大洪山弧形构造格局,变形程度具北强南弱、东强西弱、南北两侧强中部弱的特征。

自东部碰撞对接后,扬子板块与华北板块的碰撞挤压进一步向西部延展,形成大巴山弧形构造,局部叠加于大洪山弧形构造之上,是递进变形的结果。

而在研究区南侧江汉平原地区,在太平洋板块向中国板块俯冲的构造应力影响下,发育了八面山-大磨山弧形构造,其应力由南东—北西逆冲挤压,在南部形成了北东—近东西向构造形迹,并与北部大洪山弧形相互叠加、制约,形成复合干涉对冲叠加构造。

3) 早燕山晚期

晚侏罗世至早白垩世是研究区盆山结构发生重要变化的关键时期,也是研究区海相地层格架定型的重要时期,主要表现在随着扬子北缘前陆冲断带不断向南扩展和江南逆冲带向北西迁移,两者首先在中扬子地区汇合,从而改变了研究区及周缘区域构造格架。该时期的盆山演化具有如下特征。

晚侏罗世至早白垩世黄陵地区作为结晶基底硬块,受古老边界断裂限制,向北突出,限制了前陆带向南快速扩展,起着东西两侧弧形前陆冲断带的"砥柱"作用。黄陵地区的隆升受到双重因素的控制,一方面由于中扬子地区南北两侧的逆冲汇合,形成了指向北西西向的联合挤压应力作用,致使基底和盖层岩块挤压褶皱隆升,同时利用早期北西向、北东向的基底断裂发生走滑旋转隆升;另一方面黄陵两侧的弧形褶皱逆冲带逆冲叠覆,地壳加厚,受均衡调节作用控制,黄陵基底岩块隆升。秭归盆地、宜昌稳定带在黄陵隆起东、西翼呈三角形分布,它实质上是东秦岭-大别造山带、江南构造带与黄陵隆起的交汇部位和构造作用"空白区"。因此构造变形变位微弱,是海相油气勘探的有利地区。

宜昌-荆门地区的白垩系以角度不整合覆盖在下伏不同时代地层之上,说明侏罗纪以后,黄陵隆起在燕山晚期运动的影响下,才有大幅度的快速隆升。

扬子北缘晚侏罗世—早白垩世前陆盆地沉积、沉降中心发生了由东向西的迁移,西迁过程是扬子北缘前陆冲断带与江南逆冲带联合作用的产物。

晚侏罗世中扬子北缘大洪山弧形前陆冲断带不断向南扩展,形成逆冲推覆前锋带,同时期江南逆冲带不断向北西方向迁移,逆冲前锋带可能推移至鄂西一带,大致以齐岳山断层为界。两侧的逆冲作用首先在东部的江汉平原地区汇合,致使当阳地区开始隆升未接受沉积,沉降中心西迁至秭归盆地及其以西地区,秭归盆地晚侏罗世盆地沉降和充填主要受北缘的武当、神农架逆冲推覆带控制。

早白垩世,随着北侧前陆带不断南移,南侧江南带不断向北西扩展,两者的交会区已向西扩大至秭归盆地西部的川东一带。此时北部前陆冲断变形前锋已扩展至秭归盆地一带,江南带前锋已迁移至华蓥山断层,因此在川东北形成联合构造变形,而江汉平原地区该期可能表现为整体隆升为主,仅局部出现断陷沉积。

早燕山期,由于新特提斯洋(怒江、南澳)的闭合,板块斜向碰撞,产生挤压左旋走滑,在中扬子南部形成江南-雪峰碰撞造山带,北部秦岭造山带陆内造山继续活动,中扬子区处于南、北对冲挤压构造环境(刘云生等,2004)。早燕山期受宁镇运动的影响,中扬子地区全区挤压,沉积盖层强烈褶皱变形,早燕山期为本区构造的主要形成期,由于南、北造山带的逆冲挤压,形成南、北两个弧形构造体系,奠定了本区中、古生界的基本构造格局。侏罗系—中三叠统区域盖层在早燕山期遭到了抬升剥蚀。

根据区域地质背景资料、典型的地震地质平衡剖面、构造图、地震剖面等资料的综合分析研究,将江汉平原早燕山期的侏罗纪末期的构造运动期次大致分为三幕。

(1)侏罗纪末期 I 幕——对冲断褶构造体系产生期。

江汉平原地区形成对冲构造格局(图 3.31),北部冲断带位于 F_4 弧形断裂以北,南部冲断带位于 F_{10} 断裂以南,区内以挤压褶皱为主,北部冲断带和南部冲断带以基底卷入型高角度断裂构造为主,南北冲断带主要发育叠瓦冲断片、楔状局部构造,盖层滑脱构造不甚发育。对冲带展布范围较现今宽广。北部冲断带前锋外围(对冲带内)下盘在三叠系形成隆起的基础上,已形成宽缓背斜。局部构造为规模较大的仰冲、逆冲断片。冲断带形成于侏罗纪末期I幕,II幕冲断强烈,后期夷平仅保留下古生界地层。

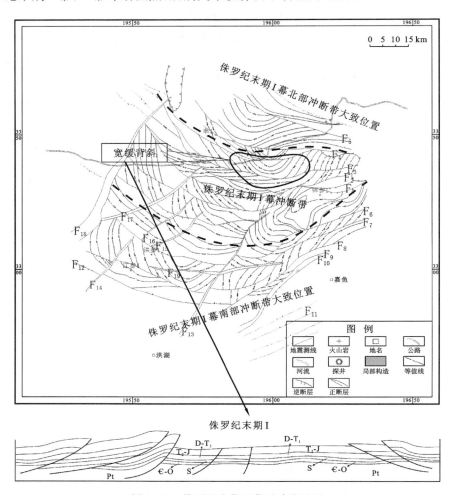

图 3.31　侏罗纪末期I幕对冲格局图

F₁.仙桃南西—簰洲北逆断层I;F₂.仙桃南西—簰洲北逆断层II;F₃.仙桃北东—簰洲北逆断层I;F₄.仙桃北东—簰洲北逆断层II;F₅.汉川南西断层;F₆.珂理北西—簰洲南东逆断层I;F₇.珂理北西—簰洲南东逆断层II;F₈.珂理南东逆断层I;F₉.珂理南东逆断层II;F₁₀.珂理南东逆断层III;F₁₁.嘉鱼南东逆断层;F₁₂.洪湖北西逆断层;F₁₃.洪湖北西走滑逆断层;F₁₄.通海口南东正断层;F₁₅.通海口北正断层III;F₁₆.通海口北正断层II;F₁₇.通海口北正断层I;F₁₈.通海口北正断层;F₁₉.洪湖北正断层

（2）侏罗纪末期II幕——滑脱推覆对冲构造主形成期。

侏罗纪末期II幕——南北推覆构造强烈挤压向扬子板内延伸,由造山带向板内产生规律性的系列仰冲、逆冲、逆掩弧形推覆带,多层强烈滑脱推覆,对冲带挤压变窄,宽缓背斜分解为多个断背斜和背斜,并转为滑脱推覆体前锋内的构造。总体为对冲构造体系的主要形成期(图 3.32)。

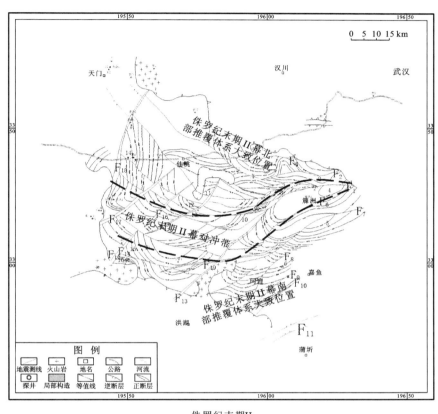

图 3.32　侏罗纪末期 II 幕对冲格局图

F₁.仙桃南西—簰洲北逆断层 I;F₂.仙桃南西—簰洲北逆断层 II;F₃.仙桃北东—簰洲北逆断层 I;F₄.仙桃北东—簰洲北逆断层 II;F₅.汉川南西断层;F₆.珂理北东—簰洲南东逆断层 I;F₇.珂理北西—簰洲南东逆断层 II;F₈.珂理南东逆断层 I;F₉.珂理南东逆断层 II;F₁₀.珂理南东逆断层 III;F₁₁.嘉鱼南东逆断层;F₁₂.洪湖北西逆断层;F₁₃.洪湖北西走滑逆断层;F₁₄.通海口南东正断层;F₁₅.通海口北正断层 III;F₁₆.通海口北正断层 II;F₁₇.通海口北正断层 I;F₁₈.通海口北正断层;F₁₉.洪湖北正断层

　　(3) 侏罗纪末期 III 幕——走滑压扭构造改造期。

　　南北推覆体系持续强烈挤压,由于主应力方向不同产生左行走滑断裂,形成左行压扭构造,南部推覆体分解为江南-雪峰滑脱推覆体系和西南冲断推覆体系,对冲带进一步变窄并受走滑断层分割,为走滑压扭构造改造期,白垩纪中期压-张转换后,部分走滑断裂负反转为控盆正断层(图 3.33)。

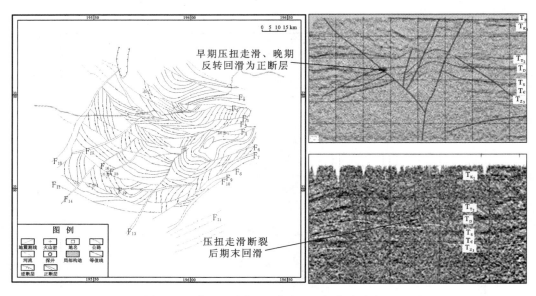

图 3.33　侏罗纪末期 III 幕走滑压扭构造改造图

F₁.仙桃南西—簰洲北逆断层 I;F₂.仙桃南西—簰洲北逆断层 II;F₃.仙桃北东—簰洲北逆断层 I;F₄.仙桃北东—簰洲北逆断层 II;F₅.汉川南西断层;F₆.珂理北西—簰洲南东逆断层 I;F₇.珂理北西—簰洲南东逆断层 II;F₈.珂理南东逆断层 I;F₉.珂理南东逆断层 II;F₁₀.珂理南东逆断层 III;F₁₁.嘉鱼南东逆断层;F₁₂.洪湖北西逆断层;F₁₃.洪湖北西走滑逆断层;F₁₄.通海口南东正断层;F₁₅.通海口北正断层 III;F₁₆.通海口北正断层 II;F₁₇.通海口北正断层 I;F₁₈.通海口北正断层;F₁₉.洪湖北正断层

5. 侏罗纪末期—白垩纪早期——剥蚀夷平、岩浆岩活动改造演化阶段

强烈剥蚀夷平后由于挤压-拉张应力转化,促使中酸性岩浆岩侵入和喷发,形成岩浆刺穿和隐刺穿构造样式。岩浆活动形成的刺穿和隐刺穿构造,主要形成于早白垩世,发育于区域挤压到伸展作用转换时期,分布于工区南北,往往存在白垩系断陷主控断层下盘。

早白垩世,拉张断陷活动强度较弱,仅局限于盆地的西部、东部边缘,形成早白垩世局部的沉积空间,盆内大部分地区为前白垩纪古陆,继续遭到剥蚀。

中扬子地区燕山晚期—喜马拉雅早期,由于造山后期应力松弛,发生早期断层的反转,发育北东向、北东东向和北西向张性正断层,使燕山早期在强烈挤压作用下形成的中、古生界构造发生了强烈改造,以反转拉张断陷活动为主,表现为早期形成的北西向、北东东向挤压断层和北东向、北北东向压扭走滑断层重新活动,发生构造负反转,并控制白垩系—古近系沉积。这种活动从东到西、从北到南又有一定的差别。总体上,从东到西,裂陷活动的强度有减弱的趋势,江汉平原反转断块活动最强,向西逐渐减弱,湘鄂西地区仅部分断层反转,形成山间断陷小盆地,但基本未改变燕山早期形成的构造面貌,再往西至上扬子(包括鄂西渝东区)基本未发生张性反转,以挤压拗陷为主;从北到南,江汉平原北部受早燕山期秦岭-大别造山带形成的北西向断层反转控制,发育北西向构造和张性正断层,使该期构造具盆岭相间构造的特点,该期断裂常将先期北西向构造线切割成若干块体,区域上控制红层盆地的发展,常形成西断东超的断陷盆地,如受通城河断裂和远安断裂控制的远安凹陷;受南荆断裂控制的荆门凹陷;受汉水断裂控制的汉水凹陷;并造就了断堑和断垒并置的总体格局。大致以问安寺—纪山寺—潜北—天门河断裂为界,江汉平原中南部及湘鄂西地区受燕山早期江南-雪峰造山带形成的北东东向断层,以及因压扭走滑作用形成的北东向断层反转控制,常发育北东东向、北东向张性正断层和北断南超断陷盆地,如受潜北断裂控制的潜江凹陷;受天门河断裂控制的小板凹陷;受问安寺断裂和纪山寺断裂控制的江陵凹陷和枝江凹陷;受周老嘴断裂控制的陈沱口凹陷等。这种特征显然受到了燕山早期挤压构造格局的控制,只是构造性质发生了转换。

6. 白垩纪—新近纪断陷演化阶段

中上白垩统为伸展环境,控盆断裂多为早期基底卷入型挤压断裂后期回滑所致。王必金(2004)将江汉盆地白垩纪—新近纪的构造演化划分为五个构造幕,每个构造幕均具有不同的断裂发育特征及沉积沉降中心。

(1)早白垩世,拉张断陷活动强度较弱,仅局限于盆地的西部、东部边缘,形成早白垩世局部的沉积空间,盆内大部分地区为前白垩纪古陆,继续遭到剥蚀。

(2)晚白垩世早期,江汉平原地区,几组北西向基底断裂在区域引张力的作用下,强烈断陷,并明显控制了晚白垩世沉积,造成断层下降盘前缘地层厚度大,向断坡带地层厚度逐渐减薄,从而形成多个呈北西向展布的地堑、半地堑断陷,并发育呈北西向展布的荆门、汉水等半地堑式洼陷沉降带。湘鄂西地区,在龙山、恩施、利川等地区由于受构造反转影响,发育部分张性正断层,形成山间断陷盆地,并控制上白垩统正阳组沉积,为一套山间盆地的红色陆屑类磨拉石建造,与下伏地层 T_3s—T_2b 呈高角度不整合接触。

晚白垩世至始新世研究区进入造山带塌陷阶段。一方面,经过侏罗纪末燕山运动的强烈挤压褶皱造山后,至白垩纪,研究区地壳处于造山后应力释放阶段,总体处于扩张环境,特别是在造山过程中,受南北向挤压,发育一组北东向、北西向共轭剪节理和近东西向张节理的交汇部位,拉张裂陷形成红层盆地。这种盆地多分布于造山带的外缘,区内江汉盆地即是该三组断裂控制形成的。在研究区发生了近北东东—南西西向的伸展作用形成北北西向拉张断裂,与沿前期大洪山弧形构造带北西向主干断层反转切割、改造、复合在区内形成了汉水断陷和南荆断陷。另一方面,由于前期挤压造山,地壳加厚,随着挤压逆冲作用的减弱,不足以抵抗均衡补偿作用,地壳将发生伸展塌陷使地壳应力得以平衡。在这种伸展背景下,黄陵隆起再次强烈的均衡隆升,核部盖层再次遭受剥蚀,基底暴露,翼部地层也受到不同程度的剥蚀,而通城河断裂带及其东侧地层保留较完整,形成明显差异。同时,一些基底断裂再次活动,切割盖层,并且在西翼发生滑脱断层和滑脱褶皱。

(3)晚白垩世晚期,由于区域性隆升剥蚀,形成了地震解释界面 T_{10} 沉积间断面,由于抬升的不均衡性,部分地区产生了一系列阶梯状的张性正断层,应力场方向发生改变,以北北东向的张性断裂为特征,断裂活动相对较弱,对沉积的控制作用小,裂陷或拉伸中心及湖盆沉积中心位于江陵凹陷。

(4)喜马拉雅早期的构造活动方式以继承燕山晚期为主要特征,古近系与上白垩统之间,普遍以平行不整合(部分整合)接触为主,说明构造活动较弱。直到始新世中-晚期,北东向、北北东向断裂普遍活动,特别是潜江组沉积时期,潜北断层的强烈活动(生长指数达 9.0),其前缘形成整个盆地的裂陷或拉伸中心,最大沉积厚度达 4500m,由此,古构造格局总体上呈现出北陡南缓的特征,并决定了潜江组物源主要来自北部。在潜北断裂活动最剧烈的陡坡断裂带附近发育近岸水下扇和扇三角洲等近源粗碎屑沉积,盆地大部分地区被半咸水盐湖所覆盖。到渐新世荆河镇组沉积期,由于地壳的持续抬升,只剩下潜江凹陷、江陵凹陷、小板凹陷的局部地区为孤立的水体接受沉积。

中始新世之后,研究区主要受区域构造动力作用或深部物质调整作用控制的新阶段。在该阶段中,以近于垂直于造山带方向发生裂解作用为特征。区域分析表明,中国东部形成了隆起带与断陷带相间的格局,如太行山隆起带、渤海湾盆地带等。从太行山隆起带经豫西隆起、武当山隆起过秦岭,延伸至研究区的黄陵隆起,它们构成我国一条重要的区域性重力梯度带,而渤海湾盆地带过秦岭,大致与江汉盆地相连。近期研究表明,这种隆起带与盆地带可能与深部地幔软流圈顶界面的拗陷和隆起相对应,受控于深部动力作用过程,这种动力作用必然导致黄陵地区又一次隆升。

(5)渐新世末期的喜马拉雅运动,盆地整体抬升遭受剥蚀,结束裂陷盆地发育史。新近系中新统,在区域重力均衡作用下,盆地进入缓慢的拗陷沉降期,主要的沉降中心位于潜北洼陷(图 3.34)。

喜马拉雅晚期是滨太平洋构造运动持续发展和喜马拉雅运动强烈活动时期。研究区受喜马拉雅造山远距离效应的影响,表现为沿早期低角度逆冲断裂上断坪薄弱带的构造活化,形成由南向北的浅表层次脆性逆冲推覆,对前期构造进行了较强烈的改造,如南西侧的天阳坪断裂造成八面山弧形构造向北东逆掩于红盆之上;北侧的青峰—襄阳—广济断裂造成扬子地台古生代物质逆冲于白垩系—古近系之上,枣阳耿集、随州三里岗等地形成的"飞来峰",再向北新城—黄陂断裂也可见花岗岩向南逆冲于红盆之上。该期构造导致扬子台区的物质向北至北东方向移动,破坏了大洪山-大巴山弧形构造带的完整性。挽

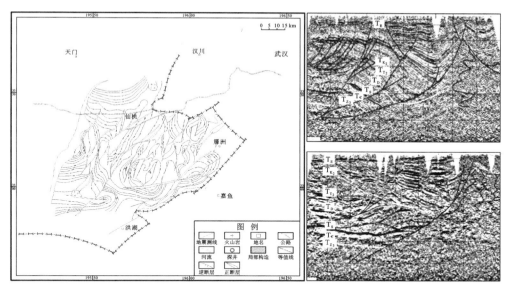

图 3.34　白垩系—新近系断陷控盆图

F₁. 仙桃南西—簰洲北逆断层 I；F₂. 仙桃南西—簰洲北逆断层 II；F₃. 仙桃北东—簰洲北逆断层 I；F₄. 仙桃北东—簰洲北逆断层 II；F₅. 汉川南西断层；F₆. 珂理北西—簰洲南东逆断层 I；F₇. 珂理北西—簰洲南东逆断层 II；F₈. 珂理南东逆断层 I；F₉. 珂理南东逆断层 II；F₁₀. 珂理南东逆断层 III；F₁₁. 嘉鱼南东逆断层；F₁₂. 洪湖北西逆断层；F₁₃. 洪湖北西走滑逆断层；F₁₄. 通海口南东正断层；F₁₅. 通海口北正断层 III；F₁₆. 通海口北正断层 II；F₁₇. 通海口北正断层 I；F₁₈. 通海口北正断层；F₁₉. 洪湖北正断层

近时期,研究区的构造活动以差异升降剥蚀夷平为主要特点,是滨太平洋构造活动与喜马拉雅碰撞造山活动联合影响的结果。

江汉盆地白垩系底界构造图显示,北区白垩系底的构造样式相对简单,东部埋深较浅,一般为 500～3 000 m,西部埋藏较深,一般为 3 000～5 000 m,该区白垩系埋深最大处在问安寺断层下盘的河溶凹陷。从宜随大剖面上可见相间排列的"垒、堑"样式,平面展布受控于先成断层。

江汉盆地白垩系底界构造图显示,江陵凹陷、潜江凹陷、仙桃凹陷、小板凹陷的沉积均受控于先成断层反转,江陵凹陷约有三个沉积中心,即问安寺断层上盘最大埋深超过 8 500 m;万城断层上盘最大埋深可能超过 9 000 m;弥陀寺上盘最大埋深超过 7 500 m。仙桃凹陷白垩系埋藏较浅,不超过 3 500 m,最深在仙桃断层上盘。潜江凹陷最深处在潜北断层上盘的广华地区,估计超过 18 000 m。小板凹陷最深超过 6 000 m,在凹陷沉积中心寻找海相内幕构造显然不现实,结合江汉盆地前白垩系剥皮地质图,相对来讲,白垩系埋深为 1 500～3 500 m,前白垩系地层出露 D-T 的斜坡带,丫新-岳口低凸起、潜江凹陷东北部和仙桃凹陷的张家沟地区可作为晚期成藏模式的有利区带。

喜马拉雅早晚期由于印度板块挤压远缘效应,工区以区域抬升运动为主。表现为挤压运动导致角度不整合与断裂构造正反转(图 3.35)。

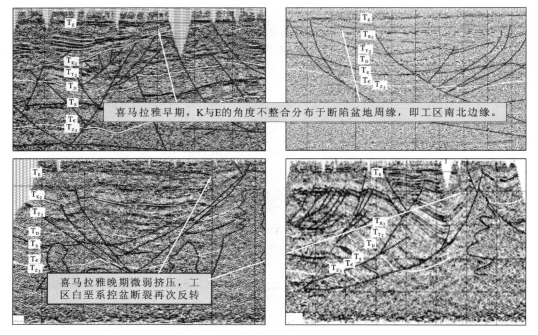

图 3.35　喜马拉雅运动不整合剖面图

3.2.4　构造演化的应力场分析

1. 前印支期构造动力学分析

超大陆裂解是超大陆演化旋回的起始阶段(张惠民,1994)。超大陆旋回包括超大陆的裂解和裂离后的各个克拉通碎块再汇聚成一个新的超大陆的过程,在新的超大陆中大多数或所有的碎块处于和在原超大陆中的位置不同的空间配置(张惠民,1994)。超大陆的汇聚过程通常要远长于其裂解过程,而且汇聚过程通常和标志新的超大陆裂解开始的初始裂谷阶段相重叠。

就研究区北缘东秦岭-大别造山带及其南北相邻地块而言,迄今为止具有比较确切的地质地球化学和年代学证据的 Rodinia 超大陆在新元古代裂解的地质记录主要分布于中秦岭变质地体和南秦岭及扬子克拉通北缘,最为典型的有中秦岭吐雾山 A 型花岗岩、南秦岭的耀岭河群裂谷型火山-沉积岩组合、大别地区的"红安群"裂谷型火山-沉积岩组合及扬子克拉通北缘的汉南杂岩,它们的形成年龄为 810~710 Ma(陆松年等,2003)。

南秦岭以武当地块和随州-枣阳地块上的基性岩墙群最为典型和最为发育,它构成南秦岭构造带非常突出的一大地质特点,地球化学特征显示主要为大陆拉斑玄武岩质,源自亏损地幔(DM)和第二类富集地幔(EMII)为主要端元组成的混合地幔源区,是在大陆伸展、裂解背景下侵位的基性岩墙群(凌文黎等,2002;张成立等,1999;周鼎武等，1997，1998）。

许多研究者认为导致超大陆裂解的力量是地幔柱的作用在大陆岩石圈的裂解过程中起着积极作用，Li 等（1999a）提出华南约 825Ma 的地幔柱活动导致 Rodinia 大陆裂解。当然并不是所有的研究者都承认地幔柱作用是导致大陆裂解的营力，而认为尽管地幔柱起一定的作用，起主导作用的是和板块边界有关的板块内部的应力以及沿着岩石圈底部的拖曳应力（Ziegler，1992）。本书认为地幔柱的作用是超大陆裂解的主要动力。

晋宁期后，经克拉通化的扬子陆块基底稳定性逐渐增强，从早震旦世研究区南北边缘裂陷扩张，到早古生代板内裂谷海槽形成、封闭。自震旦纪开始，中扬子地区南北边缘开始裂陷、扩张，南部边缘基本继承了晋宁前期南华洋格局，开裂形成了北东、北东东向阶梯状断裂，组合成堑垒相间的裂谷（程浴淇，1994；张文荣等，1990），形成近东西向裂谷。随着扬子陆块南北裂谷的进一步扩张、大洋化，中扬子地区边缘已逐渐演化为具有洋陆过渡壳性质的深水裂谷，因此出现陆块整体耦合式振荡下沉、遭受广泛海侵，成为广阔的陆表海台地，台地南北发育江南及南大巴山-大洪山肩部水下隆起（张文荣等，1990），早奥陶世晚期由于陆间新生洋壳向华夏、华北陆块下俯冲（程浴淇，1994），中奥陶世华夏陆块首先向北仰冲，并推动扬子陆块向北漂移，因此陆块南北边缘带快速沉降。

2. 印支期构造-沉积演化的动力学机制

印支期华北板块、秦岭微陆块、扬子板块相继发生碰撞，进入新的构造演化阶段——同造山阶段。研究区北侧发生俯冲碰撞，碰撞带在东部大别山地区，大致沿宣化店—吕王—高桥—永佳河一线（中脊）北西向延伸，以出现基性-超基性的物质组合为特点，具较典型的蛇绿混杂岩带特征，向西与秦岭造山带商丹一带蛇绿混杂岩（二郎坪群）带相连，向东与浠水一带蛇绿混杂岩带相接（李锁成等，2005）。在二郎坪—高桥—浠水一线以北的仰冲盘出现中生代的类科迪勒拉钙碱性侵入岩，南侧俯冲盘则在不同深度带发生高压变质作用，具双变质带特征，该期以俯冲消减、碰撞未造山为特点，沿此碰撞带秦岭-大别洋消失，代之以残留海盆或海陆过渡相的沉积环境。在南侧表现为华南板块内部裂谷盆地关闭、挤压逆冲形成江南构造带。在构造演化时序上具有印支期南侧江南构造带隆升造山早于北侧东秦岭-大别造山带的特点。

对华南海西期、印支期花岗岩类岩体的年代学和岩石性质、华南盆山特征及构造特征总结，认为古太平洋板块的平缓俯冲作用对海西期—印支期花岗岩类岩石的形成直到控制作用（Li et al.，2007）。王德滋和沈渭洲等（2003）认为，印支期花岗岩是华夏地块与扬子地块或印支地块与华夏地块在印支期相互碰撞之后的伸展构造环境条件下，由当时被加厚的华南地壳（中元古代变质基底≤50 km）在减薄、降压、导水条件下，先后部分熔融而成，其中有些可能属于加里东期花岗岩重熔形成的再生花岗岩。梁新权等（2005）认为：华南内部晚二叠世—中三叠世构造运动性质及转换与当时华南南缘存在的古特提斯洋的闭合及印支地块与华南地块的碰撞作用有关。华南地块南缘古特提斯洋盆的较早消亡造成印支地块率先与华南地块碰撞与会聚，导致连锁的华南内部扬子与华夏之间的碰撞活化。已经拼合的华南地块受到相邻块体间的碰撞挤压,被动地卷入陆内缩短和地壳加厚,形成碰撞造山带和与之相伴随的前陆盆地,同时沿构造薄弱带发生走滑或地块发生旋转,形成逃逸构造及相应的盆山耦合构造。华南印支期花岗岩分布的赣湘桂一带为一长期发育的裂陷槽,带内冲褶构造发育,印支期花岗岩可能主要是陆壳叠置加厚作用的结果(王岳军等,2005,2002)。但从广西钦州湾-大容山具太古代 Nd 模式年龄(3 300～2 900 Ma)的印支期岩体,含有堇青石和石榴石,为典型的 S 型花岗岩,可能与印支期钦防海槽的闭合、扬子和华夏地块在南端的碰撞造山有关。周新民(2003)根据印支期花岗岩的时空分布特征、岩石性质、地球物理特征及区域构造演化,建议华南印支期浅色花岗岩成因模式的基本框架如下:在 T_{1-2} 时期,古东特提斯海在越南北部松马地带(红河之南,是金沙江-墨江-松马碰撞带的一部分)关闭,洋底向南消减,发生华南地块(包括最北部越南)与 Sibumasu 地块相互碰撞,主碰撞-变质期为距今 258～243 Ma 前,碰撞使华南地壳,特别是稍远离碰撞带的南岭地区加厚至≤50 km,并伴生类似于西欧海西变质带的 HT/LP 变质岩系。此后,华南地壳很快地被减薄,在 T_3 时进入了伸展应力体制。在地壳减薄、减压熔融为主导的机制下,在中地壳深度,早-中元古代泥砂质沉积变质岩系发生部分熔融,形成了大多数印支期浅色花岗岩。它们零星地散布在上述广大地域。

王强等(2003)据福建地区的碱性侵入岩认为,印支早期华南地区局部可能存在伸展作用。谢才富等(2005)更进一步认为,海南东南部存在一条北东向的三叠纪富碱侵入岩带,该岩带可能延伸到广东罗定—福建明溪,并指出华南三叠纪时可能也属于后造山环境。

综上所述,印支期褶皱造山作用其南部边界大致止于安化至黄石一带,北边界推进至南大巴山。扬子地台内部印支期地壳运动主要表现为升降作用。

印支期扬子板块内部构造变形表现为大隆大拗构造面貌,黄陵地区隆升作用发生于中三叠世末期或晚三叠世早期,这种隆升作用应与勉略带俯冲碰撞作用有关。研究区北侧东秦岭-大别造山带南缘陆内俯冲过程、盆地演化及两者间的耦合关系具有如下特征。

(1)晚三叠世华北板块和扬子板块沿勉略古缝合带及商丹古缝合带实现最终拼合造山。造山机制主要表现为一系列构造岩片沿早期构造薄弱带,如缝合带、大陆裂谷带等,发生陆内俯冲叠置,部分岩片楔入地壳之下以至深部地幔之中,从而使得造山带地壳加厚,地表初始隆升。勉略古洋盆于中三叠世末期关闭之后,晚三叠世之后扬子北缘向北发生了强烈的陆内俯冲,致使扬子北缘在造山负荷作用下形成前陆盆地。

(2)碰撞造山作用控制了前陆盆地的形成和发育,而盆地沉积则记录了造山过程。晚三叠世扬子北缘的盆地格局反映扬子地块与秦岭地块间的碰撞过程呈剪刀式,初始陆陆碰撞作用发生于中下扬子地区。

(3)扬子北缘前陆盆地的发育反映了扬子板块与秦岭微陆块间俯冲碰撞过程是自扬子地区东部开始的,扬子板块相对于秦岭地块主体运动方向是北西向,由此导致中扬子地区首次发生陆陆碰撞,在逆冲负荷作用下形成前陆盆地。

总之,印支运动初步展示了本区的"三拗两隆"格局,虽尚未强烈褶皱变形,但已基本上奠定了现今的古构造格局雏形。

3. 早燕山期构造演化的动力学机制

江汉平原地区受"大三角"的边界条件限制,因此区内变形变位具有三面围限的特点。即西部黄凌背斜具有砥柱作用;东北部襄樊-广济断裂(简称襄广断裂)和南部监利-阳新断裂具有限制作用。受上述条件的制约,在江南造山带和秦岭造山带相对逆冲作用下,最大主应力在南部为近南北向,中部荆门-钟祥-京山区为北东向,西部则呈环形向黄陵背斜收敛;中间主应力在南部是近东西向,中部有明显的弯曲,西部则呈放射状(图 3.36)。显示靠近边部则边界条件控制明显,进入内部则为共同控制的特点(周雁等,1999)

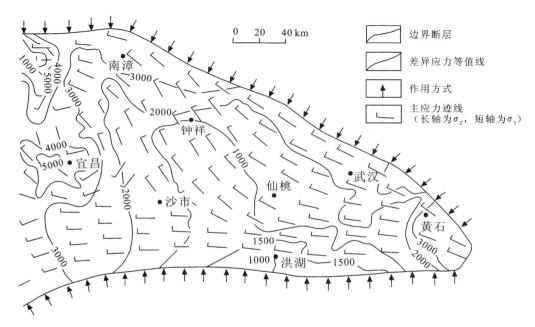

图 3.36　江汉盆地及邻区燕山早期构造应力场数字模拟结果图(周雁等,1999)

1) 深部结构和岩石圈拉伸作用

从区域重力异常看,汉江盆地及周边的岩石圈受到了明显的拉伸变薄,地幔隆起。盆内的潜北凹陷、通海口凹陷、江陵凹陷、天门河凹陷及荆门凹陷等都位于重力布格异常带,潜江凹陷尤为明显,岩石圈受到过较强烈的拉伸变薄作用。江汉盆地及周边地区莫霍面深度分布也反映出地壳受到了拉伸变薄。从武汉一带向西地壳厚度加厚,达 40 km 以上。从电测剖面反演的岩石圈结构可以看出,盆地区的岩石圈厚度变薄到 60～70 km,而周边的岩石圈厚度为 120～150 km,地壳厚度也相应变薄。显然,盆地的形成与岩石圈的拉伸变薄有关。

纯剪切的裂谷盆地形成机制认为,岩石圈的拉伸变薄是均匀的变薄过程,岩石圈的最大变薄带、盆地的最大沉降中心,以及莫霍面、软流圈的隆起部位是相一致的。另一种形成机制是所谓的简单剪切模型,沿大规模的低角度拆离面的伸长导致岩石圈的变薄是不对称或不均匀的。从区内的岩石圈变薄和盆地的分布及其结构特点可以看出,总体上是一种均匀的纯剪切拉伸过程。为此,可依据地壳的变薄和岩石圈的结构估算岩石圈的拉伸系数。从周边情况可设定火山拉伸前的地壳厚度为 42 km,以最小厚度为 28 km 算,地壳的拉伸系数约为 1.5。根据由测深剖面计算的岩石圈拉伸系数为(原始厚度约为 130 km,最大变薄厚度为 70 km)1.8。另外,从盆地最大沉降量中反演构造沉降量,与理论模型拟合,也可估算拉伸系数。除个别部位可高达 3 以外,大部分相对沉降较深的洼陷带的拉伸系数为 1.5～1.8。这与地壳和岩石圈结构估算的范围大体一致。拉伸系数是描述岩石圈伸长变薄程度的一个重要参数,其大小决定着盆地的沉降和深部热流变化。

2）地球动力学机制分析

晚白垩世时中国东部滨太平洋构造域开始出现了岩石圈裂陷的构造背景。研究区这一时期的张性断裂是以北西向、北北西向断裂的大规模负反转为特征,形成北北西向展布的半地堑断陷,充填巨厚红色为主的冲积扇和辫状河砂砾岩沉积。这一时期部分北北东向、北东东向断裂也开始活动,如问安寺、万城、天门河等断裂的负反转控制着局部的沉降中心,这反映出研究区处于总体的拉伸背景并以南西—北东向或近南北向的拉伸为主。古构造应力场的模拟也反映出,这期原盆地的发育与北东—南西向的拉伸有关。

区域构造背景分析表明,北北西向断裂的大规模负反转拉伸可能与大区域的岩石圈拉张作用有关。秦岭-大别构造带在早白垩世的热隆起导致了大规模的剥蚀作用。秦岭-大别构造带在白垩纪出现过大规模的热隆伸长事件,热隆起的拉伸部位于岳西-罗弯隆一带。深部拆层返转被认为是导致这种热隆作用的重要原因。大别山区的热扩张轴呈东西向展布。热扩张过程伴随有基性的岩浆活动。据周祖翼等(2002)的研究,这一热扩张事件可能持续到 85 Ma 左右,核部岩石自 85 Ma 以来的剥露量要比两翼多 1 528.8 m。这一阶段研究区也主要处在热隆阶段,裂变径迹对这一热事件的存在提供了证据。晚白垩世的热隆起同时存在扩张,并从早白垩世的热隆转为热隆伸长作用。从盆地内的岩浆岩活动和沉积作用来看,这一事件可能延续到白垩纪末。在黄陵一带出露白垩纪的基性火山岩(玄武岩)。因此,白垩纪盆地的发育与秦岭-大别造山带在白垩纪出现的热隆和伸长作用可能处于同一构造热背景。古近纪早期北北西向断裂已基本停止活动,岩浆岩类型也发生了明显变化。

3.3　海相中、古生界构造组合形成过程

工区的中、古生界经历了印支期—燕山早期强烈的构造挤压运动,由南北板缘造山到盆内构造变形是一个逐渐推进的过程,燕山中期—喜马拉雅构造的两次反转致使挤压/压扭构造再次改变和改造。在此过程中,构造变形样式由单一变为复式,并且,早期变形的构造样式,后期转变为其他类型或者是多种构造样式的组合与复合,运用平衡剖面的基本原理对现今构造组合的恢复,有助于深入了解构造的形成过程,按照工区的次级构造单元可以总结以下多种典型构造组合的演化过程。

3.3.1 大洪山推覆体根带典型构造组合形成过程

A 阶段:稳定的席状构造格局阶段。中三叠统沉积之前,工区北部出于勉略洋演化阶段,下三叠纪末期,工区北部地区板缘开始产生陆陆碰撞褶皱变形,但工区处于中扬子区盆内,基本继承了克拉通时期形成的构造格局,表现为相对稳定的构造特征[图 3.37(a)]。

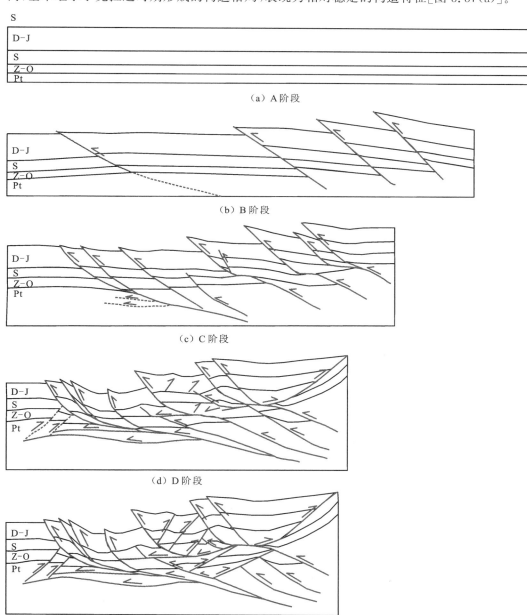

图 3.37 大洪山推覆体根带典型构造组合形成模式图

B 阶段:叠瓦单冲断裂构造格局产生阶段。陆陆强烈碰撞后,工区北缘距离陆缘相对较近,表现为基底卷入型叠瓦仰冲特征,地壳深部拆离,断裂倾角相对较陡,一般大于 45°,断裂依次由北向南产生[图 3.37(b)]。

C 阶段:叠瓦逆冲构造递进阶段。构造尾缘继续表现为单逆冲构造加强,首缘以前展式逆冲断裂向前推移,形成单冲-叠瓦逆冲楔-竹劈构造组合[图 3.37(c)]。

D 阶段:滑脱推覆构造组合初期阶段。由于由北向南挤压加强,基底面和志留系底面为主产生滑脱推覆,使尾缘沉积盖层产生复式叠瓦构造,基底在以前逆冲断裂构造的基础上继续掩冲形成叠瓦单向逆冲构造;首缘沿基底滑脱面形成后展式叠瓦构造,沉积盖层的下构造层产生竹劈构造。因此形成了掩冲-复式叠瓦逆冲-竹劈构造组合与复合[图 3.37(d)]。

E 阶段:滑脱推覆体系形成阶段。在原来产生的构造组合的基础上,随着挤压应力继续加强,构造继续加强和变化,尾缘产生复式碟式构造,首缘产生完整的叠瓦构造楔、三角构造楔和竹劈构造,中段存在着双重构造;在印支期—燕山中期的挤压构造运动阶段,中北部推覆体根带形成了掩冲构造、复式碟式构造、双重构造、竹劈构造、叠瓦楔和三角构造组合与复合,构成了根带完整推覆体系[图 3.37(e)]。

3.3.2　大洪山推覆体中带典型构造组合形成过程

A 阶段:稳定的席状构造格局阶段。中三叠统沉积之前,工区北部出于勉略洋演化阶段,下三叠纪末期,工区北部地区板缘开始产生陆陆碰撞褶皱变形,但工区处于中扬子区盆内,基本继承了克拉通时期形成的构造格局,表现为相对稳定的构造特征[图 3.38(a)]。

B 阶段:深浅变质岩间滑脱型前展式叠瓦断裂产生阶段。在深浅变质岩间产生滑脱拆离,沉积盖层产生低角度叠瓦逆冲断裂褶皱,断裂倾角相对较小,一般大于 30°,断裂依次由北向南前展式产生,形成宽缓的断背斜构造[图 3.38(b)]。

C 阶段:滑脱推覆构造组合初期阶段。由于由北向南挤压加强,尾缘随基底与沉积盖层两套滑脱层系形成后展式滑脱构造与下构造层双重背斜构造,一般来说,下构造层背斜相对稳定;中带首缘沿基底层系中产生滑脱面,以前展式叠瓦逆冲构造与竹劈构造组合为多,总体产生了首、尾两缘的复合构造组合[图 3.38(c)]。

D 阶段:滑脱双重构造体系形成阶段。在原来产生的构造组合的基础上,随着挤压应力继续加强,构造继续加强和变化,尾缘产生叠瓦逆冲形成完整,首缘在产生前展式叠瓦构造楔、三角构造楔和竹劈构造,首、尾两缘间由于受其挤压滑动形成倾向前陆双重逆冲构造。由此,中带形成了叠瓦、双重、竹劈、三角构造复杂的构造组合与复合[图 3.38(d)]。

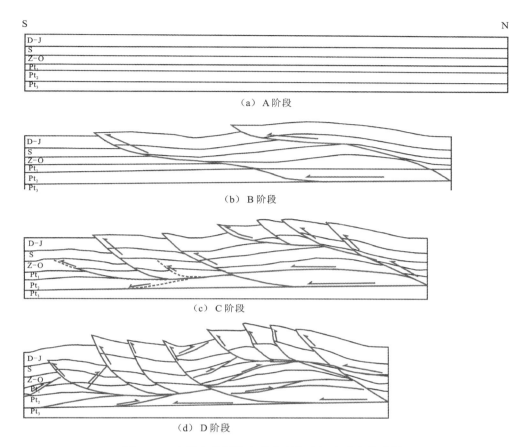

图 3.38　大洪山推覆体中带典型构造组合形成模式图

3.3.3　大洪山推覆体锋带典型构造组合形成过程

　　A 阶段:稳定的席状构造层阶段。根据构造变形由造山带向盆内递进变形的规律,锋带相对于根带与中带变形较晚[图 3.39(a)]。

　　B 阶段:浅变质岩间滑脱型前展式叠瓦断裂产生阶段。在浅变质岩间和变质岩与盖层间产生滑脱拆离,沉积盖层产生低角度叠瓦俯冲断裂褶皱,断裂倾角相对较小,一般小于 30°,断裂依次由北向南前展式产生,形成宽缓的叠瓦冲断席[图 3.39(b)]。

　　C 阶段:滑脱推覆构造组合形成阶段。由于由北向南挤压加强,尾缘随基底与沉积盖层两套滑脱层系形成后展式滑脱构造与下构造层双重背斜构造,一般来说,下构造层背斜相对稳定;分带首缘沿基底层系中产生滑脱面,以前展式叠瓦逆冲构造与竹劈构造组合为多,总体产生了首、尾两缘的复合构造组合。与中带形成中期不同的是,主滑脱面较浅,一般基底与盖层间或盖层内以滑脱面为主,而中带以深浅变质岩间为主滑脱面[图 3.39(c)]。

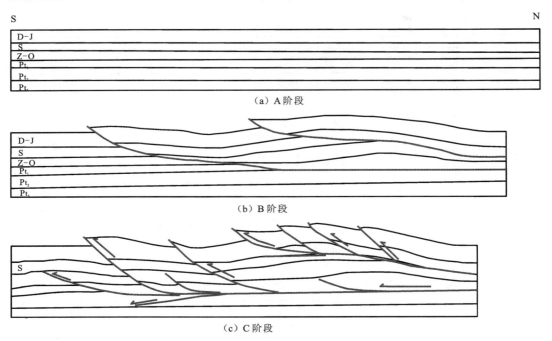

图 3.39 大洪山推覆体锋带典型构造组合形成模式图

3.3.4 江南-雪峰滑脱推覆体典型构造组合形成过程

江南-雪峰滑脱推覆体主要经历了四个构造变形阶段,构成了以深变质岩基底拆离、浅变质岩内幕滑脱层系为主、沉积盖层多套滑脱推覆叠置构造(图 3.40)。

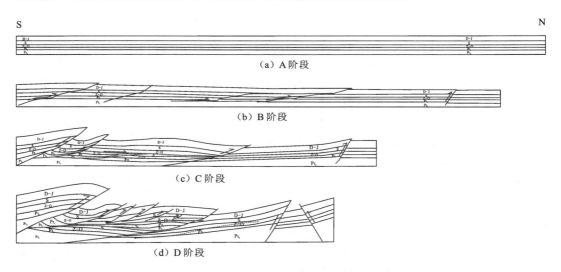

图 3.40 江南-雪峰滑脱推覆体构造组合形成模式图

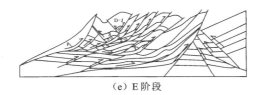

（e）E 阶段

图 3.40 江南-雪峰滑脱推覆体构造组合形成模式图（续）

A 阶段：稳定的席状构造层阶段。

B 阶段：递进逆冲阶段。由南向北产生挤压应力作用，深层基底拆离沿深浅变质间滑脱，在沉积盖层产生递进式的单冲，形成间隔的低角度逆冲断裂构造，由造山带向盆内断裂倾向减缓，盖层内志留系、泥盆系层间可能存在沿层破裂面，现今的对冲带南翼可能已存在北冲断裂。

C 阶段：叠瓦逆冲产生阶段。尾缘挤压加强，形成前展叠瓦逆冲，在原有的基底拆离滑脱的基础上，产生盖层滑脱逆冲席，首缘冲断席内产生断滑褶皱，断层规模由南向北减小。此时，对冲断裂、首、尾缘断裂构成了推覆构造的主控断裂。

D 阶段：滑脱推覆构造产生阶段。在深源基底拆离、浅源基底滑脱为主的前提下，尾缘强烈挤压逆冲，冲断席内上构造层产生了前展式尾叠瓦构造，下构造层变形较弱，而中部随滑脱层形成推挤型双重构造楔。此时的构造组合为叠瓦构造与双重组合，对冲构造产生。

E 阶段：滑脱推覆成熟阶段。尾缘上盘基底强烈推至地表，推覆体内地层强烈叠置，尾缘内上段强烈反冲，叠瓦扇强烈仰冲首缘前端与对冲断裂前列逆冲席间滑脱叠置，下段掩冲、中段形成倾向后陆双重构造。由此，江南-雪峰推覆体由叠瓦逆冲-双重构造-反冲构造-掩冲等复杂构造组合和复合构成。

3.3.5 对冲带内典型构造组合形成过程

对冲带内一般普遍表现为对冲干涉的构造样式，以南北逆冲断裂相互切割为主要特征，但由于南北主应力方向存在偏离，存在着走滑断层的复合特点，主要表现为以下方面。

A 阶段：早期存在着以对冲断裂构造［图 3.41（a）］。

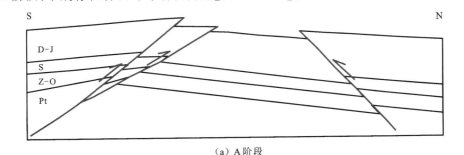

（a）A 阶段

图 3.41 对冲带内对冲-走滑-断阶构造组合形成模式图

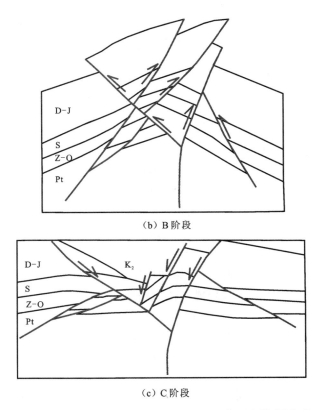

（b）B 阶段

（c）C 阶段

图 3.41　对冲带内对冲-走滑-断阶构造组合形成模式图（续）

B 阶段：正花状构造切割挤压作用阶段[图 3.41(b)]。

C 阶段：拉张回滑期。形成上下正负花状构造组合[图 3.41(c)]。

3.3.6　叠瓦逆冲-竹劈-断阶构造组合形成过程

A 阶段：前展叠瓦构造产生阶段,基底拆离、基底面滑脱形成叠瓦构造扇[图 3.42(a)]。

B 阶段：叠瓦逆冲、竹劈反冲构造组合形成期[图 3.42(b)]。

C 阶段：构造反转断阶构造形成期（鹿角构造形成期）,对前期构造进行改造调整[图 3.42(c)]。

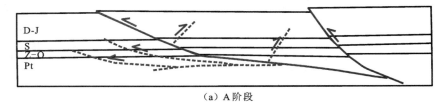

（a）A 阶段

图 3.42　叠瓦逆冲-竹劈-断阶构造组合形成模式图

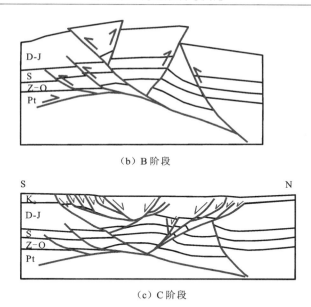

（b）B阶段

（c）C阶段

图3.43 叠瓦逆冲-竹劈-断阶构造组合形成模式图（续）

3.4 构造演化对于油气成藏的控制

3.4.1 构造活动的沉积充填响应

1. 前震旦纪裂谷及其沉积充填响应

新元古代早期扬子陆块处于拉张的大地构造背景,沿扬子古陆块周缘的晋宁期造山带形成一系列裂谷,在扬子陆块的北缘,新元古代早期在近陆一侧的神农架地区和陆缘的大洪山地区发育了一套陆相山前崩塌-复理石建造,即凉风垭组和花山群。岩石地球化学特征、岩石沉积组合、沉积相分析表明,它们皆为形成在大陆拉张构造背景下的一套陆相型大陆裂谷沉积,它们可与北侧的武当山群对比[图3.18(a)]。其中,神农架和大洪山裂谷在莲沱期之前便夭折了,后被泛海侵沉积莲沱组超覆,而大陆边缘的裂陷作用一直持续到南华冰期,并在其北侧形成秦岭-大别洋[图3.18(b)]。类似上述情况也见于扬子陆块南缘的桂北、黔东北和湘西等地区,新元古代早期在晋宁期造山杂岩四堡群梵净山群和冷家溪群基底上并排发育了一个裂陷槽和一个裂谷。

中扬子地区青白口纪—南华纪主要出露在黄陵隆起、大洪山及江南隆起一带。在晋宁造山运动的区域动力学背景下,神农架地区隆升,在其西南边缘堆积了凉风垭组碎屑沉积或类磨拉石-复理石建造,顶部以灰色粉砂岩与上覆南华系莲沱组砾岩呈不整合接触。在大洪山地区北东随州一带为一套安山-流纹质火山-沉积岩系(武当山群二岩组);在大洪山地区青白口系花山群主要为一套轻微变质的碎屑沉积,自下而上可划分为两个组,即洪山寺组(Qbh)和六房嘴组(Qbl),属大陆边缘剥蚀区沉积,主要表现为造山后期的山前垮塌堆积(磨拉石),为一套近源的砾岩、砂岩、泥质岩石组合,与下伏打鼓石群呈角度不整合接触。江南隆起带自东向西至西南依次出露双桥山群(赣、皖)、冷家溪群(湘)、梵净山群、九龙群(黔)及四堡群(桂),总体上为一套经浅变质的复理石建造,属较为稳定的被动大陆边缘与弧间海沉积环境。

晋宁运动使本区及邻区地槽封闭,前南华系褶皱成山,南华纪地形强烈分异,包括剥蚀山地、冲谷盆地、湖泊及河流纵横等地貌景观,造成各种沉积物的局限性,表现在南华纪陆相组合更为明显,当时地形由北向南逐渐由高到低,形成由剥蚀到沉积的递变。在研究区及周缘发育的剥蚀区有:①北面为秦淮古陆(秦岭-淮阳地区),长期隆起;②武当山古陆;③上扬子古陆;④黄陵-鄂中古陆(刘宝珺等,1994)。在这些古隆起或古陆之间形成了一些沉积区,而鄂中古陆与上扬子古陆共同形成扬子北缘台缘古隆起带,控制后期的古构造和沉积演化。

2. 加里东期沉积构造演化特征

加里东期是扬子陆块构造演化的一个重要时期,在整体沉降为主的构造背景下,先后经历了克拉通盆地的形成即震旦纪—早寒武世碳酸盐岩台地初始建造阶段、发展即中寒武世—早奥陶世成熟碳酸盐岩台地阶段、中奥陶世—志留纪淹没台地-前陆盆地阶段等多个构造演化阶段,接受了下部以碳酸盐岩为主、上部以碎屑岩为主的沉积,形成了一个完整的沉积构造演化旋回。

震旦纪—早寒武世,自南华纪裂谷作用初期发育的一套砂、砾岩为主的非补偿型沉积,到震旦纪—早寒武世早期发育的一套硅质岩、黑色页岩、碳酸盐岩沉积,在建造序列上形成了裂谷带的典型双层结构,同时完成了初始碳酸盐岩台地的建造。大套的暗色泥岩、碳质泥岩及含泥碳酸盐岩的发育,也为后期油气生成提供了物质基础。

中扬子区中晚寒武世发育了一套以白云岩为主的局限海台地相沉积,早奥陶世,中扬子区基本继承了晚寒武世巨大的碳酸盐岩台地及边缘斜坡的古地理格局,但也出现了两个显著的变化,一是海水更加动荡,进退频繁,碳酸盐岩台地逐渐萎缩,二是生物繁盛,导致礁滩相的发育。

中奥陶世开始,华南地区构造活动加剧(刘宝珺等,1993;马力等,2004),扬子板块与华夏板块逐步碰撞拼合,受控于华南统一板块的形成及南秦岭成为被动陆缘盆地,中扬子区表现为由中奥陶世的台地相到晚奥陶世的浅海前陆盆地,到早志留世的浅海滞留盆地,此时,由于江南古陆的大范围隆升,到中晚志留世成为残留海,并形成了较大范围的隆起剥蚀区。整体上以稳定沉降为主,断裂活动不强。在川南、黔北至湘北—鄂东南地区形成三个前陆隆起带:西为川中-川滇隆起、南为黔中隆起、东南为江南-雪峰隆起。三个古隆起带的构造掀斜作用导致大巴山—大洪山以南和黔北—湘北之间由克拉通浅海转为深水盆地,沉积了中上奥陶统宝塔组—临湘组泥灰岩、瘤状灰岩和五峰组黑色页岩、硅质岩,以及下志留统龙马溪组黑色泥岩。

3. 海西期—印支期沉积构造演化特征

广西运动后,华南地区进入了新的构造发展阶段,地史演化主要受古特提斯裂谷作用的控制,成为古特提斯构造域的组成部分(刘宝珺等,1993),总体表现为张裂的构造环境。中扬子区在该期由于南、北裂谷作用的影响,进入裂谷肩后浅海盆地发育时期,从泥盆纪—中三叠世,在频繁开、合的构造环境下,经历了"填平补齐"—盆地广泛沉降—闭合隆升三个阶段,构成一个完整的沉积构造旋回,接受以碳酸盐岩为主的巨厚沉积,印支运动最终形成了"三隆四拗"的古构造格局。

4. 早燕山期沉积构造演化特征

中扬子地区自早燕山期开始,进入了一个新的构造演化时期——构造变形变位时期。该期构造演化及构造格局主要受太平洋板块向北西方向的俯冲作用控制,从而使中扬子区成为滨太平洋构造域的组成部分,早燕山期最显著的构造变动是南部江南-雪峰造山带和北部秦岭-大别造山带强烈造山。

中扬子区早燕山构造运动自侏罗纪开始,经历了侏罗纪稳定缓慢沉降和抬升的前陆盆地幕式演化,发育了一套河湖沼泽相的碎屑岩夹煤线沉积,至侏罗纪末随着华南板块与华北板块全面拼合并碰撞造山,早燕山主幕(宁镇运动)强烈挤压褶皱运动经过长时间的酝酿之后终于爆发,中扬子区整体抬升为陆,卷入前陆褶皱逆冲变形,并发生广泛的剥蚀,在区域上形成了前白垩系与燕山晚期—喜马拉雅期沉积的白垩系—新近系区域角度不整合面即燕山面。

晚侏罗世—早白垩世,南北向区域挤压应力减弱,中扬子陆块内部南、北对冲式逆冲推覆、聚合褶皱造山运动结束,总体处于剥蚀阶段,沉积不甚发育。同时由于太平洋板块活动加剧,并向北西俯冲,中国板块相对向南漂移,两者形成对扭。前期受控于南北板块聚合的特提斯构造域转入受控于太平洋板块的滨太平洋构造域,郯庐断裂左行转换,发育了大量北北东向的压扭性断裂,并最终导致鄂东南地区燕山期花岗岩(S型)大规模侵位。晚侏罗世—早白垩世构造活动的另一大特点是鄂东大冶地区大规模的火山喷发(岩浆侵位),如鄂东大冶一带接受了以马架山组流纹岩及凝灰质碎屑岩为代表的晚侏罗世末期火山喷发岩沉积,并在灵乡一带见其不整合于灵乡闪长岩体之上。

5. 燕山晚期—喜马拉雅早期沉积构造演化特征

进入燕山晚期—喜马拉雅早期后,中扬子地区构造作用方式和格局发生了重大改变,已完全由早期的挤压构造体制转换为区域性大规模引张作用为主的伸展构造环境,进入了具重大意义的中国东部多旋回的拉张断陷-拗陷构造伸展作用阶段。该阶段主体表现为全区的拉张作用(拗陷作用),中、古生界以断块活动(部分拗陷活动)为主要特征。一方面形成了一些新的构造型式;另一方面对先存构造给予改造与再造,主要表现为早期先存的挤压(压扭)断裂发生负反转,由逆断层转为正断层,形成了中扬子地区特别是江汉盆地内部十余个大小不等的次级地堑和半地堑盆地。在这些半地堑式盆地内,发育了作为江汉盆地陆相勘探目的层系的白垩系和古近系碎屑岩。期间经历了多个构造演化阶段,并出现两个旋回数十次强烈的玄武岩喷溢活动。

总体上,江汉盆地平原海相共有上震旦统、下寒武统、下志留统龙马溪组、二叠系和下三叠统大冶组五套主要的烃源层系,它们的油气运移均明显受控于构造的演化过程。

从动态角度看,印支运动时期形成的低幅度宽缓褶皱,辅以志留系的有效封盖,有利于震旦系—志留系油气成藏,在后期改造强度弱的地区均有可能保存下来。

3.4.2　构造对油气运聚的控制

(1)印支运动虽未强烈褶皱变形,但在鄂西渝东地区形成了开江古隆起、泸州古隆起和石柱古隆起,在江汉平原形成了黄陵古隆起、钟祥-潜江古隆起及洪湖古隆起,并基本上奠定了现今的构造格局雏形。古隆起之上上三叠统与下伏地层呈假整合或微角度不整合接触,如位于钟祥-潜江古隆起上的夏3井上三叠统与下伏下三叠统嘉陵江组一段呈微角度不整合接触,缺失中三叠统巴东组及嘉陵江组部分地层。古隆起的形成对油气的运移、聚集具有重要的控制作用。

(2)燕山早期为本区局部构造的主要形成期,由于南、北造山带的逆冲挤压,形成南、北两个弧形构造体系,奠定了本区中、古生界的基本构造格局。燕山运动早期强烈挤压使印支期形成的低幅度宽缓褶皱规模增大,储集空间的增加有利于更多油气聚集,这一时期是志留系—三叠系油气主要运移、聚集时期。燕山运动末期,随着构造运动进一步加强,逆冲断裂的出现切割、改造了背斜构造,使已聚集的油气重新分配。同时,构造运动使研究区隆升300～4 000 m,造成隆升区上三叠统—侏罗系区域盖层被剥蚀,储层暴露地表,甚至被剥蚀殆尽而成为自由水交替区,对早期原生型油气藏有极大的破坏作用。

(3)燕山运动晚期至喜马拉雅期运动早期,研究区处于由挤压应力场转变为拉张应力场的构造反转阶段。这一阶段既未能沉积具备封盖条件的新地层,又有拉张活动使先存圈闭中的油气被调整、散失,致使大部分地区早期原生型油气藏难以保存。

(4)喜马拉雅期由于西部印度板块对欧亚板块的强烈碰撞和东部太平洋板块运动方向的改变,构造再次反转,总体表现为隆升挤压。扬子区位于相对稳定带,构造作用较弱(马力等,2004)。中扬子江汉盆地由断陷转为拗陷沉积,变形较弱,本期构造运动使晚燕山期形成的张性断层发生闭合,有利于晚期成藏。

从白垩纪末期—古近纪初期开始沉积具备封盖条件的巨厚泥岩、膏岩和盐岩,为油气调整聚集提供有效封盖。同时,这一沉积建造促使海相烃源岩开始二次生烃,使后期生成的油气及陆相烃源岩生成的油气可以在潜山带或白垩系—新近系圈闭内聚集成藏。但由于正断裂在白垩纪—新近纪期间的持续活动,影响了保存条件的完整性,限制了油藏的规模。燕山晚期以来的构造负反转对复背斜带影响最大,复背斜带多被张性断层切割,上古生界的圈闭多被破坏成断块,而复向斜带内,尤其是斜坡带上张性断裂发育程度较差。部分背斜型圈闭构造虽然受到张性断裂的破坏和改造,但总体上保留有背斜、断背斜式或断鼻圈闭的面貌,仍有利于油气的聚集与保存。

3.4.3 构造对油气富集的控制

1. 前印支期古隆起低势区形成多种成藏组合和圈闭类型

戴金星院士等研究认为中国大气田常分布在生气中心及其周缘,且常赋存在生气区的古隆起圈闭、煤系地层或其上下相关圈闭、大面积孔隙型储集层或低气势区中。中扬子东北缘加里东期古隆起发育区及周缘具备形成大中型气田的地质条件,是目前江汉平原震旦系—下古生界油气勘探突破的有利地区。

加里东期古隆起继承性发展演化形成研究区北高南低的古地貌特征,在古隆起及其周缘多为潟湖-潮坪沉积环境,有利于白云岩发育,同时由于古隆起及其周缘水体往往较浅,加之海平面频繁升降,有利于准同生岩溶作用发育,而古隆起隆升暴露则有利于古表生溶蚀作用对储层的改造作用。在中扬子东北部形成了震旦系灯影组、下寒武统石龙洞组、中上寒武统三套良好的岩溶作用改造型储层,岩溶型储层的分布纵向上多分布在岩溶作用潜流带,横向上具有似层状分布的特点,但非均质性较为强烈。

加里东期在研究区北部形成的古隆起低势区成为控制早期油气侧向运移指向区,前文已经论述加里东期古隆起具有继承性,并且在海西期一直存在,而加里东期—海西期本区及邻区下震旦统烃源岩及下寒武统烃源岩相继达到生油窗续而进入生油高峰,大量液态烃的产生使烃源岩内部压力增大,随后向上下相邻储集层中排放液态烃以求压力平衡,完成从烃源层向储层的初次运移过程。此时处于研究区北部的古隆起已经形成,且南部凹陷部分的生烃时间早于本区,因此在流体浮力、地静压力与浓度差等作用力的驱动下,液态烃从南部拗陷高势区向古隆起低势区方向运移。从京山、宜昌等地奥陶系、寒武系油苗及与之相伴产生了相当多的含烃包裹体及演化沥青包裹体,以及在储层孔洞缝充填矿物的晶间隙及孔隙壁上现今可见到的储层沥青,它们都是加里东期—海西期液态烃在储层中运移聚集的证据。因此,本区所处的古隆起成为早期液态烃运聚的有利指向区,而在古隆起控制下形成的多套良好的岩溶型储层为液态烃富集提供了空间和场所。

加里东期古隆起对油气成藏的控制与影响,不仅仅涉及古隆起及其内幕,而且还影响到古隆起面的上覆层系。汪泽成等(2006)将受古隆起控制的、具有成因联系的油气藏组合,定义为古隆起成藏组合。纵向层系上,古隆起成藏组合可分为上覆型组合、风化壳型组合、内幕型组合三个部分。

综上所述,加里东期古隆起及其周缘地区油气分布具有形成复式聚集的地质条件,在古隆起风化壳层发育岩溶型地层油气藏,古隆起风化壳的上覆层系通常发育岩性尖灭带和披覆型等类型油气藏,古隆起内幕可能主要发育构造+岩性油气藏。

2. 印支期以来构造相对稳定的区块

早燕山期本区自侏罗纪末期的宁镇运动开始,沉积盖层强烈变形变位,其褶皱造山活动影响范围之广,褶皱强度之大是前所未有的,形成了南、北两大盆山体系(弧形构造带)相互叠加、相互影响的对冲挤压构造格局,同时本次大规模构造变形也是形成油气圈闭的关键时期。由于各地区构造发展过程中应力大小、方向及地层岩性的变化,其变形程度也随之变化,从变形程度上可将本区分为强烈褶皱区、强烈拉张改造区、相对稳定区。

1) 强烈褶皱区

此类地区主要有大洪山前陆冲断带、洪湖-通山前陆冲断带及川东-大冶对冲干涉带的大冶对冲带。强烈褶皱区靠近造山带,构造变形强烈,局部构造多属紧闭型倒转褶皱,很难形成圈闭。但值得注意的是,洪湖-通山前陆冲断带东部崇阳-通山逆冲推覆构造带下盘"原地体"上的隐伏构造,由于逆冲席体在滑移过程中,"原地体"均匀缩短变形,因而可形成宽缓的背斜构造。通过地震勘探初步认为,222 测线南端的随阳构造即是一发育于逆冲推覆构造原地体上的宽缓背斜;当阳 407.7 测线及官 1 井钻探揭示,志留系自北西向南东沿一大型平缓断层逆冲于上三叠统—侏罗系之上,上覆志留系断层较发育,而下伏地层产状平缓,变形弱,如能发现隐伏构造,必将成为非常有利的勘探目标。

2) 强烈拉张改造区

强烈拉张改造区主要是指陆相沉积(K_2-E)发育的断陷区,如潜江凹陷、江陵凹陷等,其海相地层埋藏深,生油岩成熟度高,后期改造破坏严重,难以形成有效圈闭。同时海相地层地震资料品质较差,也影响了该区圈闭的识别。

3) 相对稳定区

相对稳定区主要是指早期压性构造环境下,隆升幅度适中,褶皱强度较弱,在晚期张性构造环境下改造程度较小,以整体沉降为主,处于相对稳定的地区。这类地区包括秭归拗陷、宜昌稳定带、仙桃干涉断褶带东部的簰洲-珂理构造带、大洪山弧形构造带西南部当阳滑脱褶皱带以及八面山-大磨山弧形构造带西部湘鄂西隔槽式冲断褶皱带、利川冲滑过渡带等大部分地区。

宜昌稳定带处于北部大洪山弧形构造带、南部八面山-大磨山弧形构造带及西部黄陵背斜所共同围限的一个构造三角带,由于受到三方围限,该区受对冲挤压作用较弱,构造稳定,褶皱宽缓,断裂不发育,印支期以来以整体升降运动为主。2004 年的地震勘探在该区共发现和落实了董市、半月山及姚华场等 7 个局部构造,是江汉平原区有利的勘探区块之一。

秭归拗陷也处于南部八面山-大磨山弧形构造带、北部大巴山弧形构造带及黄陵背斜所围限的一个三角形地带,虽然印支期以来未发育大规模的冲断作用,但由于整体拗陷强烈,上三叠统—侏罗系厚度达 6 000 m 以上,海相地层埋深巨大,未发现局部构造,因此该区块勘探难度较大。

仙桃干涉断褶带东部的簰洲-珂理构造带也是构造相对稳定区,特别是簰洲构造,地震剖面显示为一宽缓的断层滑脱褶皱,地层完整,是有利的勘探目标之一。总的来看,江汉平原区的构造变形具有东强西弱的特点,簰洲-珂理构造带位于平原区东部,构造变形却相对较弱,究其原因,可能是由于北部的逆冲推覆构造向南逆冲的过程中,受到洪湖-湘阴断裂左行转换的调整,而导致断裂以西地区整体向南滑移有关。该区块也是江汉平原区有利的勘探区块之一。

从构造变形的角度而言,湘鄂西褶皱带也属于相对稳定区,该构造带内局部构造通常高大宽缓,早燕山期挤压作用明显较江汉平原区弱,晚燕山期拉张改造作用也较弱,断陷作用仅在局部地区较发育,但由于喜马拉雅期以来整体抬升强烈,中、古生界遭到了强烈的剥蚀,大部分地区志留系区域盖层遭到破坏,寒武系甚至震旦系已出露地表,油气赖以成藏的整体封存条件已基本丧失,仅在局部地区如利川冲滑过渡带南部具有较好的保存条件,因此从油气角度来说,湘鄂西褶皱带属于强烈的改造区。

3. 上下地质结构的变异

中扬子区由于发育震旦系泥质岩、下寒武统泥质岩、中寒武统膏盐岩、志留系泥质岩、下三叠统嘉陵江组膏岩等多套区域性滑脱层,加之受到较强烈的挤压作用,因此上述几套主要滑脱层(面)控制的上下地质结构的变异现象广泛发育,从而形成两层楼或多层楼式地质结构。

在洪湖-通山前陆冲断带东部,发育于较典型的受基底岩系顶面及志留系滑脱层控制的逆冲推覆构造,形成"两层楼"或"三层楼"式结构。志留系滑脱层之上的泥盆系—下三叠统(部分地区寒武系—志留系也存在地层重复)构成逆冲推覆系统的"异地体",滑脱变形强烈,构造复杂,多形成"侏罗山式"褶皱,构造组合主要表现为叠瓦状构造及倒转褶皱。志留系滑脱层之下的震旦系—奥陶系构成逆冲推覆构造的"原地体",受控于基底断滑面及发育于基底断滑面之上的逆冲断层,构造相对简单,褶皱形态宽缓、开阔,以发育断层相关褶皱和对冲构造及反冲断层为特点,在随阳一带见有明显的构造高,与重力高吻合,剖面显示南北倾明显。

在湘鄂西地区,也发育有明显的受控于震旦系滑脱层(面)和志留系滑脱层(面)的"两层"或"三层楼"式结构。以湾潭-庙岭地区为例,从地面及剖面资料分析,该区褶皱构造的发育可分上、中、下三个不同程度的构造变形层,其中上构造层卷入的层位为志留系—下三叠统,形成高陡背斜与宽缓向斜相间的隔挡式褶皱构造样式,地表见二叠系、三叠系地层内部发育有强烈的柔褶现象(图 3.43);中构造层主要由寒武系—奥陶系组成,形成宽背斜与窄向斜相间的隔槽式褶皱构造样式,在背斜核部及陡翼发育众多的逆冲断层,造成构造层上下界面形态的不一致,断层常造成寒武系中上统地层在背斜核部的重复增厚。震旦系及下伏地层为下构造层,其顶面反射层表现出庙岭低缓构造为一个宽缓的大型背斜构造,99-M2 测线地震剖面上可见庙岭断层向下滑脱消失于震旦系下部,或沿基底岩系顶面滑脱而未进入基底岩系,使得其上下构造发生明显的变异(图 3.44)。

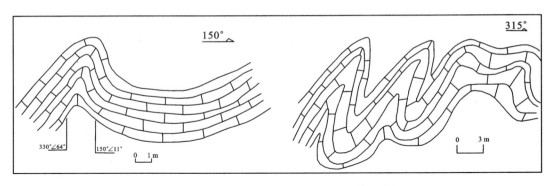

图 3.43 庙岭构造带三叠系内部褶皱素描图(付宜兴等,2008)

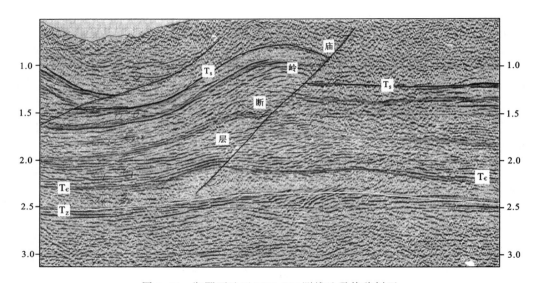

图 3.44 湘鄂西地区 M99-M2 测线地震偏移剖面

在川东地区,上下地质结构的变异也很明显,主要受志留系塑性层及嘉陵江组膏岩层控制,纵向上存在侏罗系—中三叠统、下三叠统飞仙关组—石炭系及奥陶系—震旦系三个构造变形层,在挤压和断裂作用下,由于塑性地层的柔皱和滑脱,三个变形层在变形变位程度上存在明显差异,具有纵向变异特征。上部变形层变形较弱,在侏罗系地层覆盖区,地面构造简单,表现为单斜或简单背斜,无断裂或少见断裂;地腹自飞仙关组以下至石炭系的中部变形最强,由于断裂作用,形成潜伏断垒式背斜,这些背冲式断裂往上大多滑脱于嘉陵江组膏质岩中,往下在志留系泥质岩中形成断坪或滑脱;由于应力的释放,下部变形层震旦系—奥陶系构造变形层变形相对较弱,褶皱幅度相对较低。这种上下变形层不协调的构造主要分布于方斗山和齐岳山复背斜两翼断裂发育部位,而复向斜内部,尤其是复向斜中南部,因受力强度相对较弱,构造纵向变异程度小,如石柱复向斜内部建南构造,其幅度低缓,断裂不发育,上下变形层高点位置和形态基本一致,构造变异程度弱(图 3.45)。

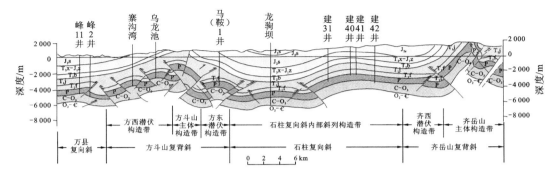

图 3.45 鄂西渝东区 94-16 线地震地质解释剖面(付宜兴等,2008)

第 4 章　构造单元划分及局部构造分布规律

　　研究区的构造单元划分主要根据所处的大地构造位置、构造变形中基底卷入程度、构造变形期次、断裂与褶皱样式及组合关系、成因关系、断裂规模等来加以划分。并对统计地震资料解释的局部断裂构造,总结归纳几何构造样式,根据其空间展布与构造形成机制来进行规律性研究,分析主要局部构造带成因。

4.1　构造单元划分

4.1.1　构造单元划分原则

　　(1) 江汉平原东部位于中扬子板块东北部,北为大洪山逆冲推覆区东南缘,中部为对冲区,南部为江南-雪峰逆冲推覆区,后期洪湖左行走滑断裂改造,分割为两部分(图 4.1)。因此,二级构造单元划分主要以推覆体单元来划分。

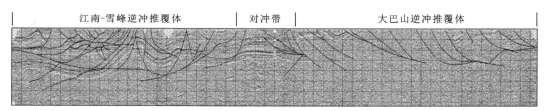

江南-雪峰逆冲推覆体　　　对冲带　　　大巴山逆冲推覆体

图 4.1　临黄测线剖面

　　(2) 逆冲推覆构造在逆冲方向上可分为逆冲推覆带、楔状掩冲带、滑脱推覆构造带、对冲或背冲构造带。逆冲推覆带相当于根部是逆冲推覆体起始部位,为高角度仰冲上升,并且强烈剥蚀。楔状掩冲带是直接被推覆体叠覆的逆冲断裂密集的地带,相当于中段。滑脱推覆带是在侧应力下,以软硬交互地层中的软质层为滑脱层发生水平方向撤离运动,顺层滑动块体可被推移较远距离而成为不生根的外来体,而下盘地体保持相对舒缓的原始产状,相对于前锋带。因此四级构造划分按照逆冲推覆带、楔状掩冲带、滑脱推覆构造带、对冲或背冲构造带进行。

　　(3) 每个三级构造带内部,均发育不同的断裂,四级构造划分主要依据三级断裂内部的主干断裂来划分。

4.1.2　构造单元划分

　　将工区分为 4 个二级构造,即大洪山逆冲推覆区、对冲或背冲构造区、江南-雪峰逆冲推覆体 1 区、江南-雪峰逆冲推覆体 2 区,6 个三级构造单元,14 个四级构造单元(表 4.1、表 4.2)。

表 4.1   江汉平原东部主干断层要素图

断层名\要素	性质	倾向	最大断距/m	断层长度/km	穿过层位	形成时期
F$_1$	逆断层	北北西	1 000	117.48	三叠系—震旦系	印支晚期 I、II 幕
F$_2$	逆断层	北北西	1 200	103.41	三叠系—震旦系	
F$_3$	逆断层	北北东	800	95.37	三叠系—震旦系	
F$_4$	逆断层	北北东	5 300	87.89	志留系—震旦系	
F$_5$	逆断层	北北东		49.42	志留系—震旦系	
F$_6$	逆断层	南南东	1 000	79.45	三叠系—震旦系	
F$_7$	逆断层	南东	1 200	107.76	三叠系—震旦系	
F$_8$	逆断层	南东	1 100	46.57	三叠系—震旦系	
F$_9$	逆断层	北西	3 500	25.96	泥盆系—震旦系	
F$_{10}$	逆断层	北西		29.18	泥盆系—震旦系	
F$_{11}$	逆断层	南南东		46.83	泥盆系—震旦系	
F$_{12}$	逆断层	南南西	200	44.06	三叠系—震旦系	
F$_{13}$	走滑断层	北西西	2000	49.12	泥盆系—震旦系	印支末三期
F$_{14}$	正断层	南东	1 600	24.52	泥盆系—震旦系	燕山中晚期
F$_{15}$	正断层	南东	1 200	33.43	三叠系—震旦系	
F$_{16}$	正断层	北西西	400	20.82	三叠系—震旦系	
F$_{17}$	正断层	南东	1 400	40.66	三叠系—震旦系	
F$_{18}$	正断层	北西	1 800	65.14	三叠系—震旦系	
F$_{19}$	正断层	正北	400	51.27	三叠系—震旦系	

表 4.2   江汉平原东部构造区划分类表

二级构造单元	三级构造单元	四级构造单元
大洪山逆冲推覆区	大洪山逆冲推覆带	
	大洪山楔状掩冲带	大洪山掩冲带第一掩冲体
		大洪山楔状掩冲带第二掩冲体
		大洪山楔状掩冲带第三掩冲体
		大洪山推覆带第一推覆体
	大洪山滑脱推覆带	大洪山滑脱推覆带第二推覆体
		大洪山滑脱推覆带第三推覆体
		大洪山滑脱推覆带第四推覆体
		大洪山滑脱推覆带第五推覆体
对冲或背冲构造区		

二级构造单元	三级构造单元	四级构造单元
江南-雪峰逆冲推覆 1 区	江南-雪峰逆冲推覆体 1 区滑脱推覆带	江南-雪峰逆冲推覆体 1 区滑脱推覆带第一推覆体
		江南-雪峰逆冲推覆体 1 区滑脱推覆带第二推覆体
		江南-雪峰逆冲推覆体 1 滑脱推覆带区第三推覆体
	江南-雪峰逆冲推覆体 1 区逆冲推覆带	
江南-雪峰逆冲推覆 2 区	江南-雪峰逆冲推覆体 2 区楔状掩冲带	江南-雪峰逆冲推覆体 2 区楔状掩冲带第一掩冲体
		江南-雪峰逆冲推覆体 2 区楔状掩冲带第二掩冲体
		江南-雪峰逆冲推覆体 2 区楔状掩冲带第三掩冲体

1. 大洪山逆冲推覆区

大洪山逆冲推覆区分布于工区的北部，在工区西北部以北北西向为主，在靠近工区东部，渐变为近东西向，其主要可能是受到后期洪湖左行走滑断裂改造。依据逆冲推覆构造特点，将其分为逆冲推覆带、楔状掩冲带、滑脱推覆构造带。逆冲推覆带以 F_5 断层为界，仰冲上升，在汉川一带古生界地层出露遭受剥蚀，F_4 断层到 F_5 断层之间为楔状掩冲带，断层密集、逆冲强烈、断层以高角度为主，依据其内部主要断层可以将其划分为三个四级构造。F_4 断层到簰深 1 井的北部、沔 9 井的南部、海深 4 井为滑脱推覆带，主要以基底变质岩系、上震旦统—下寒武统碳质泥岩层段、志留系泥岩为滑脱带，低角度向前推移。其下盘相对稳定、破碎较小且容易形成有利含油气构造。依据其内部主要断层可以将其划分为五个四级构造。

2. 对冲或背冲构造区

对冲或背冲构造区主要分布于工区的中部，在洪湖-湘阴左行走滑断裂东部为宽缓大型箱状背斜，西部受到燕山末期前拉张作用改造明显，其中值得注意的是本次构造区块划分并未将江南-雪峰构造带简单划为一个带，依据洪湖左行走滑断裂对其的影响划分为两个带，主要是为了体现江南-雪峰逆冲构造区与大巴山逆冲推覆区、对冲或背冲构造区形态的完整性。

3. 江南-雪峰逆冲推覆构造 1 区

江南-雪峰逆冲推覆构造 1 区主要分布于工区的东南部，被洪湖左行走滑断裂分隔。分为两个三级构造带，即滑脱推覆带和逆冲推覆带。F_6 断层与 F_{11} 断层之间为滑脱推覆带，以低角度向前推覆，区域内挤压背斜较为发育，依据其内部主要断层可以将其划分为三个四级构造。F_{11} 断层以南古生界地层出露。

4. 江南-雪峰逆冲推覆构造 2 区

江南-雪峰逆冲推覆构造 2 区主要分布于工区的西南部，与江南-雪峰逆冲推覆构造

1 区被洪湖左行走滑断裂所分隔。本区逆冲断层发育密集,破碎明显,主要发育楔状掩冲带,依据其内部主要断层可以将其划分为三个四级构造单元。

4.2　局部构造的分布规律

4.2.1　工区局部构造平面分布规律

通过本次地震地质解释,按层统计局部构造数达 84 个。各类局部构造分布于工区内的不同二级构造单元,但是发育有显著差异。局部构造主要发育在大洪山逆冲推覆体中,局部构造数多达 55 个,占总局部构造数的 65.5%,背冲或对冲构造区、江南-雪峰逆冲推覆体 1 区、江南-雪峰逆冲推覆体 2 区局部构造分布较均匀(图 4.2)。在这些局部构造中,面积小于 20 km² 的有 23 个,占总局部构造数的 27.4%,20~100 km² 的 48 个,占总局部构造数的 57.1%,大于 100 km² 的 13 个,占总局部构造数的 15.5% (图 4.3)。表明工区内主要发育中型局部构造。局部构造幅度小于 500m 的有 36 个,占总局部构造数的 42.9%,500~1 000 m 的有 24 个,占总局部构造数的 28.6%,1 000~2 000 m 的 20 个,占总局部构造数的 23.8%(图 4.4),表明发现的局部构造以小幅度为主,中等幅度次之。

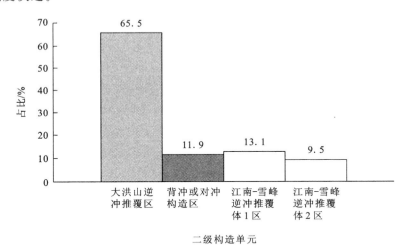

图 4.2　江汉平原东部二级构造单元局部构造分类直方图(圈闭数 84 个)

此次所解释的各类局部构造,所涉及的地震反射界面从中生界到古生界均有,分别为 T_{Z_3}、T_{ϵ}、T_S、T_D、T_{T_2}、T_{K_2}。其中,古生界局部构造 50 个,占总局部构造数的 59.5%,中生界局部构造 34 个,占总局部构造数的 40.5%(图 4.5)。统计结果表明工区内的下组合局部构造较上组合局部构造较为发育。构造埋藏高点从 1 000 m 内到 10 000 m 均有分布,跨度较大,埋深小于 3 000 m 的浅层局部构造 24 个,占总局部构造数的 28.6%,3 000~5 000 m 的中层局部构造 19 个,占总局部构造数的 22.6%,5 000~8 000 m 的深层局部构

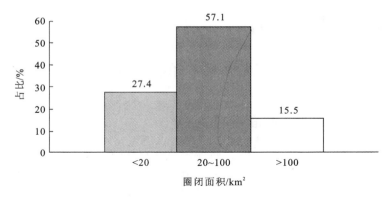

图 4.3　江汉平原东部局部构造面积分类直方图（圈闭数 84 个）

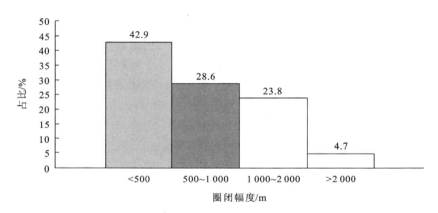

图 4.4　江汉平原东部局部构造幅度分类直方图（圈闭数 84 个）

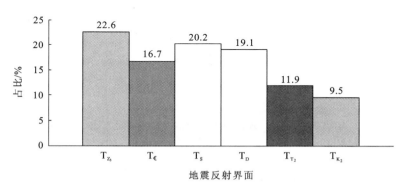

图 4.5　江汉平原东部地震局部构造界面直方图（圈闭数 84 个）

造 32 个，占总局部构造数的 38％，8 000～10 000 m 超深层局部构造 9 个，占总局部构造数的 10.8％（图 4.6），表明工区内中深层局部构造最为发育。

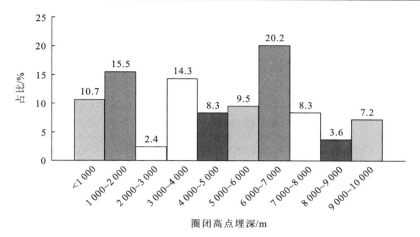

图 4.6　江汉平原东部局部构造埋藏高点分类直方图(圈闭数 84 个)

4.2.2　局部构造的几何分类及分布规律

　　本次地震地质解释,因受到勘探程度和编图方法所限,现已落实或初步落实的局部构造以构造类为主,其次为复合类局部构造,构造类主要有断背斜、冲断背斜、伸展断块、岩浆刺穿局部构造。复合局部构造主要是断块潜山,是晚燕山时期应力由挤压转为伸张环境,早期的逆断层发生回滑,接受沉积与上覆地层呈角度不整合接触。工区内构造类局部构造 76 个,占总局部构造数的 90.5%,其中断背斜局部构造 7 个,占总局部构造数的 8.4%,冲断背斜数 28 个,占总局部构造数的 33.3%,挤压断块 8 个,占总局部构造数的 9.5%,伸展断块 32 个,占总局部构造数的 38.1%,与岩浆活动有关的局部构造 1 个,占总局部构造数的 1.2%,断块潜山 8 个,占总局部构造数的 9.5%(图 4.7)。统计结果表明晚燕山时期的应力性质的转变,对局部构造的定型起着关键的作用。

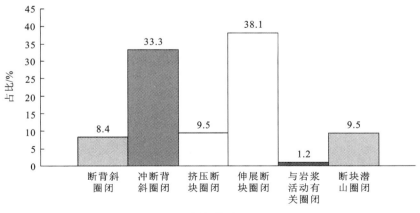

图 4.7　江汉平原东部圈闭类型直方图(圈闭数 84 个)

1. 断背斜构造

　　工区内的断背斜构造主要发育在簰洲对冲或背冲带地区(图4.8、图4.9),簰洲构造面积大(表4.3),幅度平缓,簰洲构造为受基底断滑面控制的断层滑脱褶皱,南北对冲交接带大致位于红丰—簰洲一带,簰洲构造位于南北对冲前缘的构造三角带部位,临黄地震大剖面显示该构造为一较完整的大型箱状构造。

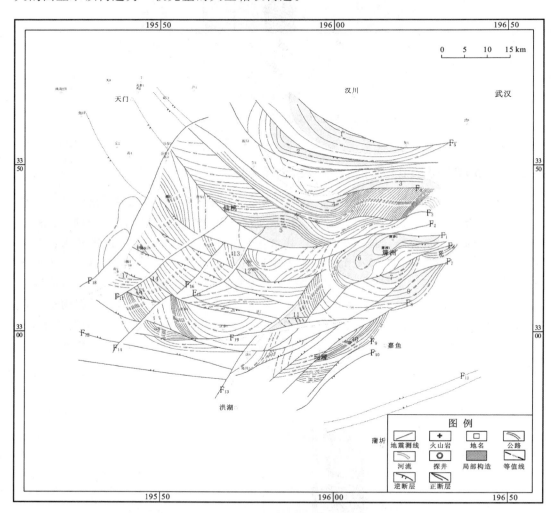

图4.8　江汉平原东部志留系(T_S)局部构造图

F_1.仙桃南西—簰洲北逆断层 I;F_2.仙桃南西—簰洲北逆断层 II;F_3.仙桃北东—簰洲北逆断层 I;F_4.仙桃北东—簰洲北逆断层 II;F_5.汉川南西逆断层;F_6.珂理北西—簰洲南东逆断层 I;F_7.珂理北西—簰洲南东逆断层 II;F_8.珂理南东逆断层 I;F_9.珂理南东逆断层 II;F_{10}.珂理南东逆断层 III;F_{11}.嘉鱼南东逆断层;F_{12}.洪湖北西逆断;F_{13}.洪湖北西走滑逆断层;F_{14}.通海口南东正断层;F_{15}.通海口北正断层 III;F_{16}.通海口北正断层 II;F_{17}.通海口北正断层 I;F_{18}.通海口北正断层;F_{19}.洪湖北正断层。

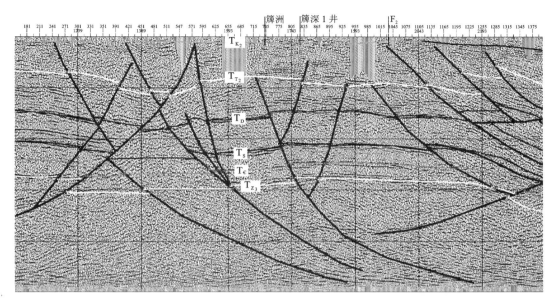

图 4.9　PZ-06-388.75 测线区域地震地质解释剖面

表 4.3　簰洲构造要素表

层位	地震反射界面	局部构造编号	局部构造面积 /km²	局部构造幅度 /m	埋藏高点 /m
Z	T_{Z_3}	7	203.32	570	6 600
Є-O	$T_Є$	5	157.77	350	6 400
S	T_S	6	165.75	500	5 000
D-C	T_D	4	125.25	300	3 350
P-T_2	T_{T2}	3	143.46	370	1 580

　　簰洲构造是江汉平原区下古生界发现的圈闭面积最大、构造最为完整的一个局部构造,总的来看,大致经历了印支末期—早燕山初期的早期断层滑脱褶皱发育阶段、早燕山早期南北挤压对冲改造隆起阶段、北东向压扭走滑阶段和晚燕山期弱伸展拉张改造定型阶段。

　　早期断层滑脱褶皱发育阶段:印支期末期,江南陆内造山带发生基底拆离挤压造山作用,产生向北的区域挤压应力场,并使江汉平原区形成南高北低的古地势。簰洲地区首先发生了沿基底岩系顶面的滑脱作用,早燕山初期,随着挤压应力的增强,滑脱断层在簰洲构造北向上冲破并冲出地表,形成簰北断层。从簰洲构造三叠系的保存情况来看,簰北断层附近残留有中三叠统,簰参 1 井巴东组钻厚仅 127 m,缺失巴三段、巴四段,上二叠统—下三叠统保存完整;而簰洲构造南翼无中三叠统,上二叠统—下三叠统亦遭到一定程度的剥蚀,因此可以推断,簰洲地区印支期同样具有南高北低的古地理背景。

南北挤压对冲改造隆起阶段:早燕山早期,南北两大造山带活动加剧,秦岭-大别造山产生自北向南的挤压应力传至本区,与南部自北向南的挤压应力形成南北对冲的构造格局,在簰洲构造南北翼分别形成了簰南断层和乌龙泉断层,簰北断层也继续发育。乌龙泉断层作为一条区域性大断裂,规模大、活动剧烈,直接逆冲于簰北断层之上,控制了簰洲以北地区中、古生界的构造变形。

临黄地震大剖面揭示(图4.1),簰洲构造以北断层以北倾南冲的逆冲断层为主,以南则以南倾北冲的逆冲断层为主,簰洲构造实际上是处于南北对冲带前缘的一个巨大构造三角带部位,是南北对冲的交汇区,由于构造三角带受到南北两侧对冲构造的"压制",因此相对而言没有发生剧烈的隆升剥蚀作用,上三叠统—侏罗系盖层保存较完整。

北东向压扭走滑阶段:随着南北挤压对冲活动的加剧,郯庐断裂系开始活动,江汉平原区洪湖断层发生左行压扭,使得簰洲构造南高点、簰南断层及法泗构造等发生左旋扭动;簰洲构造北高点则由于乌龙泉断层的持续挤压作用,未发生扭动而保持了早期近东西向的构造形态。

晚期弱伸展拉张改造定型阶段:燕山晚期—喜马拉雅早期,江汉平原发生了剧烈的伸展断(拗)陷活动,簰洲地区处于江汉平原区东部,以整体沉降为主,簰洲构造受到的拉张改造较弱,对于早期形成的油气藏保存意义重大,因此是较有利的勘探目标。

2. 冲断背斜构造

工区内的冲断背斜构造较发育(图4.7),占总局部构造的33.3%,主要发育在工区的中部和东部,东部地区的局部构造面积和幅度较西部大,对冲带南北均有发育,南部主要发育在江南-雪峰逆冲推覆带1区的楔状掩冲带部位,北部大巴山逆冲推覆带三个三级构造单元均有分布,但是主要分布在滑脱推覆带和楔状掩冲带中(图4.10)。

依据冲断背斜发育的盘位不同可以分为盖层滑脱堆叠冲断背斜即"周帮型"和冲断牵引背斜即"珂理型"。

1)盖层滑脱堆叠冲断背斜

盖层滑脱堆叠冲断背斜主要特点是发育在滑脱推覆带的下盘,逆冲断层在造山带前缘沿盖层滑脱层低角度、大规模向前推移,导致断层下盘的原地体受到侧向压力挤压形成背斜,其下伏的原地体背斜与上伏的滑脱带形成"两层楼"式结构,破碎不是很明显,是较好的勘探方向。主要发育在对冲带北侧的滑脱推覆带中,如周帮构造(图4.11)。

周帮构造大致经历了印支末期—早燕山初期的早期断层传播褶皱发育阶段、早燕山

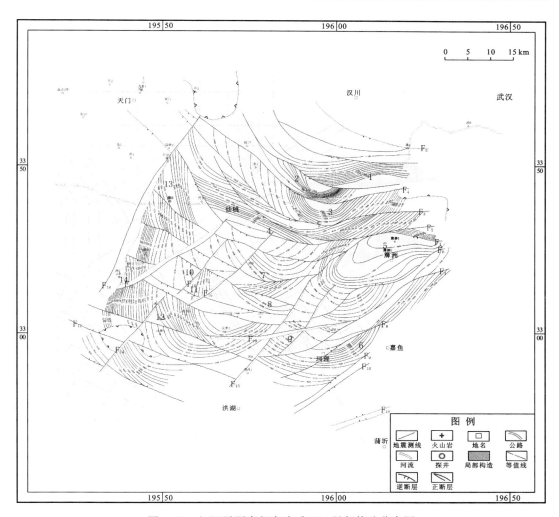

图 4.10 江汉平原东部寒武系(T_e)局部构造分布图

F_1.仙桃南西—簰洲北逆断层 I;F_2.仙桃南西—簰洲北逆断层 II;F_3.仙桃北东—簰洲北逆断层 I;F_4.仙桃北东—簰洲北逆断层 II;F_5.汉川南西逆断层;F_6.珂理北西—簰洲南东逆断层 I;F_7.珂理北西—簰洲南东逆断层 II;F_8.珂理南东逆断层 I;F_9.珂理南东逆断层 II;F_{10}.珂理南东逆断层 III;F_{11}.嘉鱼南东逆断层;F_{12}.洪湖北西逆断层;F_{13}.洪湖北西走滑逆断层;F_{14}.通海口南东正断层;F_{15}.通海口北正断层 III;F_{16}.通海口北正断层 II;F_{17}.通海口北正断层 I;F_{18}.通海口北正断层;F_{19}.洪湖北正断层

期南北挤压对冲改造剧烈隆升接受剥蚀阶段和燕山期晚—喜马拉雅早期弱伸展断陷定型阶段。

早期断层传播褶皱阶段:在江南古陆内造山产生向北的区域挤压应力的作用下发育了一个断层传播褶皱,具有北翼陡、南翼缓的形态特征。

南北挤压对冲改造剧烈隆升剥蚀阶段:早燕山早期(中侏罗世末),南北两大造山带活动加剧,江汉平原区形成了强烈的南北挤压对冲构造格局,并使得全区发生了剧烈的隆升

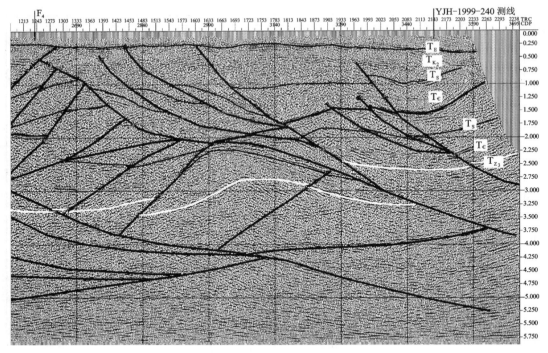

图 4.11　过周帮构造 YLW-01-379.5 测线地震地质解释剖面

剥蚀作用。周帮构造沿着上震旦统、下寒武统的碳质泥岩滑脱由北向南推移,致使下盘原地体隆升形成背斜形态,其上覆地层接受剥蚀,原地得以保存。作为重要的区域盖层的上三叠统—侏罗系几乎完全被剥蚀,加上剧烈的冲断作用,上组合的保存条件遭到了严重破坏,但是下组合得到较好的保存。

　　燕山晚期—喜马拉雅早期弱伸展断陷定型阶段:燕山晚期工区应力由挤压转为伸张,但是周帮构造表现十分微弱,表现为持续接受剥蚀,周帮构造两侧均表现为强烈伸张接受沉积,但是这并未对周帮构造造成次生影响,直至喜马拉雅期接受沉积。

2) 冲断牵引背斜

　　冲断牵引背斜主要特点是:主要发育在逆冲断层上盘,断层面为高角度叠瓦状。主要发育在大巴山逆冲推覆区的楔状掩冲带、逆冲推覆带和江南-雪峰逆冲推覆 1 区楔状掩冲带中,如珂理构造。

　　珂理构造位于洪湖断层东部,大致经历了印支末期—早燕山初期的早期断层传播褶皱发育阶段、早燕山早期南北挤压对冲弱改造隆起阶段和晚燕山期伸展断陷改造定型阶段三个构造发育阶段。

　　早期断层传播褶皱发育阶段:中三叠世末,江南陆内造山产生向北的区域挤压应力场,使江汉平原区形成大隆大凹的构造格局,总体上古地势南高北低。珂理构造以南发育洪湖-蒲圻隆起,隆起之上可见上三叠统微角度不整合或平行不整合覆于二叠系—下三叠统之上,珂理构造位于印支期古隆起斜坡部位,是油气运移的指向区。

在南部挤压应力的作用下,珂理地区首先发生沿基底岩系顶面的滑脱,随着应力的增强,滑脱断层在现今珂理构造北翼向上冲断,发育了南倾北冲的珂理断层和大同湖断层,大同湖断层的规模较珂理断层大,断层上盘则发育了传播褶皱,形成了珂理构造的雏形。

南北挤压对冲弱改造隆起阶段:早燕山早期,秦岭-大别造山产生自北向南的挤压应力传至本区,但由于距离较远,应力传至本区时已很弱,对构造形态未产生明显的改造作用,只是在珂理构造南翼形成了北倾南冲的龙口断层,并且使得全区整体隆升。另外,来自北部的挤压逆冲作用也使珂理断层和大同湖断层在向北逆冲过程中受到阻挡,在断层上盘发育了北倾南冲的反冲断层;同时,作为区域性主滑脱层的志留系内部也发育了产状平缓的滑脱断层,造成珂理构造主体部位志留系明显加厚(图 4.12)。

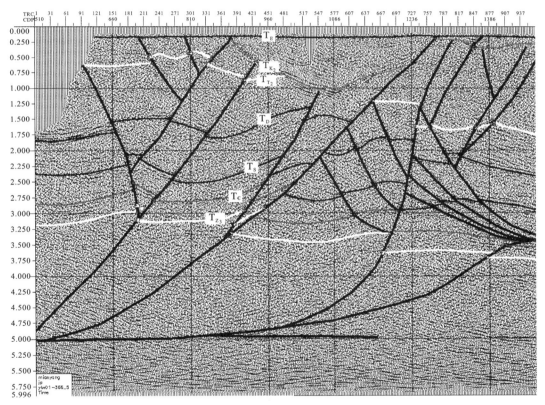

图 4.12　过柯理构造 YLW-01-366.5 测线区地震地质解释剖面

剧烈的隆升作用使得珂理构造主体部位地层剥蚀强烈,大同湖断层上盘中三叠统剥蚀殆尽,白垩系直接覆于下三叠统之上,因此可以推测是当时隆起幅度最大的部位。强烈的断层冲断和隆升剥蚀作用使上组合油气保存条件遭到了破坏。

3. 挤压断块构造

挤压断块构造主要发育在大巴山逆冲推覆区滑脱推覆带东部,洪湖断层的北部,簰洲构造西侧,为构造三角带。在平面上表现为被滑脱推覆带中的主要断层所封闭。

工区内挤压断块圈闭有如下特点。

(1) 大巴山滑脱推覆带第二、三推覆体上是处于南北对冲带前缘一个巨大的构造三角带部位,是南北对冲的交汇区,大巴山滑脱推覆带 F_1 断层与内部主要断层形成扫帚收敛状挤压断层,因此局部构造在平面上呈扫帚状分布(图 4.13)。

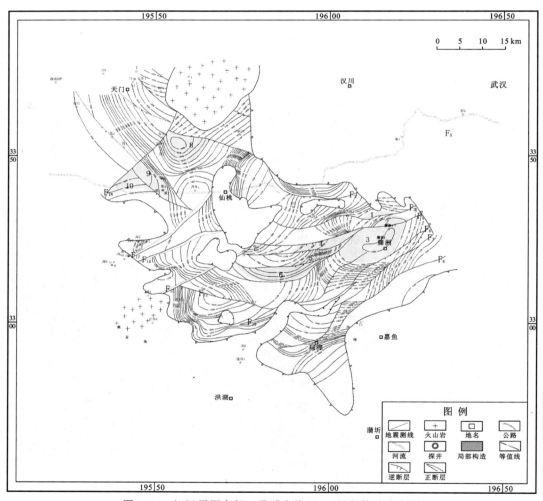

图 4.13　江汉平原东部三叠系中统(T_{T_2})局部构造分布图

F_1.仙桃南西—簰洲北逆断层 I;F_2.仙桃南西—簰洲北逆断层 II;F_3.仙桃北东—簰洲北逆断层 I;F_4.仙桃北东—簰洲北逆断层 II;F_5.汉川南西断层;F_6.珂理北西—簰洲南东逆断层 I;F_7.珂理北西—簰洲南东逆断层 II;F_8.珂理南东逆断层 I;F_9.珂理南东逆断层 II;F_{10}.珂理南东逆断层 III;F_{11}.嘉鱼南东逆断层;F_{12}.洪湖北西逆断;F_{13}.洪湖北西走滑逆断层;F_{14}.通海口南东正断层;F_{15}.通海口北正断层 III;F_{16}.通海口北正断层 II;F_{17}.通海口北正断层 I;F_{18}.通海口北正断层 I;F_{19}.洪湖北正断层

（2）由于构造三角带受到南北两侧对冲构造的"压制"，因此相对而言没有发生剧烈的隆升剥蚀作用，上三叠统—侏罗系盖层保存较完整（图 4.14）。因此上下组合均保存完好（表 4.4）。

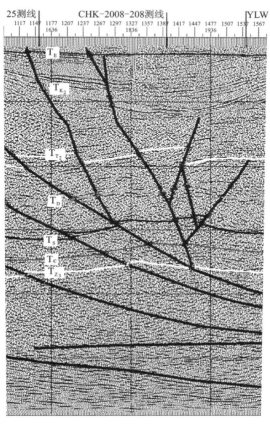

图 4.14　YLW-01-366.5 侧线区域地震地质解释

表 4.4　挤压断块圈闭

层位	地震反射界面	局部构造编号	局部构造面积 /km²	局部构造幅度 /m	埋藏高点 /m
Z	T_{Z_3}	3	34.3	1 000	3 600
Z	T_{Z_3}	6	37.84	1 200	6 800
D-C	T_D	10	38.99	400	6 200
D-C	T_D	9	36.8	1 400	5 100
D-C	T_D	8	22.95	1 050	3 750
D-C	T_D	15	44.19	900	1 700
P-T₂	T_{T_2}	4	40.59	700	4 200
P-T₂	T_{T_2}	5	38.99	3 000	1 700

（3）局部构造受晚燕山期伸张作用影响有限且分布均匀，圈闭面积为 20～50 km²。

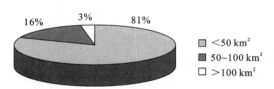

图 4.15　伸展型局部构造分类饼状图
（总圈闭数 32 个）

4. 伸展断块构造

工区内的伸展断块构造最为发育,占总局部构造数的 38.1%(图 4.15)。其分布规律有以下特点。

（1）分布范围主要在通海口断层与洪湖-湘阴走滑断层之间(图 4.16),主要分布在大巴山逆冲推覆区的滑脱推覆带、江南-雪峰逆冲推覆 2 区和背冲或对冲带中,其中下组合发育完全且数量多。

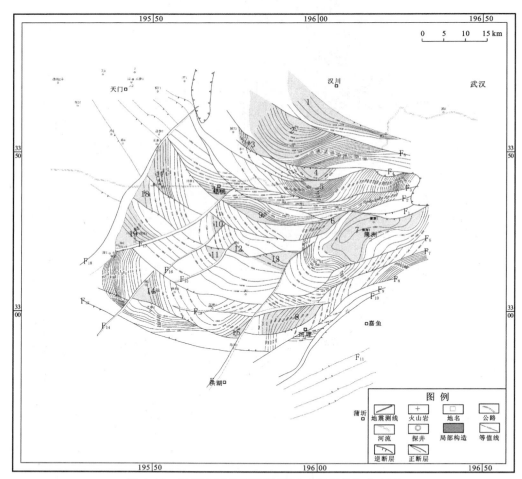

图 4.16　江汉平原东部震旦系(T_{z_3})局部构造分布图

F$_1$.仙桃南西—簰洲北逆断层 I;F$_2$.仙桃南西—簰洲北逆断层 II;F$_3$.仙桃北东—簰洲北逆断层 I;F$_4$.仙桃北东—簰洲北逆断层 II;F$_5$.汉川南西断层;F$_6$.珂理北西—簰洲南东逆断层 I;F$_7$.珂理北西—簰洲南东逆断层 II;F$_8$.珂理南东逆断层 I;F$_9$.珂理南东逆断层 II;F$_{10}$.珂理南东逆断层 III;F$_{11}$.嘉鱼南东逆断层;F$_{12}$.洪湖北西逆断;F$_{13}$.洪湖北西走滑逆断层;F$_{14}$.通海口南东正断层;F$_{15}$.通海口北正断层 III;F$_{16}$.通海口北正断层 II;F$_{17}$.通海口北正断层 I;F$_{18}$.通海口北正断层;F$_{19}$.洪湖北正断层

　　(2) 此类型定型期为晚燕山期。晚燕山期区域构造应力发生反转,在整体伸展沉降的构造背景下,形成众多的张性断层,并接受沉积(图 4.17、图 4.18)。

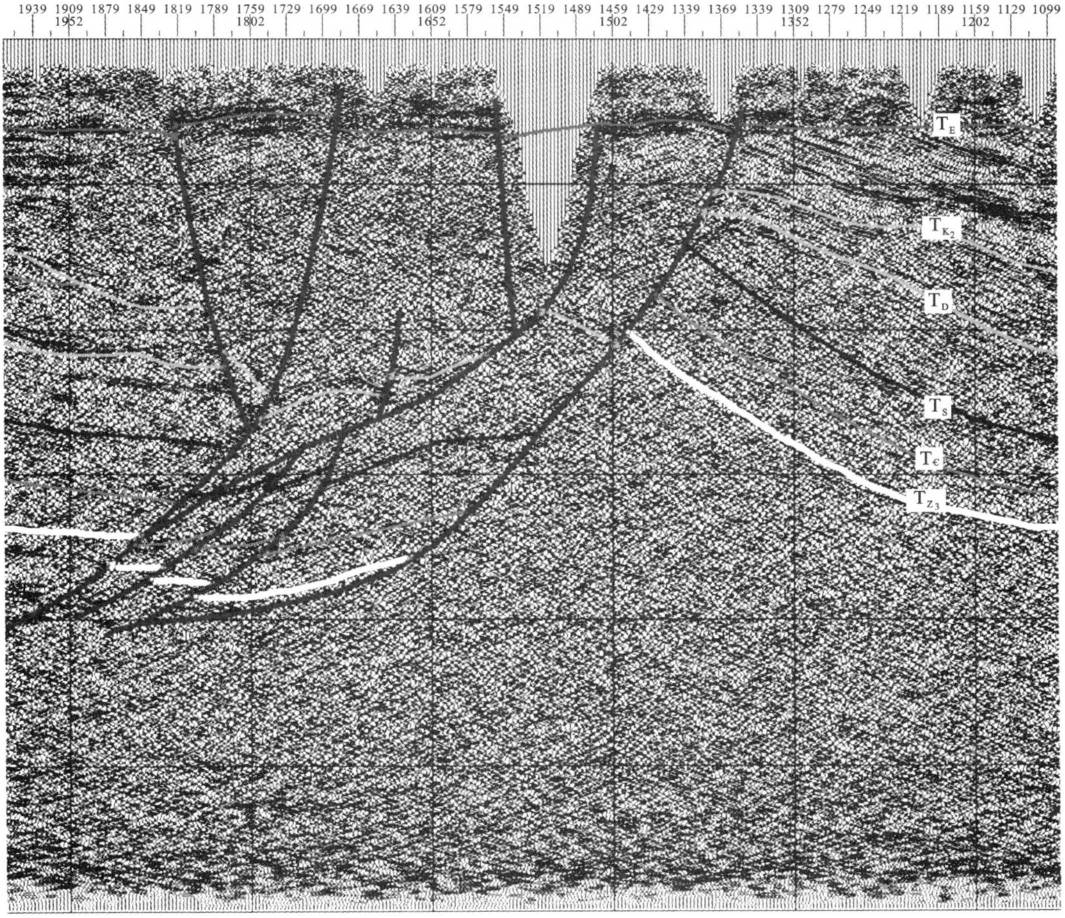

图 4.17　330 测线区域地震地质解释剖面

　　(3) 局部构造的分布明显受断层走向控制为北东向,北北东向。中扬子燕山晚期—喜马拉雅早期,由于造山后期应力松弛,发生早期断层的反转,工区内发育了北东向和北东东向张性正断层,使燕山早期在强烈挤压作用下形成的中、古生界构造发生了强烈改造,以反转拉张断陷活动为主,形成一些北东向和北东东向伸展型局部构造。

　　(4) 局部构造面积较小,小于 50 km² 的局部构造 26 个,占到了总局部构造数的81%;50~100 km² 局部构造数 5 个,占总局部构造数的 16%;大于 100 km²,只有 1 个,占总局部构造数的 3%。

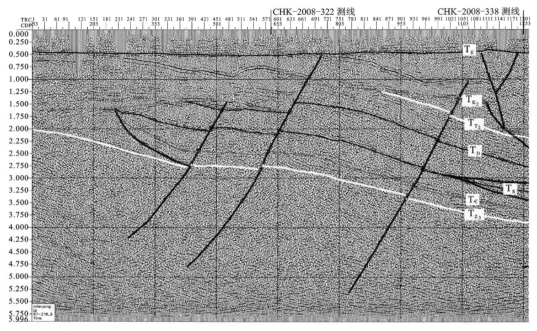

图 4.18　87-218.5 测线区域地震地质解释剖面

5. 与有火山活动有关的局部构造

工区与火山活动有关的局部构造主要是与火山岩刺穿和隐刺穿作用有关,主要分布在工区的西南部(图 4.19)。过 CHK-2008-213.75 测线西南部(图 4.20),可看到杂乱反射、柱状侵入及类似火山通道口反射。过 CHK-2008-322 测线(图 4.21),可看到下伏的火山岩与上覆的白垩系呈不整合接触。

中扬子区燕山期(侏罗世—白垩纪)岩浆活动相比加里东期和印支期明显加强,幔源岩浆和壳源岩浆都有发育,但以花岗质岩浆作用为主,出现区域较为广泛(图 3.30),燕山早期和燕山晚期都有发育,但以后者占多数。而幔源岩浆活动较弱,区域性差异明显,零星产出基性岩脉和玄武岩,形成时代基本都是燕山晚期。地球化学和综合地质研究表明,包括中扬子地区的华南在燕山早期主要是挤压的大地构造背景,伴随走滑剪切运动,岩浆作用以陆壳改造型二云母花岗岩为主,基本不发育幔源岩浆;进入燕山晚期,整个华南发育大规模的双峰式火山岩、基性岩墙群、煌斑岩、玄武岩、A 型花岗岩、幔源组分加入的花岗岩及广泛的岩浆混合作用,显示深部地幔物质强烈上涌,岩石圈拉张-减薄。华南岩石圈从燕山早期的厚地壳、挤压的构造体制转变为燕山晚期的岩石圈减薄、伸展的构造体制,其转折点应为侏罗纪—白垩纪之交(J_3-K_1)。

在工区外西南部、监利石首有燕山期酸性花岗岩出露,属于湘东北地区花岗质岩浆岩带,多以大型花岗质岩基产出,区域上呈北东向展布。测年表明主要于燕山晚期形成。因此,本书认为工区西南部燕山晚期有岩浆活动,并且形成与之有关的圈闭。

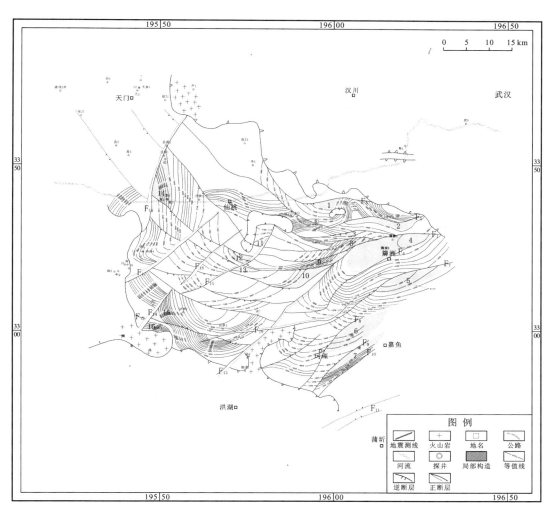

图 4.19　江汉平原东部泥盆系(T_D)局部构造分布图

F_1.仙桃南西—簰洲北逆断层 I；F_2.仙桃南西—簰洲北逆断层 II；F_3.仙桃北东—簰洲北逆断层 I；F_4.仙桃北东—簰洲北逆断层 II；F_5.汉川南西断层；F_6.珂理北西—簰洲南东逆断层 I；F_7.珂理北西—簰洲南东逆断层 II；F_8.珂理南东逆断层 I；F_9.珂理南东逆断层 II；F_{10}.珂理南东逆断层 III；F_{11}.嘉鱼南东逆断层；F_{12}.洪湖北西逆断；F_{13}.洪湖北西走滑逆断层；F_{14}.通海口南东正断层；F_{15}.通海口北正断层 III；F_{16}.通海口北正断层 II；F_{17}.通海口北正断层 I；F_{18}.通海口北正断层；F_{19}.洪湖北正断层

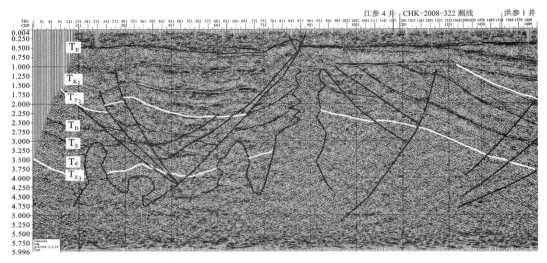

图 4.20　CHK-2008-213.75 测线区域地震地质解释剖面

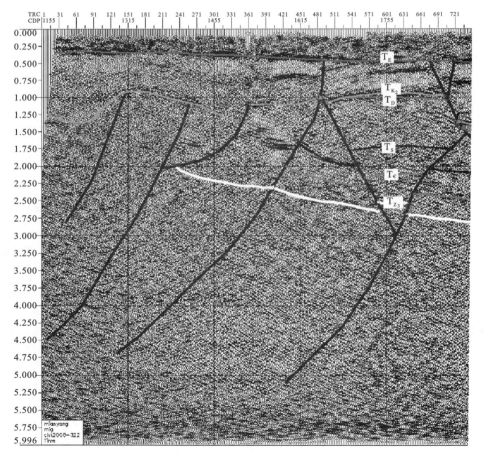

图 4.21　CHK-2008-322 测线区域地震地质解释剖面

6. 断块潜山型构造

工区的断块潜山型构造主要分布在白垩系底面,是下伏的断块被上覆的白垩系地层所遮挡形成(图 4.22)。

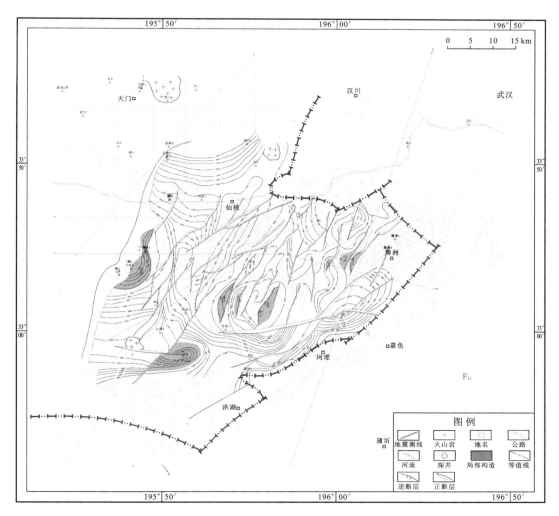

图 4.22　江汉平原东部白垩系(T_{K_2})局部构造分布图

F_1.仙桃南西—簰洲北逆断层 I;F_2.仙桃南西—簰洲北逆断层 II;F_3.仙桃北东—簰洲北逆断层 I;F_4.仙桃北东—簰洲北逆断层 II;F_5.汉川南西断层;F_6.珂理北西—簰洲南东逆断层 I;F_7.珂理北西—簰洲南东逆断层 II;F_8.珂理南东逆断层 I;F_9.珂理南东逆断层 II;F_{10}.珂理南东逆断层 III;F_{11}.嘉鱼南东逆断层;F_{12}.洪湖北西逆断;F_{13}.洪湖北西走滑逆断层;F_{14}.通海口南东正断层;F_{15}.通海口北正断层 III;F_{16}.通海口北正断层 II;F_{17}.通海口北正断层 I;F_{18}.通海口北正断层;F_{19}.洪湖北正断层

古潜山作为一种特殊的油气藏类型,往往以断层上盘为烃源层,以潜山核部遭受风化剥蚀的风化壳为储层,以潜山之上的披盖构造为盖层,形成"新生古储"型油气藏。

工区内的断块潜山型构造具有如下特征。

(1)潜山形成的时期主要是燕山晚期—喜马拉雅期,白垩系沉积之前或者沉积前期,区域应力发生反转,在整体伸展沉降的构造背景下,断层上盘快速下掉形成白垩系—古近系沉积沉降中心,断层下盘相对上升形成地貌山,即古潜山。早燕山期的主幕(宁镇运动)强烈褶皱运动中扬子整体抬升,卷入前陆褶皱变形并发生广泛剥蚀,并在区域上形成前白垩系与燕山晚期—喜马拉雅期沉积的白垩系—古近系区域角度不整合面(燕山面)(图4.23、图4.24)。潜山的地层主要是燕山早期大规模造山抬升后遭受剥蚀后的地层。

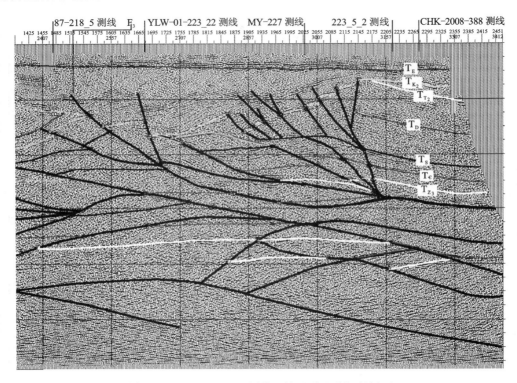

图4.23 YLW-01-362测线区域地震地质解释剖面

(2)断块潜山构造分布明显受断层走向控制为北东向、北北东向(图4.22)。中扬子燕山晚期—喜马拉雅早期,由于造山后期应力松弛,发生早期断层的反转,工区内发育了北东向和北东东向张性正断层,使燕山早期在强烈挤压作用下形成的中、古生界构造发生了强烈改造,以反转拉张断陷活动为主,表现为早期形成的北东东向挤压断层和北东向、北北东向压扭走滑断层重新活动,发生负反转,并控制白垩系—古近系沉积。

(3)该类型局部构造东西分异,东部构造均是面积小、低幅度,据统计工区东部的构造面积一般小于10 km²,构造幅度一般小于150 m,西部靠近通海口的局部构造8和局部

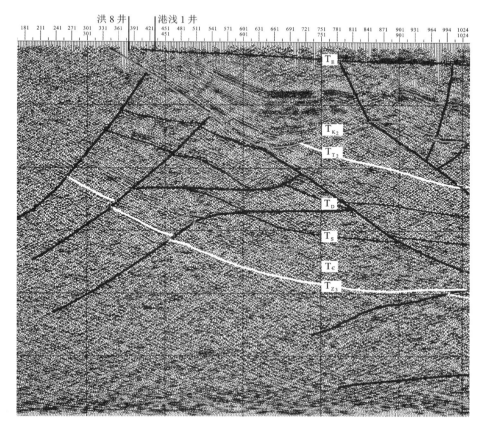

图 4.24　CHK-2008-338 测线区域地震地质解释剖面

构造 7,构造面积和构造幅度相对东部都大,统计数据表明西部的局部构造面积多为 70～80 km²,构造幅度为 900～1 000 m(表 4.5)。

表 4.5　工区白垩系断块潜山型局部构造统计表

局部构造编号	局部构造面积/km²	局部构造幅度/m	高点埋深/m
1	7.29	150	1 950
2	8.31	100	500
3	3.19	100	900
4	26.17	150	1 050
5	6.55	75	1 500
6	21.18	400	1 900
7	78.43	1 000	1 100
8	70.92	900	1 500

第5章 石油地质条件

研究区古生界主要发育有震旦系陡山沱组、寒武系水井沱组、上奥陶统五峰组—下志留统龙马溪组、二叠系栖霞组—茅口组五套的烃源岩层系,各个主力烃源层系演化阶段及其生油气期限、生油气高峰期各不相同。其主要储集层系有震旦系灯影组、寒武系石龙洞组等、志留系罗惹坪组、纱帽组等、石炭系黄龙组,对储集岩类型、粒径、分选性和成分进行了规律性分析,并且,沉积作用、成岩作用、溶蚀作用和构造作用对储集条件影响也进行了分析总结。研究主要发育有新、中古生界四套区域盖层,分析了分布规律。

5.1 烃源岩条件

5.1.1 陡山沱组

震旦纪,研究区古构造表现为北高南低,区域上由克拉通盆地向南北过渡到被动大陆边缘盆地,沉积相展布由碳酸盐岩台地相区平缓延伸到次深海大陆斜坡。烃源岩主要分布在古隆起北侧和南部的被动大陆边缘裂谷盆地及古隆起西侧克拉通台内凹陷浅海盆地,沉积充填物质由暗色细碎屑岩组成,即由上升洋流带入的丰富营养物质促进了海相低等生物的大规模繁衍,形成富含有机质组分的泥或泥灰质烃源岩的连续沉积,从而形成分布面积广而稳定的上震旦统烃源岩层系,为研究区第一套烃源岩重要发育期。

震旦纪早期,海水从东南方向大规模入侵中扬子地区,在石门杨家坪地区为一套台地前缘斜坡亚相至开阔台地亚相沉积建造,以碳酸盐岩为主,夹少量黑色粉砂质泥页岩,碳酸盐岩烃源岩厚 400 多米,泥质烃源岩仅几十米。西邻的鹤峰白果坪则为一套台盆亚相沉积建造,以灰黑色碳质泥、页岩为主,夹泥灰岩等,碳酸盐岩烃源岩厚近百米,泥质烃源岩厚 300 多米。这两个剖面分别是碳酸盐岩和泥质烃源岩的沉积中心,向四周沉积厚度减薄,烃源岩厚度也相应减薄。北东长阳刘家坪泥质烃源岩减薄至 100 余米;南西慈利南山坪泥质烃源岩厚 40 余米;向西过鄂参 1 井、李 2 井、咸 2 井到鄂西渝东区利 1 井,陡山沱组由台盆亚相过渡为局限海台地相,沉积厚度明显变薄,岩性为粉砂岩、泥岩,只在上部发育泥质烃源岩厚几十米,碳酸盐岩烃源岩厚 10 m 左右,烃源岩相对不发育。

上震旦统陡山沱组烃源岩总体评价属好烃源层,其中,泥质烃源岩有机碳含量平均为 1.25%。碳酸盐岩烃源岩有机碳含量平均为 0.55%;上震旦统烃源岩生烃强度平均为 18.7×10^8 m³/ km²,湘鄂西地区生烃能力较强,向西至渝东地区明显变差(表 5.1)。

表 5.1　陡山沱组有机质成熟度数据表

演化阶段	生油开始	生油高峰	生气开始	生气高峰
烃源岩	Z_2	Z_2	Z_2	Z_2
丰 1 井	$\in_1$ 早	S_2 早	P_2 中	T_3 晚
夏 4 井	$\in_1$ 早	S_1 晚	C_2 早	T_1 中
簰参 1 井	$\in_1$ 早	O_2 中	S_2 中	P_2 中

在古隆起发展演化控制下,造成地层总体沉积厚度横向上具有差异性,中扬子地区自南向北发育浅海盆地→稳定台地→古隆起,表现为沉积南厚北薄,形成了研究区陡山沱组烃源岩呈向北减薄趋势。隆升过程中造成地层的剥蚀减薄和沉积减薄,使陡山沱组烃源岩上覆地层变薄在一定程度上延缓了烃源岩的演化(表 5.1)。

5.1.2　关于寒武水井沱组烃源岩评价

在工区外的西北部鄂中保康、南漳、荆门至京山一带,在早寒武世梅树村期—沧浪铺早期,存在着一个面积不大的古陆剥蚀区,即"鄂中古岛"。后刘宝珺等(1994)、李忠雄等(2004)均将"鄂中古岛"改称"鄂中古陆"。其基岩为上震旦统灯影组,遭受剥蚀,大部分地区缺失早寒武世早期的沉积,直接为早寒武世中期天河板组所覆盖。工区内东部的簰洲构造的中簰深 1 井钻井揭示:下寒武统虽发育齐全,但下寒武统主要为内缓坡白云岩沉积,邻近的鄂东南地区则为陆棚-盆地相碎屑岩,水井沱组白云岩中陆源碎屑含量高,烃源岩不发育,表明鄂中古陆对簰洲地区下寒武统沉积相带具有明显的控制作用。

在簰深 1 井钻探失利后,对此重新评价认为:鄂中古陆受桐湾运动和基底的共同控制和影响,形成于震旦纪,它直到早寒武世天河板期才被海水完全淹没;鄂中古陆是一个受基底隆起控制的、具有一定继承性的古隆起,其坡度较小,平面上向南东已到达簰洲构造附近,向北东可能越过现今的青峰—襄阳—广济断裂带;鄂中古陆控制了江汉平原区下寒武统烃源岩和储层的分布,古陆周缘由于水体较浅,以台地沉积为主,泥质岩不发育,因而古陆周缘只发育白云岩储层而缺失水井沱组优质泥质烃源岩,在簰洲地区台地相沉积与鄂东南地区盆地相沉积之间应该存在台盆过渡带。因此,在早寒武世梅树村期—沧浪铺早期,中扬子板块区域上较为发育的黑色有利烃源岩系牛蹄塘组(水井沱组),在工区内不发育,不具备生烃能力,簰深 1 井虽然在灯影组和石牌组中发现固体沥青,油源对比分析表明固体沥青来源与邻近的鄂东南拗陷下寒武统烃源岩密切相关。

5.1.3　上奥陶统五峰组—下志留统龙马溪组黑色碳质泥岩

发生于中奥陶世—志留纪加里东运动对中扬子构造演化产生了深远影响,区域构造和盆地性质进入急剧变革时期。中奥陶世—志留纪的前陆盆地环境,在中扬子形成了第三套重要烃源岩,即上奥陶统五峰组—下志留统龙马溪组黑色碳质泥岩,该套烃源岩厚度分布范围广,层位稳定,有机质丰度高,成为中上组合油气勘探领域的主力烃源岩(表 5.2)。

表 5.2　志留烃源岩有机质成熟度数据表

演化阶段	生油开始	生油高峰	生气开始	生气高峰
烃源岩	S_1	S_1	S_1	S_1
夏 4 井	C_2 早	T_3 中	J_2 早	E 古早
丰 1 井	P_1 中	J_1 早	J_2 中	E 古早
簰参 1 井	C_2 中	J_1 中	J_2 晚	E 古早
簰深 1 井	T_1 晚	J_1 晚	J_2 晚	E_1 早

5.1.4　二叠世栖霞期—茅口期早期烃源岩

晚古生代晚期(二叠纪)再次发生强烈构造拉张和大面积的沉积超覆作用,而该期研究区北侧南秦岭地区强烈的拉张断陷并伴随秦岭洋海水大规模侵进,中二叠世栖霞期—茅口期早期作为古陆的研究区被大面积的浅水碳酸盐岩台地-盆地沉积上超覆盖。在此构造—沉积格局中,栖霞期为区域上第四套烃源岩重要发育期,工区北侧水体深为斜坡→盆地的格局,沉积以黑色薄层状含碳质硅质岩、放射虫硅质岩、炭质页岩为主,平均有机碳含量达 5.75%/12 块,为有利烃源岩层段。在早燕山早期开始生油,晚燕山晚期生油达到高峰(表 5.3)。

表 5.3　二叠系烃源岩有机质成熟度数据表

演化阶段	生油开始	生油高峰	生气开始	生气高峰
烃源岩	P	P	P	P
夏 4 井	J_1 中	E 古晚	E 始晚	—
丰 1 井	J_1 早	J_3 中	E 始中	—
簰参 1 井	J_1 晚	E 古晚	E 始早	E 始晚
簰深 1 井	J_1 晚	E_1 早	E_2 早	E_2 中

5.2　储集层条件

5.2.1　晚震旦世灯影组储集层

中扬子东部江汉平原地区古陆继承性形成、发展的过程中控制了储层的发育,即由于古构造形成演化控制了沉积相带的展布,在古隆起发育区水体比较浅以发育局限台地潮坪-潟湖环境为主,有利于白云岩储层发育,此外在古隆起的构造转折带、陡缓转换带也可以发育相对高能的边缘滩相白云岩储层。

古隆起上的地形、沉积相、岩性变化分析,将中扬子地区震旦系顶部古岩溶划分为荆门-京山岩溶高地、宜昌-武汉岩溶斜坡、恩施-岳阳岩溶盆地、渝东岩溶斜坡。工区位于宜昌-武汉岩溶斜坡。

1. 晚震旦世灯影组成岩演化

灯影组储层经历了复杂的成岩作用,主要为同生成岩环境—大气淡水成岩环境—浅埋藏环境—深埋藏环境。在近地表环境,局限海台地相区储集岩经历最主要成岩作用是准同生白云石化,颗粒初期压实、边缘泥晶化及白云石化作用。桐湾运动使区内大部分地区经受了大气淡水成岩环境,出现了淡水淋滤和胶结充填;在浅埋藏环境,主要成岩作用主要是压实压溶、胶结、成岩白云石化和重结晶作用,以破坏性成岩作用为主;在深埋藏成岩环境重要的成岩作用是压溶、埋藏溶蚀和破裂、充填,有利于储集空间及渗滤通道的形成。

2. 孔隙演化

经过上述各成岩阶段的成岩作用,灯影组储层孔隙演化为:沉积物沉积后,疏散富水的沉积物具有40%~50%的原始孔隙,脱离沉积水体后开始进入早期初始压实作用阶段中,降低到10%以上。同生阶段的准同生白云石化作用,使岩石孔隙度增加到10%~15%,尽管此期间并行发生的还有早期胶结、充填作用,对岩石储集空间消减,但仍表现出增孔现状。灯影组沉积末期,桐湾运动使地壳逐步抬升,局部地层暴露地表,遭受大气淡水的影响,形成了非选择性溶孔、晶间溶孔等,形成了顶部或局部成层状的孔洞层,此次储层改善使孔隙度增加了5%~10%。虽然由于后期埋藏成岩阶段的压实、压溶、充填、胶结作用,使孔隙丧失了一部分,但埋藏白云石化和埋藏溶蚀作用也致使孔隙有所改善,使岩石最终孔隙度平均仍保持为2%~5%。

5.2.2　寒武系储集层

早寒武世,江汉平原区北靠古陆,南向大海,基本处于水体浅而流动不畅的局限台地相沉积环境,发育一套深灰色-浅灰色泥质条带灰岩、鲕状灰(白云)岩、砂屑灰(白云)岩及浅灰色薄-中层状泥粉晶白云岩为主的沉积,海9井、朱4井、台2井等钻探揭示,钻厚分别为283 m、388.5 m、568.8 m。天河板组以薄层状泥质条带灰岩、核形石灰岩为主,石龙洞组则是一套灰色薄-厚层状泥粉晶白云岩、细晶白云岩为主的沉积,并夹砂、砾屑白云岩,属局限海台地潮坪-潟湖环境,石龙洞晚期局部地区暴露地表(或水下隆起)遭受大气淡水淋滤,如宜昌晓峰泰山庙剖面石龙洞组顶部,溶蚀孔洞白云岩普遍发育,形成针孔、窗孔、溶蚀孔洞发育带。

中扬子区中晚寒武世发育了一套以白云岩为主的局限海台地相沉积。寒武系的厚度变化具有明显的规律性,扬子南缘湘西北地区,寒武系厚度通常在 2 000 m 左右,向北到宜昌三峡厚度在 1 200 m 左右,海 9 井钻厚 1 061 m,扬子北缘谷城、南漳、京山等地寒武系厚度通常为 300~600 m,具有明显的自南向北变薄的趋势,且下寒武统与中上寒武统的变化趋势一致。由于碳酸盐岩最有利的发育区是水深 10~20 m 的清澈浅水环境,因此可以判断这种厚度的变化与当时北部存在古陆而使得陆源碎屑混入,不利于碳酸盐岩的发育是有关系的。

1. 下寒武统石龙洞组储层成岩作用特征及孔隙演化

1)成岩特征

石龙洞组储层成岩作用与灯影组储层成岩作用具有相似性,其成岩环境为同生成岩环境—表生成岩环境—浅埋藏成岩环境—深埋藏成岩环境。石龙洞组储层在近地表成岩环境经历的主要作用是准同生白云石化、大气淡水溶蚀、大气淡水胶结及初步压实,随后区内部分地区出现古岩溶作用;在浅埋藏成岩环境经历了压实、胶结、重结晶等成岩作用,以破坏性成岩作用为主;在深埋藏成岩环境经历了压溶、重结晶、埋藏溶蚀、破裂、充填等成岩作用。现今石龙洞组储层的储渗空间多来自近地表环境时大气淡水溶蚀及深埋藏成岩环境中的埋藏溶蚀、破裂作用形成的溶孔、洞和构溶缝等。

2)孔隙演化

通过对簰深 1 井石龙洞组各成岩阶段内主要成岩作用的分析,认为其储层孔隙演化历程大致可为:沉积物沉积后具有 50% 以上的原始孔隙,经早期压实脱水作用使岩石孔隙度减少 30% 以下,经过同生成岩阶段后,白云化作用形成晶间孔隙为主的储集空间,同时开始遭受来自地表大气淡水的溶蚀,形成丰富的粒(间)内溶孔、晶间溶孔、溶缝、溶沟等多种类型的储集空间,随后发生的淡水胶结、充填使岩石孔隙度有所减少,使得岩石孔隙度维持在 30% 左右;随着上覆沉积物的增加,岩石开始进入浅-深埋藏成岩环境,浅埋藏成岩环境经不同程度的压实、胶结、充填作用,储层孔隙度减小 5%~20%;深埋藏成岩环境中,埋藏溶蚀、破裂等使储层孔隙度有所增加,但压溶及充填作用使得孔隙度降低。现今储层孔隙度多为 2%~20%,孔隙类型以溶孔、溶洞、粒内孔、构溶缝为主。

2. 中上寒武统储层成岩作用特征及孔隙演化

1)成岩作用特征

中上寒武统成岩过程中经历了广泛的白云石化,并伴随一定程度的海水胶结成岩及埋藏压实压溶作用、溶解作用。主要成岩作用简述如下。

(1)咸化浅海海底成岩作用。集中表现在云岩段。一种为准同生云化成岩段,代表岩性为泥粉晶云岩,云化作用完全,白云石呈他形-半自形,使白云石晶粒间形成可观的晶间孔隙;另一种为准同生后云化成岩段,白云石化程度很高,经历了长期稳定的重结晶及交代作用,以粗粉-细晶云岩为主,白云石多具半自形-自形菱面体状,结晶程度较好。

(2) 正常浅海海底成岩作用。主要成岩标志有:①形成泥粉晶方解石;②渗透回流作用形成粉、细晶白云石,晶体较混浊,具雾心亮边结构特征;③棘屑、有孔虫、砂屑、鲕粒等颗粒泥晶化,边缘发育泥晶套;④胶结作用发育,主要表现为方解石一世代粒状、纤状,二-三世代方解石或白云石粒状胶结。

(3) 混合水白云化作用。混合水交代白云石的晶体大小不一,可从泥-粉晶到细-中晶,甚至粗晶,因为混合水体的稳定时间长短不一,交代作用时间可从短期快速到长期稳定的交代,因而晶体的化学组成与有序度变化不定,区内一般大晶粒较细粒白云石结晶有序度高,另外混合水去云化过程中可因 Ca^{2+} 流失而形成部分晶间孔隙。

(4) 埋藏成岩作用。多沿交代白云石的晶间进行或由于交代白云石间残留的方解石,去云化的次生方解石易发生差异溶解而形成溶解的孔洞。主要标志有:①压实作用使颗粒及其胶结物定向、变形拉长、颗粒错位、破裂;②压溶作用明显,在全区具普遍性,即缝合线构造非常发育并伴随有扩溶现象。

(5) 大气淡水成岩环境。主要标志有:①溶孔发育,且成层成带分布,形成孔洞发育带;②棘屑以次生加大及方解石粒状胶结,粒状充填,新月形胶结;③硅化作用发育。

工区内簰深 1 井中上寒武统以准同生云化-准同生后云化为主要成岩作用,可以看出不同的成岩作用对储层具有建设性及破坏性。

2)储层孔隙演化

簰深 1 井中上寒武统发育于局限台地沉积环境中,岩石以交代白云岩为主的粉-细晶云岩、颗粒云岩,在白云岩化后孔隙演化有些差异。早期准同生白云岩,以发育晶间孔隙为主,另为鸟眼孔、干缩缝、粒内及粒间溶孔,孔隙度可达 60% 以上,由于上覆沉积物压实作用增加及伴随的早期胶结作用,孔隙度只保留在 10% 左右,进入埋藏成岩期后,孔隙度一直处于降低趋势,其中早期溶蚀作用形成选择性晶间(溶)孔、溶缝,使孔隙度维持在10%,中期白云石化及压溶作用对孔隙有所改善,晚期非选择性溶蚀作用、白云石化作用形成溶孔、缝,使一度降低的孔隙度又上升 4% 左右,但最终孔隙度还是不断降低,致使保存至今的平均孔隙度为 1%~3%。

5.2.3　志留系储集层

志留纪是加里东构造演化的关键时期,受华南海槽关闭的影响,南部陆块(包括江南古陆)强烈隆升,前陆挠曲带向北西方向迁移,粗碎屑物开始大规模向北西推进,使整个中扬子南缘发育了巨厚的砂、泥质碎屑岩沉积,成为叠置在大陆边缘上的前陆盆地。强烈的隆升作用使得中志留世地层沉积不全,并被剥蚀为残留地层。

下志留统罗惹坪组下段由黄绿色薄层粉砂岩、泥岩夹薄层瘤状灰岩组成,随着海侵的扩大,罗惹坪组上段主要由泥岩、泥灰岩或灰岩组成,底部固结程度随之提高。江汉平原及湘鄂西等地下志留统罗惹坪组中夹有少量生屑灰岩,具有混积陆棚的沉积特点。平面上,灰岩自东向西呈东西-北东向长条状展布(图 5.1),与当时江南古隆起下基本平行,因此推测该灰岩发育区可能为一前缘隆起区。

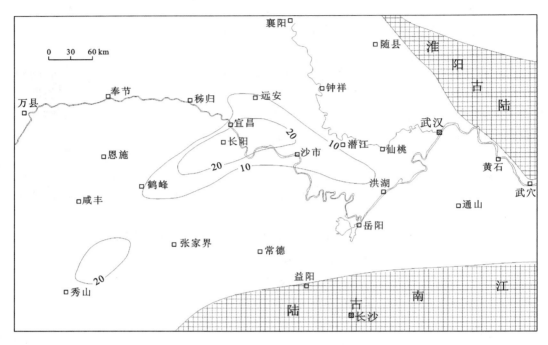

图 5.1　中扬子区下志留统罗惹坪组灰岩厚度等值线图(付宜兴等,2008)

中志留统纱帽组下段由一系列向上变浅的进积旋回叠加组合而成,岩性为泥岩、粉砂岩、砂岩,其中,砂岩中的波痕、泥裂十分发育,显示出水体逐渐变浅的特征,同时,红色岩层的出现,与当时的古气候条件和暴露也不无关系;纱帽组上段,由粉砂质泥岩、深灰色泥岩组成,总体呈现向上变细退积性沉积层序。至中志留世加里东晚期,中上扬子地区由于区域性构造抬升,经受不同程度的剥蚀,结束海域沉积历史。

1. 沉积作用对储层的影响

其实质是对岩石类型和结构组分特征的影响,因为不同沉积环境具有不同的水介质条件,所形成的岩石类型、粒径大小、分选性、磨圆度、杂基含量和岩石组分等方面均有所差异,岩石的这些特征决定了原生孔隙和后期岩石的成岩作用类型和强度,从而导致储层物性在纵向和横向上的明显差异。

1) 砂岩碎屑颗粒成分及含量对孔隙发育的影响

统计分析表明,志留系砂岩碎屑颗粒中,石英含量平均为 72.8%,岩屑含量平均为

22.1%,长石含量平均为 5.1%。岩屑和石英含量高是该区储层致密化的重要原因。区域研究成果表明,志留系孔隙度随石英颗粒含量的增加而降低。因为石英含量越高,受压溶作用影响,石英次生加大越强烈,孔隙充填就越严重。岩屑含量越高,储层孔隙度越小。长石含量越高,储层物性越好。志留系砂岩被溶矿物主要是长石,长石含量越高,溶蚀孔隙就越发育。

2）碎屑粒度对孔隙发育的影响

一般来说,砂岩孔隙度、渗透率随粒径的减小而降低;而且粒度越细,往往杂基含量也较高。本井志留系取心以泥岩为主,砂岩粒度大小与物性相关性不明显。

2. 成岩作用对储层物性的影响

后期成岩作用对砂岩储层的改造,直接形成了现今储层微观孔隙特征。对储层的孔隙来说,成岩作用既有破坏性的一面,也有建设性的一面;破坏性的一面主要是压实作用和胶结作用,建设性的一面主要是溶蚀作用。

1）压实作用对储集性能的影响

压实作用主要受岩石结构成熟度、成分成熟度、岩层厚度及埋藏深度等诸多因素的综合控制。强烈的压实作用可导致碎屑颗粒紧密接触,原生粒间孔隙急剧减小甚至消失。

志留系储层碎屑颗粒粒度细,填隙物(主要是泥质杂基)含量较高,结构成熟度、成分成熟度高、岩层厚度小,埋藏深度大,由于充分的压实作用,志留系碎屑颗粒粒间普遍被泥质、碳酸盐质等充填,造成了原生孔隙极不发育。

2）胶结作用对储集性能的影响

胶结作用对储集物性的影响比较复杂。胶结物的充填通常使储集物性变差,但早期胶结作用能够抑制压实作用强度,胶结物的后期溶解又能有效地改善储层物性。

志留系储层胶结物含量从 0%～24% 相差悬殊,胶结物类型较多,包括铁质胶结物、碳酸盐胶结物、硅质胶结物和少量自生黏土矿物胶结物等,其对物性的影响结果各不相同。因此,胶结物含量与储层孔隙度、渗透率关系复杂,但总体而言,储集物性随胶结物含量增加而变差。

3. 溶蚀作用对储集性能的影响

溶蚀作用是储层次生孔隙产生的重要原因,对储层物性有重要的改善作用。

志留系储层储集空间以次生粒间溶孔为主,充分说明储层溶蚀作用比较强烈;溶蚀作用主要表现在以长石颗粒溶蚀为主,少量为岩屑颗粒、方解石胶结物及泥质杂基的溶蚀。长石常沿其解理缝或边缘溶蚀,溶蚀强烈者可呈长石残骸;长石含量越高,溶蚀作用越强,储层孔隙度越好。

4. 构造破裂作用对储层发育的控制因素

构造破裂作用是由构造应力形成的裂缝。对志留系碎屑岩而言,由于粒度细,孔隙发育程度差,构造裂缝对储层改造起关键作用;另外,构造裂缝也可造成前期相对封闭条件的破坏,从而使前期聚集的油气沿裂缝散失。簰深 1 井志留系取心段存在多期构造缝。

5.2.4　晚石炭世黄龙组

中扬子地区在志留纪末隆升成陆后,经过剥蚀夷平作用,直到中泥盆世晚期(云台观组)至晚泥盆世,在南、北缘地壳扩张裂陷作用的影响下,地壳开始初始沉降,接受了滨海碎屑岩和泥灰质碎屑岩的沉积。石炭纪受早期古地貌影响,沉积范围局限、水体浅、富氧底流水循环活跃,因而不利于有机质保存,烃源岩相对不发育,但浅水局限碳酸岩盐岩潮坪环境,有利于白云岩储集层发育。继石炭纪末的云南运动再度造成中扬子区大面积隆升成陆,区内抬升暴露,遭受强烈的风化剥蚀和岩溶作用,淡水淋滤促使白云岩储层得到改造,形成全区稳定分布的白云岩和灰岩古风化壳储层,极大地改善了黄龙组储集岩的储集性能。

5.2.5　中二叠统—中三叠统

中二叠世末因受东吴运动影响,区内发生沉积间断,造成区内上、下二叠统呈平行不整合接触,茅口组顶部遭受不同程度的剥蚀,簰参 1 井仅残存茅二段、夏 4 井则保留有茅四段、簰深 1 井茅四段顶部岩性为灰色灰岩和生屑灰岩,而其上覆吴家坪组底部发育 1.5 m的黑色煤层和碳质泥岩,钻井揭示为不整合接触。在整个区域上发育一套风化壳古岩溶储集层。

三叠纪是中国南方的重大变革时期,早三叠世至中三叠世早期为大陆边缘演化阶段,中三叠世晚期随着华南板块与华北板块的碰撞拼合,开始由板块间的构造活动转入板内活动,并由此结束了中国南方的海相沉积历史。早三叠世,中扬子区仍表现为碳酸盐岩台地环境,且台地出现镶边,川东地区台地边缘滩相颗粒灰岩是重要的勘探目的层位。大冶早期,江汉平原区沉积物为深灰色、灰色薄层状灰岩、泥质灰岩夹条带状鲕灰岩,属碳酸盐岩深缓坡环境;大冶中晚期至嘉陵江期,海水逐步变浅,沉积物主要为灰色、浅灰色厚层-块状灰岩,以及白云岩、白云质灰岩、角砾状灰岩夹鲕灰岩,属浅海碳酸盐岩台地相沉积,并以蒸发岩台地相的发育为主要特征。中三叠世开始,随着华南板块与华北板块的逐步碰撞拼合,地壳整体抬升,海水逐渐向西退出,在海退的过程中偶有小规模海进,本区发育了一套海陆交互相的碎屑岩沉积。中三叠世之后,随着印支主幕运动的爆发,海水全部退出,海水缓慢持续退缩,形成连续式生储盖组合,如下三叠统嘉陵江组一段鲕滩作为储层,嘉陵江组二段含膏盐岩作为盖层。

5.3 封盖层条件

世界范围内的大油气田盖层主要有三大类:其一为膏盐岩类盖层,主要有(硬)石膏岩类及盐岩类;其二为泥质岩类盖层,主要有泥岩、页岩及粉砂质泥岩;其三为碳酸盐岩类盖层。本书将泥质灰(云)岩、含泥灰(云)岩、膏质灰(云)岩、含膏灰(云)岩作为盖层处理。

工区内共发育四套区域性盖层,即白垩系—古近系泥质岩盖层、三叠系—侏罗系泥质岩和膏岩盖层、志留系泥质岩盖层及中下寒武统膏岩盖层。四套盖层岩性及分布特征如下。

5.3.1 白垩系—古近系盖层

白垩系—古近系为内陆湖泊相沉积,盖层岩类主要为泥岩,覆盖了整个江汉平原。江汉盆地该套盖层厚度一般大于 5 000 m,以当阳、乐乡关-潜江及沉湖地区中南部最为发育。往东南部逐渐在簰洲地区盖层相对较薄,厚度在 200.0 m 左右。

5.3.2 三叠系—侏罗系盖层

其中下三叠统盖层主要为嘉陵江组蒸发台地膏岩盖层,中三叠统—侏罗系盖层为内陆湖泊-河流相之泥质岩类盖层。江汉盆地该套盖层主要连片分布于沉湖和当阳地区。在簰深 1 井处三叠系—侏罗系盖层厚 1 923.5 m,占三叠系—侏罗系整个地层厚度的 82.7%,其中下三叠统膏岩盖层(包括膏质灰岩、膏质云岩、含膏灰岩、含膏云岩)厚 606.5 m,占三叠系—侏罗系地层厚度的 21.6%,占嘉陵江组地层厚度的 69.9%。

5.3.3 志留系区域盖层

志留系形成于浅海陆棚相沉积环境,主要为一套巨厚的砂泥岩建造,盖层岩类以泥岩、砂质泥岩、页岩为主,分布范围广。在全区均有发育,在簰深 1 井志留系地层厚度为 1 567.00 m,其中泥质岩盖层厚度为 1 419.5 m,占志留系地层厚度的 90.6%。

5.3.4 中下寒武统膏岩类盖层

中下寒武统膏岩类盖层发育于局限台地-蒸发台地沉积环境,以中寒武统覃家庙组最为发育,次为下寒武统石龙洞组顶部;中扬子地区基本连片分布,且以鄂西渝东地区的建深 1 井地区最为发育,膏岩、盐岩较纯。覃家庙组取心证实,簰深 1 井膏岩不纯,石膏呈斑块状分布于云岩中。簰深 1 井中下寒武统膏质云岩、含膏云岩累计 255.5 m,其中覃家庙组 212.0 m,占覃家庙组地层厚度的 34.5%。

第6章　有利区块评价

根据本次通过从大地构造研究入手,研究中扬子区东缘中、古生界构造形成与演化,进而依据含油气盆地性质、油气地质条件,基本认为具备油气资源生成物质基础,受强烈的后期构造改造影响,油气成藏环境中,考虑了生烃环境、储集环境、运聚环境、保存环境配置关系,着重分析了不同含义的盆地、成藏组合的有效性及其木桶效应对含油气性的影响,进行有利区带评价。

6.1　油气评价过程中的几个问题

6.1.1　三种类型的盆地

对于江汉平原东部断陷含油气盆地而言,现今的勘探对象如潜江凹陷在伸展或断陷,或者斜张伸展箕状断陷(构造原型)中沉积湖相含油岩系(沉积实体),经历了同沉积及沉积后的物理化学变化作用。在统一的流体赋存状况下,导致油气生、运、聚集过程与局部的富集成藏(流体盆地),由于各沉积阶段及沉积后较弱的构造变形与抬升剥蚀,盆地(凹陷)主体沉积地层得以较完整地保存。上述构造原型盆地、沉积实体盆地、流体盆地实为"三位一体"。

根据前面章节分析,江汉平原东部古生界三种含义的盆地已为复杂的地质演化强制性地封隔开来。早期的构造原型盆地及所充填的沉积得以保存,呈残余沉积实体,部分已卷入挤压褶皱造山体制之中,仅存部分沉积体得以较好地保存,呈残余沉积实体盆地赋存,经历后期的多组断裂的切割和不均衡的抬升或沉降埋深过程,不同部位或地区呈残余断块,赋存了各自不同的油气水流体系。事实上,江汉平原东部的原型盆地与沉积盆地只是控制油气成藏的背景或成藏的某个具体环境,而不是评价与勘探的具体对象,而流体盆地才是评价的主体。准确描述江汉平原东部中、古生界的赋存状况,正确划分可能具有统一的油气水流体系统的流体盆地单元,是本区深入评价与勘探的首要工作。

6.1.2　有效与无效的成藏组合

江汉平原东部海相具有多源供烃、多运聚期、多成藏期与多破坏期的特点,区内至少形成四期的油气显示分析,前印支期、印支期、燕山早期形成的油气均以沥青出现,至今尚未发现较好保存的资料。大量呈液态油气显示主要形成于燕山晚期—喜马拉雅期。因此判断,早期的生烃、运聚成藏过程,在经历复杂后期构造运动变形与破坏后,可能属于无效成藏组合。而晚期生烃、运聚、成藏过程局部地区具有相对稳定的构造条件和保存条件,属于有效成藏组合。

6.1.3 木桶效应与保存条件

木桶效应是众所周知的经济学概念,就层状盖层封闭保存系统而言,油气保存不由最好盖层分布决定,而取决于同一封闭系统中最差盖层的封闭保存能力。江汉平原东部中生界油气的封闭系统中即存在单一盖层封闭系统中的最差盖层的封闭系统,因此,油气的封闭保存在单一盖层封闭条件中由最差盖层的封闭能力决定,在盖层＋断层或不整合封闭系统中,则多由断层或不整合的封闭能力所决定。

本书研究盆地中的盖层的性质和区域展布、生储盖的性质和区域展布及生储盖组合,对于盖层横向和纵向上预测,并从盆地建造与盆地改造两方面进行了保存条件与分析。

6.2 有利油气区带评价

通过对江汉平原东部海相成藏背景与成藏环境的初步分析,其油气成藏的复杂性,但良好油气勘探前景也是毋庸置疑的。受勘探的程度所限,目前只能提出概略性区带评价意见。此次评价主要依据以下评价原则。

(1)江汉平原东部海相经过多期改造、抬升剥蚀后是否得以具有较好保存,尤其是古生界与三叠系能否较好地赋存。其现今赋存是否呈相对完整的大面积断块或复式向斜赋存,内幕变形较弱,断裂相对较少,决定了古生界是否具有足够烃源岩条件。

(2)江汉平原东部海相印支晚期—燕山中期热演化程度,决定晚期生烃的有效性。其中,燕山中晚期的岩浆活动与造山期的热体制对中、古生界的热演化程度可能影响较大。是否处于岩浆岩活动的宁静区和微弱活动区,也对晚期生烃能力有较大影响。

(3)燕山后期是否存在持续的沉降与埋深增温作用,决定了古生界晚期生烃的能力和规模,烃源岩能否大规模生烃,除受原始烃源条件控制外,更重要的是受制于晚期埋藏深度是否明显大于印支前的埋藏深度。

(4)江汉平原东部海相油气的保存是该区油气评价的关键。其保存条件的优势取决于中、古生界的后期改造与赋存、封闭系统的构成与封闭样式及时空合理配置。

根据上述原则,本书对江汉平原东部古生界具体评价如下(图 6.1)。

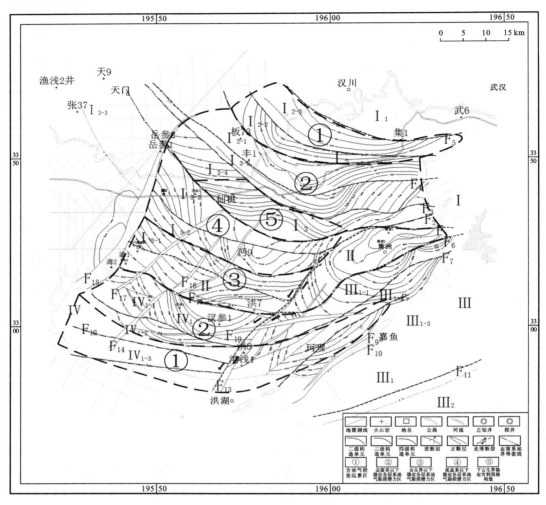

图 6.1 江汉平原东部海相古生界含油气远景评价图

F₁.仙桃南西—簰洲北逆断层 I;F₂.仙桃南西—簰洲北逆断层 II;F₃.仙桃北东—簰洲北逆断层 I;F₄.仙桃北东—簰洲北逆断层 II;F₅.汉川南西断层;F₆.珂理北西—簰洲南东逆断层 I;F₇.珂理北西—簰洲南东逆断层 II;F₈.珂理南东逆断层 I;F₉.珂理南东逆断层 II;F₁₀.珂理南东逆断层 III;F₁₁.嘉鱼南东逆断层;F₁₂.洪湖北西逆断层;F₁₃.洪湖北西走滑逆断层;F₁₄.通海口南东正断层;F₁₅.通海口北正断层 III;F₁₆.通海口北正断层 II;F₁₇.通海口北正断层 I;F₁₈.通海口北正断层;F₁₉.洪湖北正断层。I.大洪山逆冲推覆区;I₁.大洪山逆冲推覆区推覆带;I₂.大洪山逆冲推覆区楔状掩冲带第一掩冲体;I₂₋₁.大洪山逆冲推覆区楔状掩冲带第一掩冲体;I₂₋₂.大洪山逆冲推覆区楔状掩冲带第二掩冲体;I₂₋₃.大洪山逆冲推覆区楔状掩冲带第三掩冲体;I₃.大洪山逆冲推覆区滑脱推覆带;I₃₋₁.大洪山逆冲推覆区滑脱推覆带第一推覆体;I₃₋₂.大洪山逆冲推覆区滑脱推覆带第二推覆体;I₃₋₃.大洪山逆冲推覆区滑脱推覆带第三推覆体;I₃₋₄.大洪山逆冲推覆区滑脱推覆带第四推覆体;I₃₋₅.大洪山逆冲推覆区滑脱推覆带第五推覆体;II.对/背对冲区;III.江南雪峰逆冲推覆 I 区;III₁.江南雪峰逆冲推覆 1 区楔状掩冲带;III₁₋₁.江南雪峰逆冲推覆 1 区掩冲带第一掩冲体;III₁₋₂.江南雪峰逆冲推覆 1 区掩冲带第二掩冲体;III₁₋₃.江南雪峰逆冲推覆 1 区掩冲带第三掩冲体;III₂.江南雪峰逆冲推覆 1 区逆冲推覆带;IV.江南雪峰逆冲推覆 2 区;IV₁.江南雪峰逆冲推覆 2 区滑脱推覆带;IV₁₋₁.江南雪峰逆冲推覆 2 区滑脱推覆带第一推覆体;IV₁₋₂.江南雪峰逆冲推覆 2 区滑脱推覆带第二推覆体;IV₁₋₃.江南雪峰逆冲推覆 2 区滑脱推覆带第三推覆体

6.2.1　志留系以下稳定体各层系油气勘探潜力区

志留系以下稳定体各层系油气勘探潜力区主要分布在对冲带两侧,其北为大洪山滑脱推覆带第四、五推覆体,楔状掩冲带第一推覆体,其南为江南-雪峰逆冲推覆 1 区滑脱推覆带第一推覆体,以及江南-雪峰逆冲推覆 2 区楔状掩冲带第一、二推覆体。该区志留系以下各层系在印支期—燕山期,尚未造成剥蚀或者剥蚀程度较弱,分布稳定。各层分布稳定,其南晚燕山构造反转其白垩系下部不整合面下内幕构造、潜山低断块可以捕获早期垂向运移的油气,形成古生新储型。其北大洪山滑脱推覆带第四推覆体,为下古生界有利稳定区,其所处构造位置可以和下扬子朱家墩气田类比。

朱家墩气田位于苏北盆地建湖-盐城推覆构造带由滨海南断裂和引水沟断裂所限(图6.2),并被北西向走滑断裂系统右性错移,为逆冲推覆带中带,隆起表现为推覆体叠置于

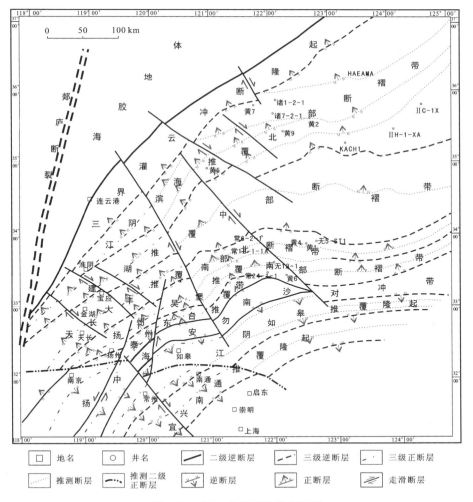

图 6.2　苏北-南黄海构造纲要图

原来系统之上,推覆体主体由下古生界组成。表明其推覆造山后,遭受过强烈剥蚀,而原地系统保存完好。借鉴朱家墩勘探成果,本书认为推覆体下盘志留系—震旦系相对稳定的宽缓褶皱背斜及其包络的原地体为最具潜力的油气勘探领域。

6.2.2　泥盆系以下各层系油气勘探潜力区

泥盆系以下各层系油气勘探潜力区主要分布在大洪山滑脱推覆带第二、三推覆体中,东至洪湖走滑断层,西到通海口断层,其泥盆系以下各层系印支期—燕山期,尚未造成剥蚀,分布稳定。燕山晚期构造反转其白垩系下部不整合面下内幕构造、潜山低断块可以捕获早期垂向运移的油气,形成古生新储型。

6.2.3　古生界有利局部构造

该区主要位于对冲带,为洪湖断层所分割,其东为簰洲对冲带,其西包括对冲带以及大洪山滑脱推覆带第一推覆体,该地区古生界保存较好。簰洲构造为大型宽缓箱状构造,早燕山晚期,在南北对冲作用下构造成型,下组合储集层发育,主要储集岩类为白云岩,储集孔隙较为发育。簰深1井钻探失利后重新评价认为:在早期寒武世梅属村期—沧浪铺早期,中扬子板块区域上较为发育的黑色有利烃源岩牛蹄塘组(水井沱组),在工区内不发育,不具备生烃能力。但是其东南盆地相的崇阳—通山一带下寒武统仍为下古生界烃源岩发育区。通山流嘴桥下寒武统剖面,牛蹄塘组有机碳含量最高,一般为0.5%~3%。区域广泛发育的上奥陶统五峰组—下志留统龙马溪组底部烃源岩在本井区同样发育,属优质烃源岩。簰深1井在灯影组和石牌组中发现固体沥青,油源对比分析表明固体沥青来源与邻近的鄂东南拗陷下寒武统烃源岩密切相关。我们不能因为簰深1井勘探失利而否定整个簰洲构造的含油气前景。基于以上考虑,将其评价为较好含油气远景区。其西,燕山晚期构造反转,其白垩系下部不整合面下内幕构造、潜山低断块可以捕获早期垂向运移的油气,形成古生新储型。

6.2.4　较差油气远景区

1. 龚家场-嘉鱼地区

该区位于江南-雪峰逆冲推覆2区滑脱推覆带前缘与江南-雪峰逆冲推覆1区楔状掩冲带,靠近山区,变形强烈。印支期—燕山早期变形强烈,三叠系—侏罗系区域性盖层缺失。燕山晚期岩浆活动剧烈,在龚家场-港浅1井区表现尤为明显,主要是火山岩刺穿和隐刺穿,对其早期形成油气影响巨大,造成缺乏后期生烃条件,珂理地区印支期—燕山早期剧烈的隆升作用使得珂理构造主体部位地层剥蚀强烈,造成中三叠统剥蚀殆尽,白垩系直接覆于下三叠统之上,因此可以推测是当时隆起幅度最大的部位。强烈的断层冲断和隆升剥蚀作用使上组合油气保存条件遭到了破坏。燕山晚期珂理地区沿大同湖断陷发生了较强烈的负反转断陷活动,强烈的断陷作用,对下组合油气保存条件不利,造成该区古生界勘探风险极大,因此本次评价为较差含油气远景区。

2. 板 73 井-集 1 井地区

该区位于大洪山逆冲推覆区楔状掩冲带第二、三推覆体中,靠近山区,多期造山造成该地区地层剥蚀强烈,上组合三叠系—侏罗系区域性盖层缺失,不具备较理想的油气保存条件。燕山晚期构造应力反转时期,在此地区尚未出现强烈沉降,不具二次生烃潜力使油气前景极不明朗,因此本次评价为较差含油气远景区。

总之,根据此次研究区海相中、古生界的构造变形样式和构造演化研究,结合以往中扬子区油气成藏背景和成藏环境,提出研究区"北部强于中部、中部强于南部"的总体评价意见,白垩系下部不整合面下内幕构造、潜山低断块、志留系滑脱面下所包络的原地体及双重逆掩推置构造体、推覆体内部相对弱变形的北斜构造及断背斜是可供选择的油气勘探领域。

参 考 文 献

蔡明海,梁婷,吴德成,等.2004.广西大厂矿田花岗岩地球化学特征及其构造环境.地质科技情报,23(2):57-62.

蔡学林,石绍清,吴德超,等.1995.武当山推覆构造的形成与演化.成都:成都科技大学出版社.

曹家敏,朱介寿,吴德超.1994.东秦岭地区的地壳速度结构.成都理工学院学报,21(10):11-17.

车自成,罗金海,刘良.2002.中国及其邻区区域大地构造学.北京:科学出版社.

陈焕疆,孙肇才,张渝昌.1986.中国含油气盆地的格架.石油实验地质,8(2):98-105.

陈毓川,王登红.1996.广西大厂层状花岗质岩石地质、地球化学特征及成因初探.地质论评,42(6):523-530.

程浴淇.1994.中国区域地质概论.北京:地质出版社.

丁道桂,郭彤楼,胡明霞,等.2007.论江南-雪峰基底拆离式构造——南方构造问题之一.石油试验地质,29(2):120-127.

范蔚茗,王岳军,郭锋,等.2003.湘赣地区中生代镁铁质岩浆作用与岩石圈伸展.地学前缘(中国地质大学),10(3):159-169.

付宜兴,张萍,李志祥,等.2007.中扬子区构造特征及勘探方向建议.大地构造与成矿学,113(3):308-314.

付宜兴,刘云生,李昌鸿,等.2008.中扬子地区地质结构及构造样式研究(内部资料).潜江:中石化江汉油田.

郭建华,朱美衡,刘辰生,等.2005.湖南桑植-石门复向斜走廊剖面构造特征分析.大地构造与成矿学,29(2):215-222.

郝杰,瞿明国.2004.罗迪尼亚超大陆与晋宁运动和震旦系.地质科学,39(1):139-152.

何登发,马永生,张国伟,等.2007.江南-雪峰陆内构造系统构造几何学、运动学与地球动力学演化.第四届全国构造会议论文摘要集.

湖北省地质矿产局.1990.湖北省区域地质志.北京:地质出版社.

金文山,赵风清,甘晓春,等.1994.陆壳深部结构研究的地质地球化学方法及其在华南地区中的应用.安徽地质,4(1-2):122-134.

李世峰,金瞰昆,周俊杰.2008.资源与工程地球物理勘探.北京:化学工业出版社.

李曙光,S.R.Hart,郑双根,等.1989.中国华北、华南陆块碰撞时代的钐-钕同位素年龄证据.中国科学,3:90-97.

李锁成,陈永彬,赵彦庆,等.2005.西秦岭北部蛇绿混杂岩带成矿作用与区域构造演化的关系.矿床地质,24(6):656-662.

李忠熊,陆永潮,王剑,等.2004.中扬子地区晚震旦世-早寒武世沉积特征及岩相古地理.古地理学报,6(2):151-162.

梁慧社,张建珍,夏义平.2002.平衡剖面技术及其在油气勘探中的应用.北京:地震出版社.

梁新权,李献华,丘元禧,等.2005.华南印支期碰撞造山-十万大山盆地构造和沉积学证据.大地构造与成矿学,29(1):99-112.

凌文黎,程建萍,王歌华,等.2002.武当地区新元古代岩浆岩地球化学特征及其对南秦岭晋宁期区域构造性质的指示.岩石学报,18(1):25-36.

刘和甫.1993.沉积盆地地球动力学分类及构造样式分析.地球科学,18(6):699-724.

刘宝珺,许效松.1994.中国南方岩相古地理图集(震旦纪—三叠纪).北京:科学出版社.

刘宝珺,许效松,潘杏南,等.1993.中国南方古大陆沉积地壳演化与成矿.北京:科学出版社.

刘新民,付宜兴,郭战峰,等.2009.中扬子区南华纪以来盆地演化与油气响应特征.石油实验地质,31(2):160-171.

刘育燕,杨巍然,森永速男,等.1993.华北陆块、秦岭地块和扬子陆块构造演化的古地磁证据.地质科技情报,12(4):19-23.

刘云生,杨振武,陈红,等.2004.东秦岭-大别造山带南缘隐伏前锋构造与盆地生成关系.江汉石油学院学报,26(3):21-24.

陆松年,李怀坤,陈志宏,等.2003.秦岭中-新元古代地质演化及对Rodinia超大陆事件的响应.北京:地质出版社.

马力,陈焕疆.2004.中国南方大地构造和海相油气地质.北京:地质出版社.

马昌前,杨坤光,明厚利,等.2003.大别山中生代地壳从挤压转向伸展的时间:花岗岩的证据.中国科学(D辑:地球科学),33(9):817-827.

马文璞,李学军,刘和甫,等.1993.雪峰隆起的构造性质及其对上扬子东南缘古生代盆地的改造//张俞昌,秦德余,汤福生,等.江南-雪峰地区的层滑作用及多期复合构造.北京:地质出版社.

毛景文,谢桂青,李晓峰,等.2004.华南地区中生代大规模成矿作用与岩石圈多阶段伸展.地学前缘(中国地质大学),11(1):46-56.

彭头平,王岳军,彭冰霞.2005.一种罕见的岩石——富铁玄武岩/富铁苦橄岩研究进展.地球科学进展,20(5):525-532.

舒良树,周围庆,施央申,等.1993.江南造山带东段高压变质蓝片岩及其地质时代研究.科学通报,38(20):57-60.

汪啸风,简平,何龙清,等.1999.金沙江缝合带元古宙残留基底的发现——来自同位素地质年龄的证据.华南地质与矿产,2:55-60.

汪泽成,赵文智.2006.海相古隆起在油气成藏中的作用.中国石油勘探,4:26-32.

王必金.2004.江汉盆地潜江凹陷东南部成藏模式研究.北京:中国地质大学硕士学位论文.

王德滋,沈渭洲.2003.中国东南部花岗岩成因与地壳演化.地学前缘(中国地质大学),10(3)::29-220.

王连城,李达周,张旗,等.1985.四川理塘蛇绿混杂岩——一个以火山岩为基质的蛇绿混杂岩.岩石学报,2(1):17-27.

王强,赵振华,简平,等.2003.武夷山洋坊霓辉石正长岩的锆石SHRIMP U-Pb年龄及其构造意义.科学通报,48(14):1582-1588.

王岳军,Zhang Y H,范蔚茗,等.2002.湖南印支期过铝质花岗岩的形成:岩浆底侵与地壳加厚热效应的数值模拟.中国科学(D辑:地球科学),32(6):491-499.

王岳军,范蔚茗,梁新权,等.2005.湖南印支期花岗岩SHRIMP锆石U-Pb年龄及其成因启示.科学通报,50(12):1259-1266.

吴汉宁,常承法,刘椿,等.1990.依据古地磁资料探讨华北和华南块体运动及其对秦岭造山带构造演化的影响.地质科学,3:3-16.

吴浩若.2002.广西十万大山盆地的构造古地理及其有关油气前景//中国石油天然气集团公司油气储层

中点实验室论文集.北京:石油工业出版社:179-185.

吴利仁,徐贵忠.1998.东秦岭-大别山碰撞造山带的地质演化.北京:科学出版社.

谢才富,朱金初,赵子杰,等.2005.三亚石榴霓辉石正长岩的锆石 SHRIMP U-Pb 年龄:对海南岛海西-印支期构造演化的制约.高校地质,11(1):47-57.

谢桂青,毛景文,李瑞玲,等.2006.长江中下游鄂东南地区大寺组火山岩 SHRIMP 定年及其意义.科学通报,51(9):2283-2291.

徐论勋,阎春德,俞惠隆,等.1995.江汉盆地下第三系火山岩年代.石油与天然气地质,16(2):132-137.

徐文凯,等.1985.鄂湘赣地区海相碳酸盐岩油气资源评价.潜江:中国石化江汉石油管理局勘探开发研究院.

许志琴,卢一伦,汤耀庆,等.1988.东秦岭复合山链的形成—变形、演化及板块动力学.北京:中国环境科学出版社.

许志琴.1987.扬子板块北缘的大型深层滑脱构造及动力学分析.中国区域地质,4:289-300.

杨斌,廖宗廷.1999.广西大厂礁灰岩区碳沥青的产状特征及其与多金属成矿关系探讨.沉积学报,17(增刊):668-674.

袁正新,谢岩豹,等,1997.华南地区加里东期造山运动时空分布的新认识.华南地质与矿产,4:19-25.

曾昭光,唐云辉,彭慈刚,等.2005.黔桂边境四堡岩群中高压变质矿物的发现及其地质意义.贵州地质,22(1):50-53.

张慧民.1994.超大陆和超大陆旋回、冈瓦纳组成及特提斯演化.国外前寒武纪地质,4:61-70.

张成立,周鼎武,刘颖宇.1999.武当山地块基性岩墙群地球化学研究及其大地构造意义.地球化学,28(2):126-135.

张荣强.2005.平衡剖面技术在莱州湾地区及周围盆地构造分析中的应用.北京:中国地质科学院硕士学位论文.

张文荣,等.1990.中扬子地区印支期以来构造运动对圈闭形成及油气聚集保存条件影响研究.潜江:中石化江汉石油管理局勘探开发研究院.

赵新福,李建威,马昌前.2006.鄂东南铁铜矿集区铜山口铜(钼)矿床^{40}Ar/^{39}Ar 年代学及对区域成矿作用的指示.地质学报,80(6):849-862.

赵宗举,朱琰,李大成,等.2002.中国南方构造变形对油气藏的控制作用.石油与天然气地质,23(1):19-25.

周雁.1998.中扬子区壳内低阻层的特征及油气勘探意义.地质科技情报,17(4):58.

周新民.2003.对华南花岗岩研究的若干思考.高校地质学报,9(4):556-565.

周新源.2002.前陆盆地油气分布规律.北京:石油工业出版社,.

周雁,胡纯心.1999.江汉盆地地区早燕山期构造特征研究.地球学报,20(增刊):92-96.

周鼎武,张成立,刘颖宇.1998.大陆造山带基底岩块中的基性岩墙群研究——以南秦岭武当地块为例.地球科学进展,13(2):151-156.

周鼎武,张成立,王居里,等.1997.武当地块基性岩墙群初步研究及其地质意义.科学通报,42(23):2546-2549.

周金城,王孝磊,邱检生,等.2003.南桥高度亏损 N-MORB 的发现及其地质意义.岩石矿物学杂志,22(3):2-7.

周金城,王孝磊,邱检生.2008.江南造山带是否格林威尔期造山带——关于华南前寒武纪地质的几个问题.高校地质学报,14(1):64-72.

周祖翼,Reiners P W,许长海,等.2002.大别山造山带白奎纪热窿伸展作用——锆石(U-Th)/He 年代学证据. 自然科学进展,12(7):763-766.

朱志澄,马曹章,杨坤光.1989.鄂东南多层次滑脱拆离及其与桐柏-大别山滑脱拆离的对接关系.地球科学,14(1):19-22.

Dahlstrom C D A. 1969a. Balanced cross section. Canadian journal of Earth Sciences,6:743-759.

Dahlstrom C D A. 1969b. The upper detachment in Concentric folding. Bulletin of Canadian Petroleum Geologist,17:326-346.

Dahlstrom C D A. 1970. Strucyural geology in the eastern margin of Canadian Rocky Mountains. Bulletin of Canadian Petroleum Geology,18:332-406.

Eilliott D. 1976. The energy balance and deformation mechanisms of thrust sheets. Philosophical Transaction Royal Society of London,283:289-312.

Elliott D. 1983. The Construction of balanced Crosssection. Journal of Structural Geology,5(2):153-160.

Harding T P,Lowell J D. 1979. Structural Styles,Their Plate Tectonic habitats and Hydrocarbon traps in Petroleam Province. AAPG,63:1016-1068.

Hossack J R. 1979. The use of balanced cross-sections in the calculation of orogenic contraction:A review. Journal of the Geologocal Society of London,136:705-711.

Li Z X,Li X H,Kinny P D,et al. 1999. The breakup of Rodinia:did it start with a man the plume beneath South China? Earth and Planetary Science Letters,173:171-181.

Li Z X,Li X H,Kinny P D,et al. 2003. Geochronology of Neoproterozoic syn rift magmatism in the Yangtze craton,South China and correlations with other continents :Evidence for a mantle superplume that broke up Rodinia. Precambrian Reasearch,122(1-4):85-109.

Li Z X,Wartho J A,Occhipinti S,et al. 2007. Early history of the eastern Sibao Orogen (South China) during the assembly of Rodinia:new mica 40Ar/39Ar dating and SHRIMP U-Pb detrital zircon provenance constraints. Precambrain Research,159:79-94.

Lowell J D. 1985. Structural styles in petroleum exploratron,OGCI publications,Tulsa,OK.

Price R A. 1981. The Cordilleran foreland thrust and fold belt in the southern Canadian Rocky Mountains. In:Mc Clay K R,Price N J(eds). Thrust and Nappe Tectonics,Geological Society of London Special Publication,9:427-448.

Wang K L,Chung S L,O'Reilly S Y,et al. 2004. Geochemical constraint for the genesis of post-collisional magmatism and the geodynamic evolution of the northern Taiwan Region. Journal of Petrology,45:975-1011.

Wang X L,Zhou J C,Qiu J S,et al. 2004. Geochemistry of the Meso-to Neoproterozoic basic-acid rocks from Human Province,South China:implications for the evolution of the western Jiangnan orogen. Precam. Res. ,135:79-103.

Woodward N B,Boyer S E,Suppe E J. 1989. Balanced Geological Cross-sections:An essential Technique in Geological Research and Exploration:Short Course Presented at the 28th International Geological Congress Washington,DC.

Ziegler P A. 1992. Plate tectonics,plate moving mechanisms and rifing. Tectonophysics,215:9-34.